SCHNITT-KONSTRUKTION IN DER MODE

MAßSCHNITTE

Die französischsprachige Ausgabe dieses Buches erschien 2019 unter dem Titel „Les patrons de base sur mesure" bei Éditions Eyrolles.

Grafische Gestaltung und Layout: Nord Compo

Bildnachweise
Sämtliche Illustrationen stammen von der Autorin – mit Ausnahme von:
Maßband (S. 187): © studiovin/Shutterstock
Buntstifte (S. 187): © Akura Yochi/Shutterstock
Schere (S. 187): © Brent Hofacker/Shutterstock
Fadenschere (S. 187): © Passakorn sakulphan/Shutterstock
Stecknadeln (S. 187): © Olga Popova/Shutterstock

Aus dem Französischen von der MCS Schabert GmbH, München, – www.mcs-schabert.de – unter Mitarbeit von Katrin Marburger (Übersetzung).

Bibliografische Information der Deutschen Nationalbibliothek
Die Deutsche Nationalbibliothek verzeichnet diese Publikation in der Deutschen Nationalbibliografie; detaillierte bibliografische Daten sind im Internet über http://dnb.dnb.de abrufbar.

3., durchgesehene Auflage 2024

Druck: Central Dabas printing house, Ungarn

www.stiebner.com

ISBN: 978-3-8307-2079-9

Wir produzieren unsere Bücher mit großer Sorgfalt und Genauigkeit. Trotzdem lässt es sich nicht ausschließen, dass uns in Einzelfällen Fehler passieren. Unter www.stiebner.com/errata/2079-9.html finden Sie eventuelle Hinweise und Korrekturen zu diesem Titel. Möglicherweise sind die Korrekturen in Ihrer Ausgabe bereits ausgeführt, da wir vor jeder neuen Auflage bekannte Fehler korrigieren. Sollten Sie in diesem Buch einen Fehler finden, so bitten wir um einen Hinweis an verlag@stiebner.com. Für solche Hinweise sind wir sehr dankbar, denn sie helfen uns, unsere Bücher zu verbessern.

Teresa Gilewska

SCHNITT-KONSTRUKTION IN DER MODE

MAßSCHNITTE

Oberteil, Ärmel, Rock und Hose

stiebner

INHALT

VORWORT

Die Idee zu diesem Werk entstand nach und nach ab 2014, dem Jahr, in dem ich das Nähzentrum Centre de Formation de Mode (FdM) in Colmar gegründet habe. In den folgenden drei Jahren hatte ich Gelegenheit zum Austausch mit einer ganz anderen Klientel als meinen bisherigen jungen Schneiderlehrlingen: einem größeren, besonders an der Schnittkonstruktion nach Maß interessierten Publikum, das mich davon überzeugte, unbedingt ein Buch zu diesem Thema zu veröffentlichen.

Aufgrund meiner Arbeit als Ausbilderin habe ich etliche Fragestellungen, Beobachtungen und Überlegungen meiner Schüler gesammelt und konnte differenzieren, welche Aspekte beim Erlernen des Nähens und vor allem der Schnittkonstruktion leichterfallen und welche schwieriger sind. Das Buch, das Sie in den Händen halten, ist das Ergebnis dieser Erfahrungen. Ob Sie die Schnittentwicklung aus beruflichen Gründen oder zum privaten Gebrauch erlernen möchten, Sie finden auf den folgenden Seiten eine bewährte Methode dazu, nach der alle meine Schüler – ob Anfänger oder Fortgeschrittene – in ihrem individuellen Tempo gelernt haben, selbstständig ihre eigenen Schnittmuster zu konstruieren.

In diesem Buch geht es also um die Konstruktion von Grundschnitten, wie ich sie auch in meinen Kursen lehre: Darstellung, Beschreibung sowie die einzelnen Schritte für jedes Modell (Oberteil, Ärmel, Rock und Hose) wurden gründlich durchdacht und anschließend mit meinen Schülern erprobt. Mithilfe der durchweg sehr detaillierten und präzisen Erläuterungen lernen Sie, die Funktion und die Bedeutung jeder einzelnen Linie auf dem Schnittmuster und die methodische Abfolge der einzelnen Schritte zu verstehen. So kommen Sie zügig und sicher voran, denn die Konstruktion von Schnittmustern setzt zwingend ein logisches Verständnis der zu absolvierenden Schritte voraus: Sie müssen begreifen, was Sie tun.

Für ein noch besseres Verständnis können Sie parallel mit den anderen Büchern aus der Reihe „Schnittkonstruktion in der Mode" arbeiten, die bereits im Stiebner Verlag erschienen sind.

An dieser Stelle möchte ich ausdrücklich meinen Schülerinnen und Schülern am Centre de Formation de Mode (2014–2016) für ihre Mitwirkung an den komplexen Themen dieses Buches danken. Ihre Vorschläge, Ansichten und die umgesetzten Schnittkonstruktionen waren mir eine wertvolle Hilfe.

Teresa Gilewska

ALLGEMEINES

Die Technik der Zeichnung eines Grundschnitts nach individuellen Maßen unterscheidet sich nicht von der Zeichnung nach Standardmaßen. Der Unterschied in der Konstruktion liegt darin, dass man bei der Zeichnung nach individuellen Maßen das Schnittmuster an die Körperform einer Person anpasst. Daher ist es sehr wichtig, exakt auf die Besonderheiten des Körperbaus zu achten, zu wissen, wie man präzise Maß nimmt und anschließend die Maße so auf das Schnittmuster zu übertragen, dass es der betreffenden Figur entspricht. Da man bei dieser Art der Schnittkonstruktion akribisch genau arbeiten muss, finden Sie auf den folgenden Seiten detaillierte Erläuterungen dazu, welche Linien und sonstigen Elemente auf welche Weise gezeichnet werden müssen, damit der flache Maßschnittmusterbogen die Formen und die Statur einer Person wirklich exakt abbildet.

VIRTUELLE LINIEN

Der Papierschnitt ist eine exakte Abformung der Figur (Silhouette). Auf Basis der am Körper genommenen Maße bildet er die Figur aber zweidimensional ab: in der Breite und in der Länge. Auch die Tiefendimension der Formen wird also durch Linien auf einem flachen Bogen Papier dargestellt, dem Schnittmusterbogen. Um diesen Papierschnitt zu zeichnen, verwendet man virtuelle Linien, die auf die Figur übertragen werden und zur Orientierung beim Aufzeichnen der Längen- und Breitenmaße dienen. Jede dieser Linien hat eine genaue Funktion und ist unentbehrlich. Wird auch nur eine Linie ausgelassen, kann dies die gesamte Schnittkonstruktion ruinieren.

Senkrechte Linien oder Längslinien. An diesen werden sämtliche Längenmaße abgelesen, etwa die Länge von Rücken- oder Vorderteil oder die Brusttiefe. Sie werden auch benötigt, um die waagrechten Linien wie die Oberbrust-, Armausschnitt- oder Hüftlinie korrekt einzuzeichnen. Außerdem dienen sie zur exakten Markierung der Abnäher.

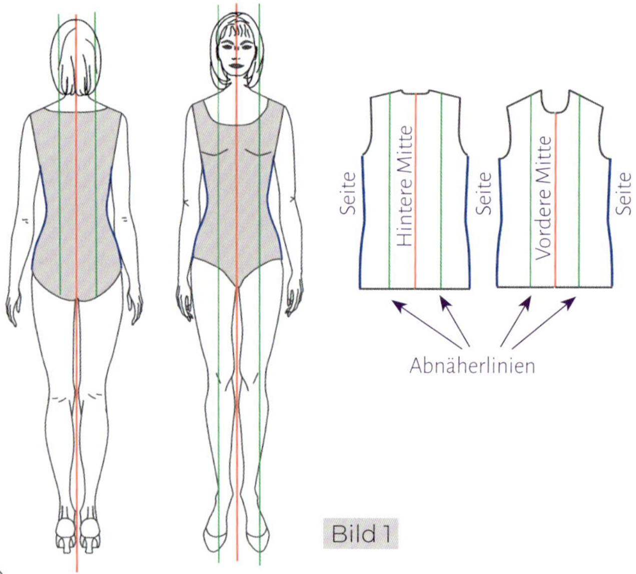

Bild 1

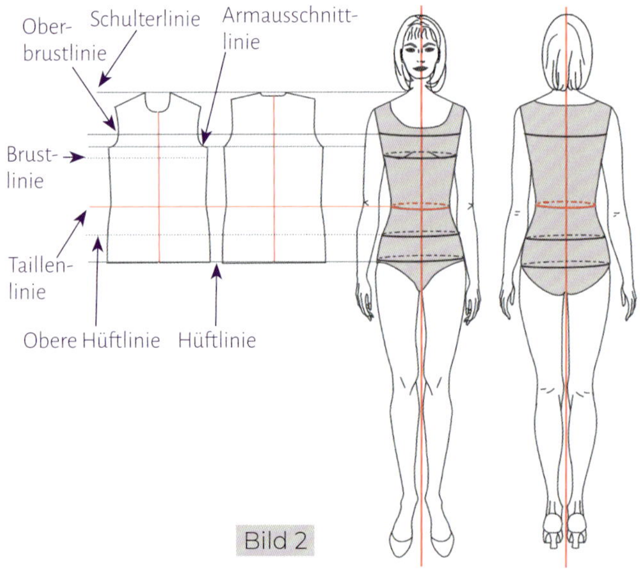

Bild 2

Waagrechte Linien oder Querlinien. Auf diesen Linien werden die Weitenmaße (z. B. Brust- oder Hüftumfang) sowie die Breitenmaße (z. B. Rückenbreite, Oberbrustbreite oder Brustpunktabstand) eingetragen. Beim Einzeichnen dieser Linien unbedingt darauf achten, dass sie genau rechtwinklig zu den senkrechten Linien stehen (dazu einen Winkelmesser oder ein Geodreieck verwenden), sonst sitzt das Kleidungsstück später nicht wie gewünscht.

HAUPTLINIEN EINES SCHNITTMUSTERS

Auf einem Papierschnitt befinden sich verschiedene Arten von Linien, die je nach ihrer Bedeutung – ganz normale Maßlinien und/oder Umänderung des Grundschnitts in den fertigen Modellschnitt – unterschiedlich dick gezeichnet sind.

Damit das Schnittmuster der Körperform genau entspricht, müssen alle Maßlinien und ihre – bei jedem Menschen unterschiedlichen – Proportionen zueinander auf dem Schnittmuster eingezeichnet werden. Die Maßlinien am Körper und auf dem Papier müssen dabei genau übereinstimmen. Welche Linien wie gezeichnet werden müssen, ist je nach ihrer Funktion exakt festgelegt und wird im Folgenden beschrieben.

REFERENZLINIEN

Diese Linien dürfen bei keiner Schnittkonstruktion fehlen. Sie stellen gewissermaßen den Sockel dar, auf dessen Basis der Schnitt entwickelt wird, und dienen als Bezugspunkte für sämtliche am Körper genommenen Maße. Die beiden senkrechten Referenzlinien sind die hintere und die vordere Mitte. Sie teilen den Körper in zwei Hälften ein: die rechte und die linke Seite. Ausgehend von diesen Linien kann man die waagrechten Maße (Breiten und Umfang) konstruieren.

Die dritte Referenzlinie ist waagrecht: die Taillenlinie, die den Körper in eine obere Partie (Oberkörper) und eine untere Partie (Beine) teilt. Je nach Bedarf nimmt man Maße bis zur Taille (z. B. die Rückenlänge für eine Weste) oder ab der Taille (z. B. Hosen- oder Rocklänge). Ebenso werden die Maße auch auf dem Papierschnitt bis zur bzw. ab der Taille eingezeichnet.

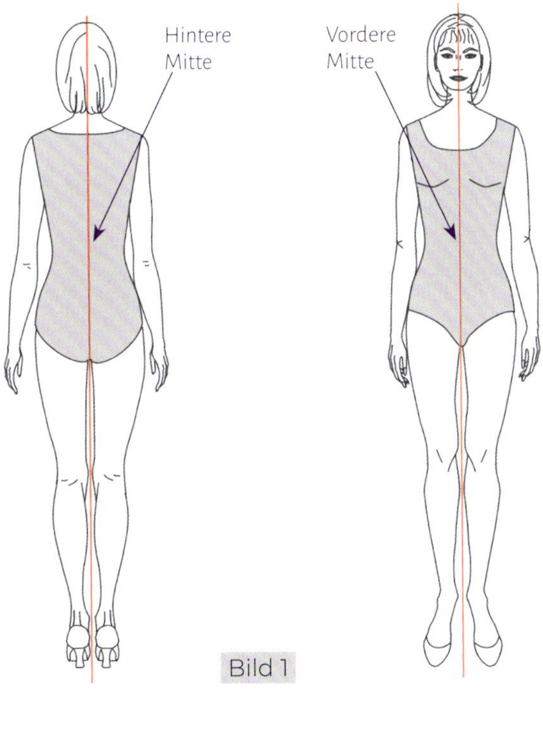

Bild 1

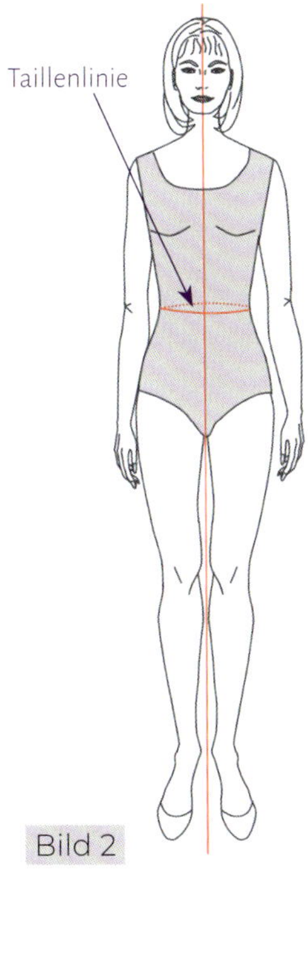

Bild 2

KONSTRUKTIONSLINIEN

Diese Linien können je nach den abgenommenen Maßen (Bild 3) waagrecht oder senkrecht verlaufen und Umfang (z. B. die Hüftlinie für den Hüftumfang), Höhe (z. B. die Brusttiefe), Länge (Rückenlänge) oder Breite (Oberbrustbreite) darstellen. Die genaue Position dieser Konstruktionslinien hängt von Proportionen, Formen und Statur einer Person ab und variiert daher von einem Schnittmuster zum anderen.

HILFSLINIEN

Diese Linien kann man nach Bedarf einzeichnen oder weglassen. Die obere Hüftlinie zeichnet man z. B. ein, wenn ein Rockmodell einen Sattel oder Taschen enthält, die Brustlinie, wenn ein Oberteil mit Abnähern gearbeitet wird (Bild 4). Bei einem Modell ohne diese Details kann man sich das Einzeichnen dieser Linien sparen: Sie überfrachten die Konstruktion nur unnötig und erschweren das Lesen des Schnittmusters.

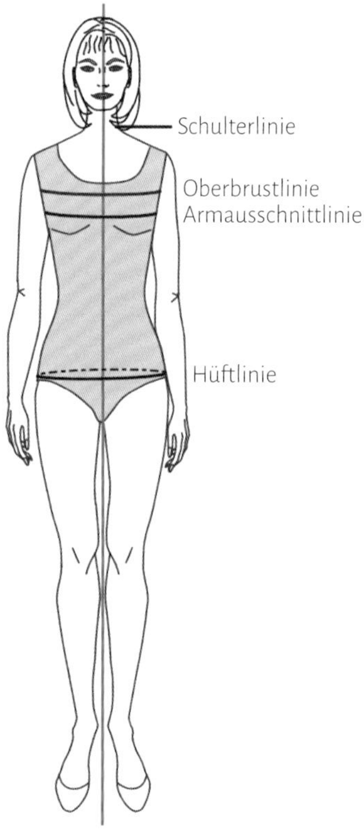

Bild 3

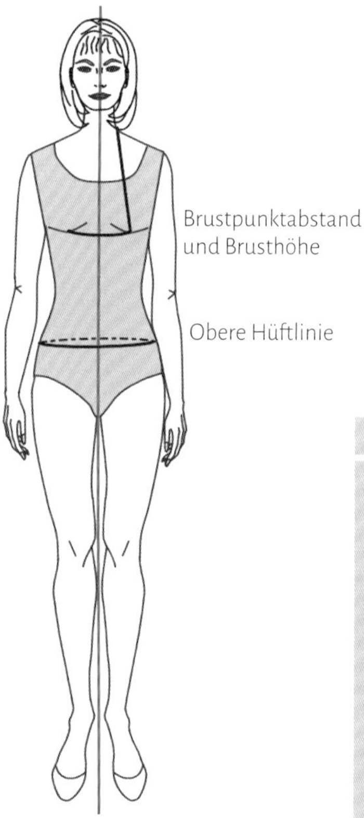

Bild 4

Gut zu wissen

Für die Konstruktion von Grundschnitten muss man Sinn und Zweck der Konstruktionslinien kennen. Dies ist entscheidend, da hierauf die gesamte weitere Schnittentwicklung aufbaut.

VOM GRUNDSCHNITT ZUM MODELLSCHNITT

Der Papierschnitt enthält alle senkrechten und waagrechten Linien, die auch auf der Figurine eingezeichnet sind (siehe S. 12, Bild 3 und 4).

Bis zum fertigen Modellschnitt (Produktionsschnitt), nach dem die einzelnen Stoffteile für das gewünschte Modell zugeschnitten werden, müssen noch verschiedene Konstruktionsschritte durchgeführt werden. Bei jedem Schritt werden weitere Linien hinzugefügt. Letztere werden je nach ihrer Funktion unterschieden: Es gibt jeweils spezielle Linien für den Grundschnitt, den Probeschnitt (Passformkorrektur, Optimierung des Grundschnitts), für zusätzliche Details und Abwandlungen sowie schließlich für den fertigen Modellschnitt. Der Grundschnitt wird selten für jede Etappe neu gezeichnet. In der Regel werden alle Linien, die den Grundschnitt nach und nach in das fertige Schnittmuster (Modellschnitt) verwandeln, auf dem gleichen Schnittmusterbogen eingezeichnet.

Damit der fertige Schnitt übersichtlich und leicht lesbar ist und man die einzelnen Etappen gut unterscheiden kann, müssen die Linien der einzelnen Schritte verschieden aussehen, z. B. durch die in diesem Buch verwendeten Farben:

- Referenzlinien ______ in Rot
- Konstruktionslinien des Grundschnitts ______ in Schwarz
- Linien der Weitenzugaben ______ in Grün
- Linien zur Schnittabwandlung ______ in Blau

GRUNDSCHNITT

Dieses Schnittmuster ist die zweidimensionale Abbildung des dreidimensionalen Körpers: Formen und Proportionen des Körpers werden berücksichtigt, und die Abnäher sind entsprechend den abgenommenen Körpermaßen markiert. Der Grundschnitt wird niemals zum Zuschneiden des Stoffes verwendet, nicht einmal zum Anbringen von Korrekturen. Um mit ihm zu arbeiten, müssen an den Konturen und bestimmten Höhenmaßen die Bewegungszugaben hinzugefügt werden (siehe Bild 2, folgende Seite).

Bild 1

PROBESCHNITT

Der nach Maß angefertigte Grundschnitt muss nochmals kontrolliert und häufig auch korrigiert werden, denn selbst sehr genau abgenommene Maße erfassen z. B. weder die Rundung des Rückens noch den Schwung der Hüfte.

Damit das Oberteil überhaupt angezogen und sein Sitz korrigiert werden kann, muss zumindest eine minimale Bewegungszugabe angefügt werden (grüne Linien, Bild 2). In dieser Zugabe werden sowohl die Stoffdicke als auch die Nahtzugaben berücksichtigt (siehe S. 67). Ausgehend von diesem Probeschnitt (Nesselmodell) erhält man nach Anbringen der Korrekturen den fertigen Grundschnitt, um den es in diesem Buch geht.

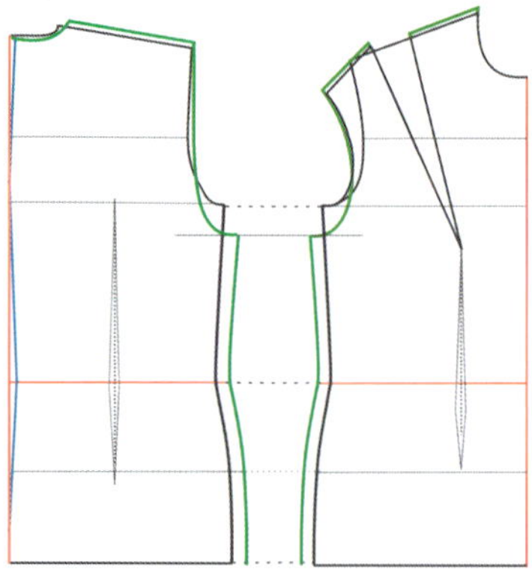

Bild 2

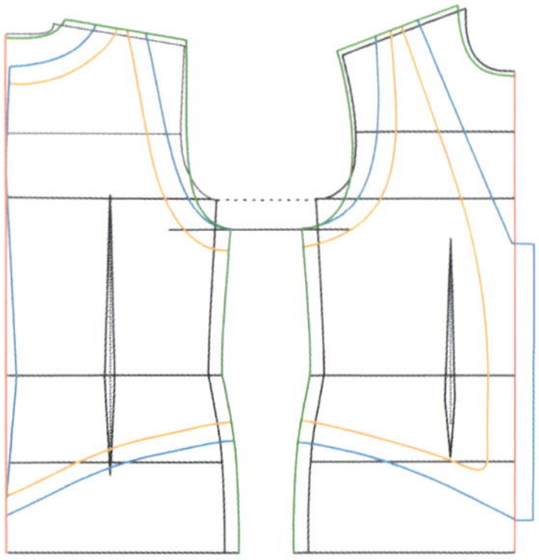

Bild 3

ABGEWANDELTER GRUNDSCHNITT

In diesem Schritt wird der im vorigen Schritt korrigierte und angepasste Grundschnitt abgewandelt, sodass man das Schnittmuster des gewünschten Modells erhält.

Man verwendet verschiedene Farben, um auf Anhieb die Linien des Grundschnitts (hier in Schwarz), der Weitenzugaben (hier in Grün) und der Abwandlungen (hier in Blau) unterscheiden zu können. Auf demselben Schnittmusterbogen werden in einer weiteren Farbe (hier in Orange) Elemente wie Besätze, Formbesätze usw. eingezeichnet. Danach ist das Abpausen der einzelnen Schnittteile entlang der jeweiligen farbigen Linie – ein notwendiger Schritt vor der Fertigstellung des Modellschnitts – ein Kinderspiel.

MODELLSCHNITT

Dies ist der vollständige Modellschnitt, der nicht nur alle am Grundschnitt vorgenommenen Veränderungen enthält, sondern auch die Nahtzugaben, Einsetzzeichen und Passzeichen, die Markierung des Fadenlaufs, Bezeichnung und Nummerierung der Schnittteile usw. (siehe S. 68, Bild 4).

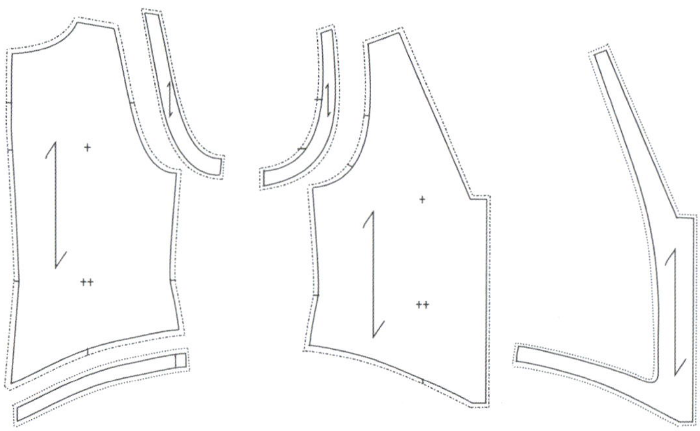

Bild 4

AUFBAU DES SCHNITTMUSTERS

Bevor Sie mit dem Zeichnen des Schnittmusters beginnen, hier noch einige notwendige Erläuterungen, die Ihnen helfen, Fehler bei der Konstruktion zu vermeiden.

KONSTRUKTION VON RÜCKEN- UND VORDERTEIL

Von allen Grundschnitten, ob für Oberteil, Rock oder Hose, wird stets jeweils ein halbes Vorder- und Rückenteil gezeichnet (Bild 1). Erst bei den Modellabwandlungen, und auch nur dann, wenn es sich um ein asymmetrisches Modell handelt, wird das halbe Schnittteil auf der Gegenseite der vorderen und/oder hinteren Mitte weiter aufgezeichnet, sodass ein ganzes Vorder- oder Rückenteil entsteht.

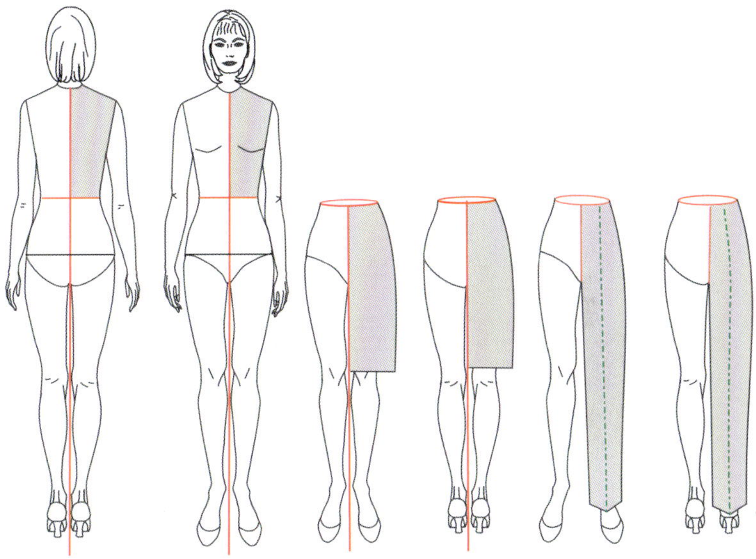

Bild 1

KONSTRUKTION DES ÄRMELS

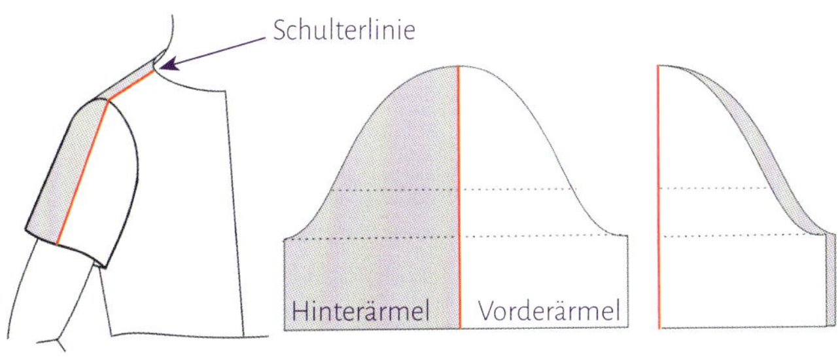

Bild 2

Eine Ausnahme von der oben genannten Regel bildet der Ärmel. Der Ärmelgrundschnitt wird nach der Form und den Maßen des Armausschnitts am Oberteil konstruiert (siehe S. 93). Es werden sowohl der Vorder- als auch der Hinterärmel aufgezeichnet und durch eine Hilfslinie geteilt (Bild 2, rote Linie), die grundsätzlich genau auf die Schulterlinie des Oberteils stoßen muss.

Im Gegensatz zu den anderen Grundschnitten (Oberteil, Rock und Hose) hat der Ärmel keine Mittellinie; Vorder- und Hinterärmel sind stets unterschiedlich breit. Dieser Unterschied hängt auch von der Schulterneigung ab, die wiederum je nach Körperbau verschieden ist. Die längs durch den Ärmel verlaufende senkrechte Linie (Bild 2, in Rot) ist eine Hilfslinie zum Einzeichnen verschiedener Maße (Höhe der Armkugel, Breite von Vorderärmel und Hinterärmel) und vor allem zur Kontrolle von Passform und Fall bei der Anprobe (siehe S. 115).

POSITION DER SEITENLINIE

Um die Breite des halben Vorderteils und des halben Rückenteils zu bestimmen, müsste man den Brustumfang logischerweise durch 4 teilen. Damit würde die Seitenlinie jedoch zu weit vorn liegen (Bild 1). Zeichnet man die Seitenlinie so auf, teilt sie die Armausschnittlinie nicht gleichmäßig (die Partien von Vorder- und Rückenteil sind nicht ausgewogen) und eine Konstruktion des Ärmels ist nicht möglich. Daher muss die Seitenlinie etwas zum Rückenteil hin verlegt werden. Für eine korrekte Seitenlinie wird vom Viertel des Brustumfangs am Rückenteil 1 cm abgetragen und am Vorderteil 1 cm angefügt (Bild 2).

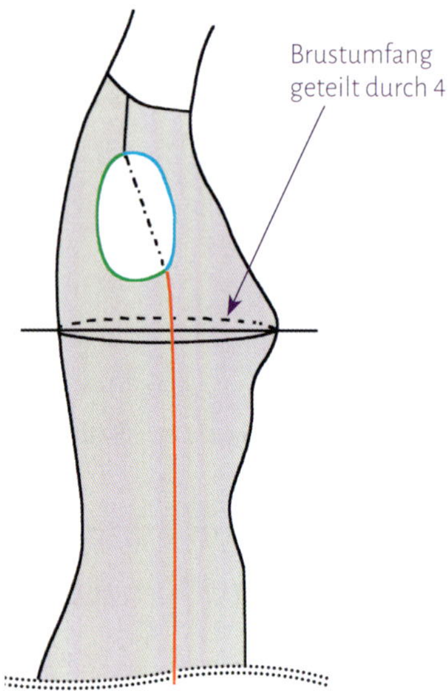

Bild 1

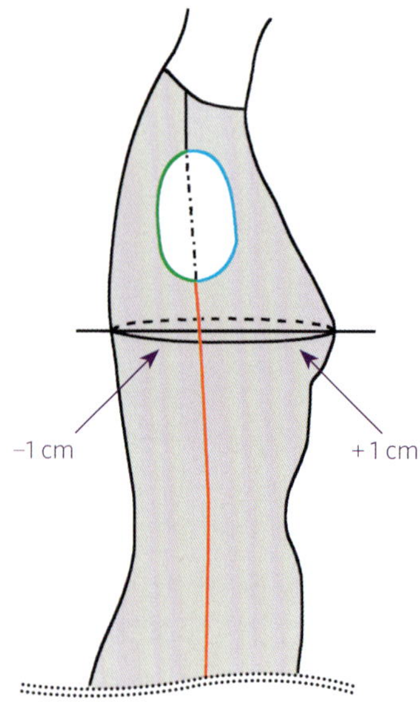

Bild 2

ABFLACHUNGEN

Bestimmte Rundungen an Schnittteilen werden am Ende etwas abgeflacht, um zu vermeiden, dass beim Zusammennähen oder beim Auseinanderfalten von im Stoffbruch zugeschnittenen Teilen Ecken, Spitzen oder Vertiefungen entstehen. Dies gilt insbesondere für die vordere und hintere Mitte und den Armausschnitt (Bild 3, grüne Kreise).

Bild 4 zeigt, wie man es nicht machen sollte: Hier wurden die Rundungen nicht abgeflacht, sodass es unmöglich wäre, den Ärmel in den Armausschnitt einzunähen.

Ebenfalls abgeflacht werden bei der Schnittzeichnung die folgenden Stellen: Brustpunkt, Abnäher, Taille usw. (siehe S. 75, Bild 3).

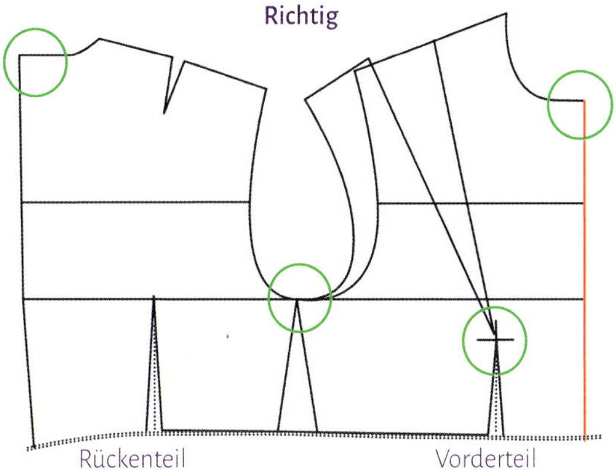

Bild 3

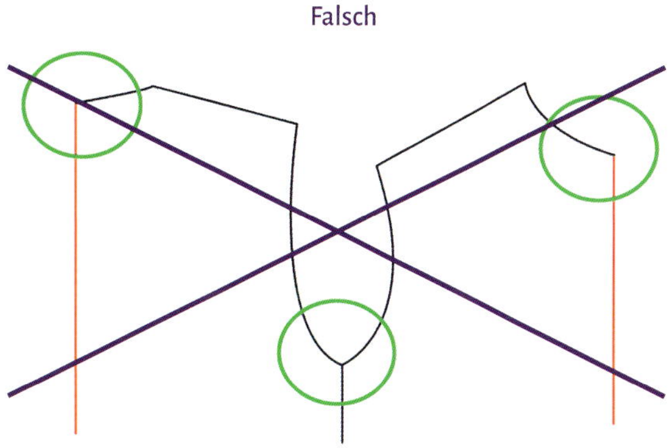

Bild 4

KNIPSE

Knipse spielen beim Zusammennähen von Kleidungsstücken eine entscheidende Rolle. Sie müssen auf dem fertigen Modellschnitt eingezeichnet und beim Zuschneiden auf den Stoff übertragen werden. Auf dem Schnittbogen bestehen sie aus einer kleinen Markierung auf den Außenlinien, der Stoff hingegen wird an der Kante ca. 2–3 mm eingeschnitten.

Es gibt zwei Arten von Knipsen:

- Die **Passzeichen** geben an, wo zwei Schnittteile in der Horizontalen aufeinandertreffen sollen, z. B. in Höhe der Taillen- Brust- oder Hüftlinie. Es gibt keine festen Regeln zum Setzen der Passzeichen. Grundsätzlich werden sie auf allen Konstruktionslinien angebracht, doch in der Praxis setzt man sie nach Bedarf, zur Vereinfachung und vor allem für größtmögliche Genauigkeit beim Zusammennähen.
- Die **Einsetzzeichen** erleichtern die korrekte Platzierung von Schnittteilen. Oben an der Armkugel helfen sie bei der Unterscheidung von Vorder- und Hinterärmel. Bei einem Bahnenrock aus mehreren sehr ähnlichen Schnittteilen dienen sie der Kennzeichnung der einzelnen Teile und helfen, Verwechslungen zu vermeiden.

Profitipp

Werden beim Zusammennähen die Pass- und Einsetzzeichen nicht beachtet, kann selbst eine korrekt konstruierte und gezeichnete Arbeit misslingen, da am Ende Passform und Fall nicht stimmen.

MASSNEHMEN

Damit die Zeichnung des Maßschnitts die Figur möglichst exakt abformt, muss sehr präzise Maß genommen werden. Dazu am besten eine dritte Person um Hilfe bitten. Natürlich können Fehler beim Maßnehmen später bei der Anprobe noch korrigiert werden, doch dies ist aufwändig und mühsam und gelingt oft erst nach mehreren Versuchen. Der Schnitt muss nach den notierten Maßen gezeichnet werden, dann wird er aus Nessel zugeschnitten und anprobiert. Korrekturen werden auf dem Nessel angebracht und auf den Papierschnitt übertragen. Der korrigierte Schnitt wird erneut aus Nessel zugeschnitten und zur Passformkontrolle anprobiert. Wenn man sich nun vorstellt, dass immer noch etwas nicht stimmt (etwa ein Oberteil nicht richtig fällt), muss die ganze Prozedur wiederholt werden. Mit anderen Worten, wenn man von Anfang an präzise Maß nimmt, spart man viel Zeit und erhält auf Anhieb ein exaktes Ergebnis.
Manche Modeschöpfer fügen schon beim Maßnehmen Bewegungszugaben hinzu. Dagegen ist grundsätzlich nichts einzuwenden, doch man sollte bedenken, dass ein auf diese Weise konstruierter Schnitt nur einmal und nur für ein einziges Modell verwendet werden kann, da die Weitenzugaben je nach Art und Stil eines Kleidungsstücks (z. B. Mantel, legeres Oberteil, Kostüm, weit geschnittene Tunika) sowie nach Stoffart und persönlichen Vorlieben (locker oder figurnah) variieren.

MASSNEHMEN FÜR DAS OBERTEIL

MASSNEHMEN – RÜCKENTEIL

Rückenlänge

Die Rückenlänge scheint ein unkompliziertes Maß zu sein, doch hier muss man besonders sorgfältig vorgehen, da dieses Maß für die Schnittkonstruktion von entscheidender Bedeutung ist. Häufig wird empfohlen, in der Rückenmitte vom ersten Halswirbel abwärts bis zur Taille zu messen. Diese Methode ist sehr einfach, da die Erhebung des Halswirbels leicht zu finden und präzise ist. Allerdings wird dabei die Rundung des Rückens im Bereich der Schulterblätter außer Acht gelassen. Diese ist jedoch bei jedem Menschen verschieden und muss beim Maßnehmen berücksichtigt werden. Daher ist es besser, am inneren Schulterpunkt (in der Halsbeuge genau auf der Schulterlinie) anzusetzen und von dort bis zur Taille zu messen (Bild 1).

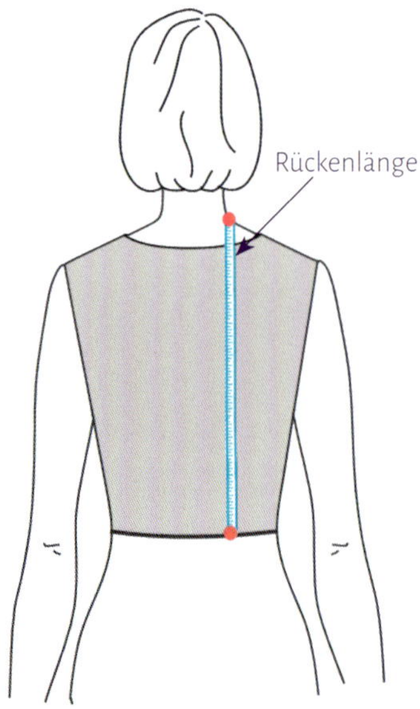

Bild 1

Schulterbreite oder Rückenbreite

Welches dieser beiden Maße verwendet wird, hängt von der jeweiligen Statur ab. Die Schulterbreite eignet sich bei schlankem, wohlproportioniertem Körperbau. Bei Personen mit kurzem, dickem Hals oder sehr rundem Rücken ist sie hingegen problematisch und kann sogar zu Fehlern führen, da sie die Rundungen nicht berücksichtigt.

- Schulterbreite: vom Hals bis zum äußeren Schulterpunkt, also dem äußeren Schulterknochen (Bild 2 links).
- Obere Rückenbreite: zwischen den äußeren Schulterpunkten (Bild 2 rechts).

Gut zu wissen

Die Gesamtlänge des Körpers nie in nur einem Maß messen, da dieses durch bestimmte Rundungen (z. B. des Gesäßes oder der Brust) verfälscht werden kann. Die Länge eines Kleidungsstücks misst man daher in zwei Etappen: einmal oberhalb, einmal unterhalb der Taille.

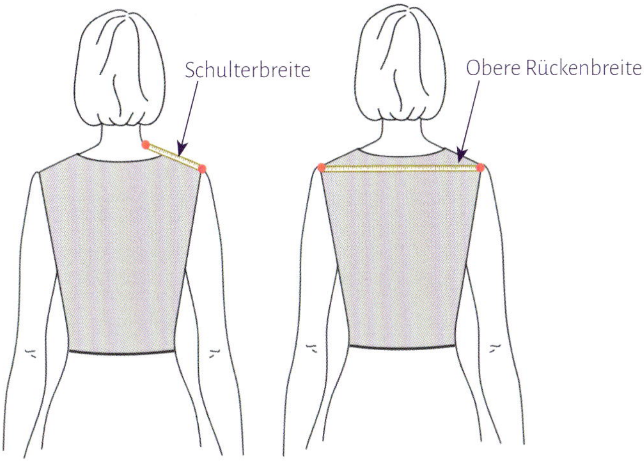

Bild 2

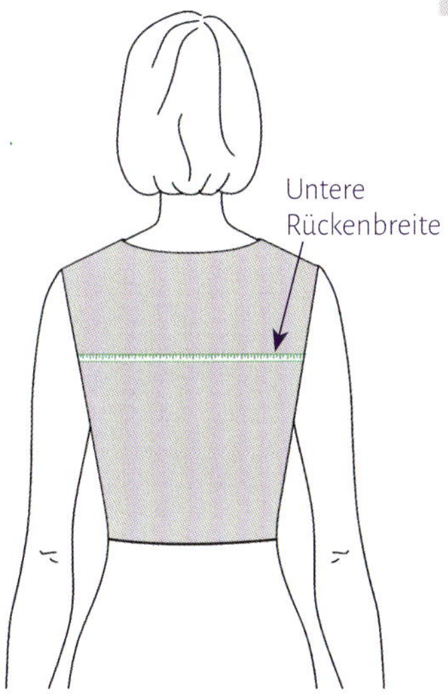

Bild 3

Untere Rückenbreite

Zum Bestimmen der unteren Rückenbreite misst man den Abstand zwischen den Armen von einem Armansatz zum anderen. Mit diesem Maß wird bestimmt, ab welchem Punkt die Kurve des Armausschnitts bis zur Seitenlinie führt. Es ist sehr wichtig, da es einen Hinweis auf die Breite der Armkugel gibt und daher mit für den guten Sitz des Ärmels sorgt. Wird hier nicht genau gemessen, steht die Armkugel vielleicht zu weit ab (Armkugel zu groß) oder behindert die Armbewegungen (Armkugel zu klein).

MASSNEHMEN – VORDERTEIL

Vordere Taillenlänge

Die vordere Taillenlänge wird vom inneren Schulterpunkt (Ende der Schulterlinie am Halsansatz) abwärts über den Brustpunkt bis zur Taillenlinie gemessen (Bild 1). Damit die Rundung der Brust berücksichtigt wird, muss das Maßband unbedingt über den Brustpunkt geführt werden, nicht zwischen den Brüsten hindurch.

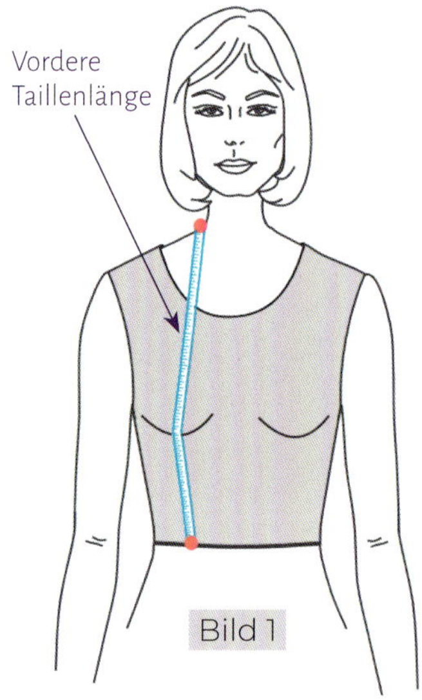

Bild 1

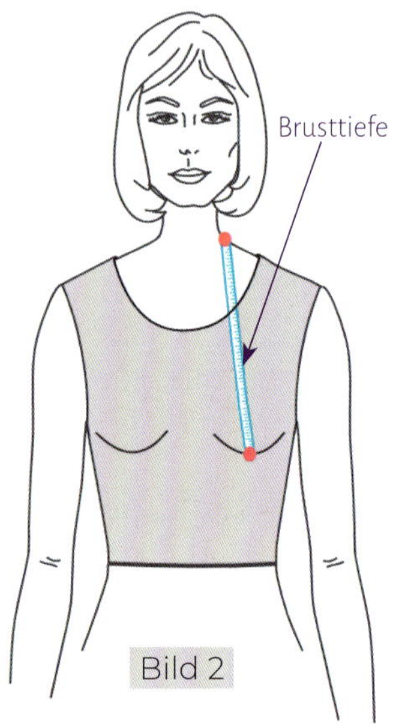

Bild 2

Brusttiefe

Die Brusttiefe wird vom inneren Schulterpunkt (Ende der Schulterlinie am Halsansatz) bis zum Brustpunkt gemessen.
Mit diesem Maß kann man z. B. die Höhe des Taillenabnähers (siehe S. 54) oder Verlauf und Position der Teilungsnähte bei Wiener Nähten oder beim Prinzessschnitt bestimmen.
Achtung: Beim Zeichnen des Papierschnitts muss die Abflachung an der Brust berücksichtigt werden, damit das Kleidungsstück später in Brusthöhe gut sitzt (S. 16, Bild 3).

Oberbrustbreite

Für dieses Maß wird genau wie für die untere Rückenbreite gemessen: am Armansatz von einem Arm zum anderen. Es ist interessant, dass die Oberbrustbreite stets kleiner ist als die untere Rückenbreite. Falls Sie zwei identische Werte erhalten, müssen Sie sich geirrt haben – messen Sie noch einmal nach. Wie die untere Rückenbreite ist auch die Oberbrustbreite sehr wichtig für die Konstruktion des Ärmels. Ist das Maß zu groß, steht die Armkugel ab, ist es zu klein, kneift der Ärmel und behindert die Armbewegungen.

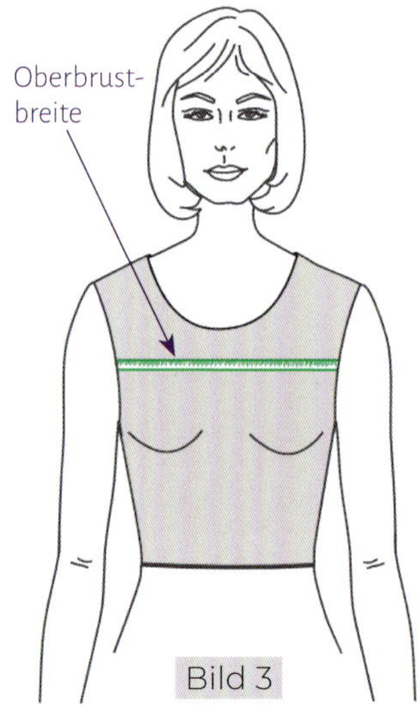

Bild 3

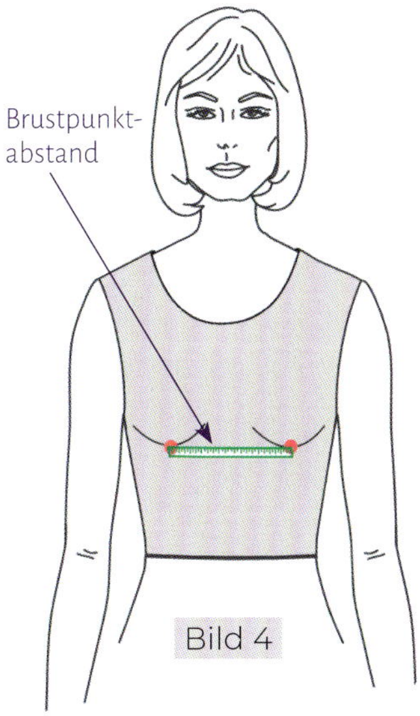

Bild 4

Brustpunktabstand

Für den Brustpunktabstand wird der Abstand zwischen den Brustpunkten (Brustspitzen) gemessen. Dabei unbedingt sehr präzise messen, da die Position von Teilungsnähten und Abnähern von diesem Maß bestimmt wird (siehe S. 26, Bild 1).

Zusätzliche Maße

Auf dem Papierschnitt können mithilfe des Brustpunkts zwei weitere Maße erhoben werden, die bei der Überprüfung des Grundschnitts der Korrektur der Höhe des Halsausschnitts und der Schulterneigung dienen (siehe S. 51). Beide Maße gehören jedoch nicht zum Standardmaßsatz der Schnittkonstruktion und haben keinen Einfluss auf die einzelnen Schritte der Schnittentwicklung.

Halsausschnitttiefe (Hilfsmaß)

Da es schwierig ist, den Halsumfang exakt abzumessen (S. 22, Bild 2), kann man sich zum Bestimmen der Höhe des Halsausschnitts mit dem Konstruktionsmaß der Halsausschnitttiefe behelfen. Dazu wird ab der vorderen Mitte in Höhe des Schlüsselbeins bis zum Brustpunkt gemessen (Bild 5A).

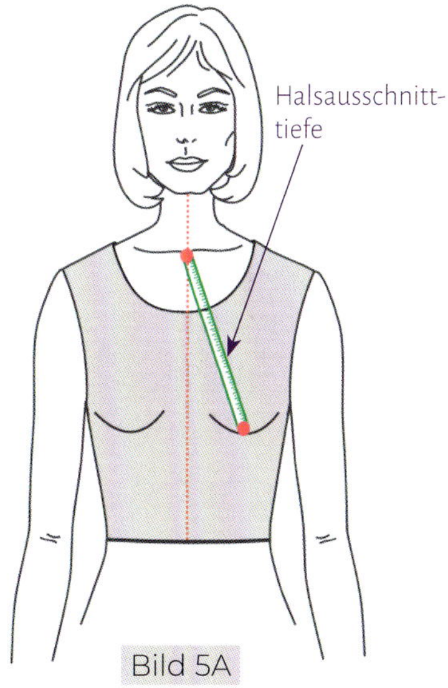

Bild 5A

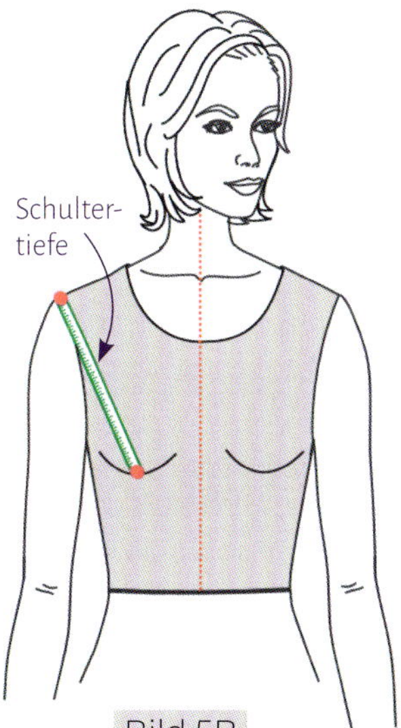

Bild 5B

Schultertiefe

Für dieses Maß wird vom Brustpunkt zum äußeren Schulterpunkt gemessen (Bild 5B). Mithilfe von zwei Maßen – Brusttiefe (S. 20, Bild 2) und Schultertiefe – erhält man die individuelle Schulterneigung einer Person.

MASSNEHMEN – UMFANG

Den Körperumfang zu messen kann recht knifflig sein, denn das Maßband ringsum genau waagrecht zu halten, ist gar nicht so einfach. Oft legt man dabei die Finger zwischen Körper und Maßband, da dieses sich so leichter fassen lässt (Bild 1A). Dadurch ergibt sich jedoch eine unerwünschte Mehrweite, da ja die Finger mitgemessen werden. Erwünschte Weitenzugaben sind hingegen nie an allen Stellen (Brust, Taille, Hüfte usw.) gleich.

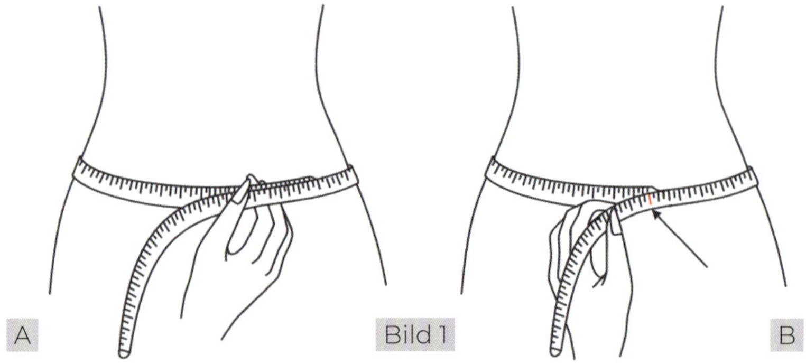

Bild 1

Bild 1B zeigt die korrekte Methode. Erst zum Schluss werden eventuelle Weitenzugaben hinzugefügt, wie sie entweder auf dem Grundschnitt oder dem Modellschnitt vorgesehen sind, denn die Zugaben variieren je nach Art (Mantel, Jacke, Bluse) und Stil eines Kleidungsstücks.

Halsumfang

Wie bei den meisten Maßen des Körperumfangs ist auch hier das Messen nicht so einfach. Misst man rings um die Halsmitte (Bild 2, in Grün), entspricht das Ergebnis im Prinzip dem Halsumfang. Der Halsausschnitt besteht jedoch aus zwei verschiedenen Partien, dem hinteren und dem vorderen Ausschnitt. Zur Ermittlung der Ausschnittbreite und der unterschiedlichen Ausschnitttiefe an Rücken- und Vorderteil muss daher bei der Grundschnittkonstruktion der Halsumfang am Halsansatz gemessen werden (Bild 2, in Rot).

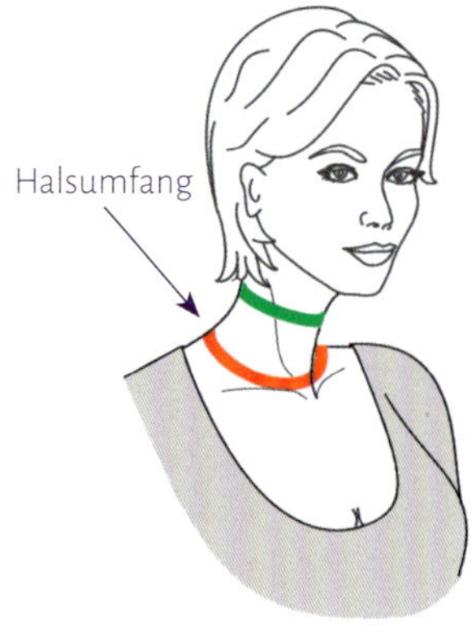

Bild 2

Oberbrustumfang

Für dieses Maß legt man das Maßband auf der Oberbrustlinie rings um den Körper. Dabei hängen die Arme ganz leicht abgespreizt, aber locker herab.

Das Maß wird bei der Konstruktion der Armkugel verwendet; es dient zur Kontrolle und eventuellen Korrektur von deren Breite. Auch zur Konstruktion von im Fadenlauf zugeschnittenen Capes oder Pelerinen wird es benötigt.

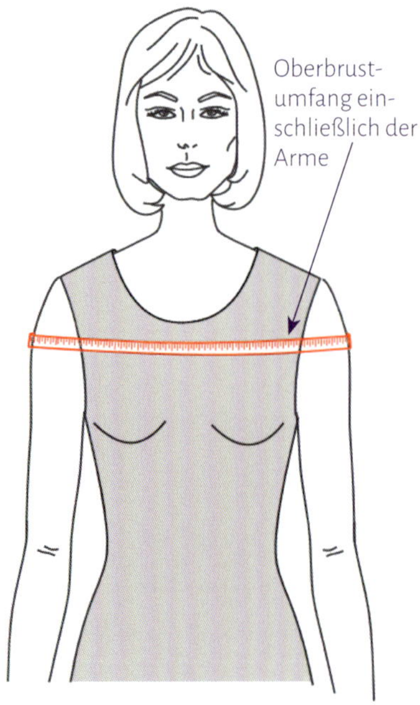

Bild 3

Brustumfang

Zum korrekten Abmessen des Brustumfangs unbedingt darauf achten, dass das Maßband im Rücken genau waagrecht und vorn genau über die Brustspitzen (Brustpunkte) verläuft. Bei der Grundschnittkonstruktion wird dieses Maß zur Bestimmung der Breite eines Oberteils benötigt; daher sollte es ganz exakt sein.

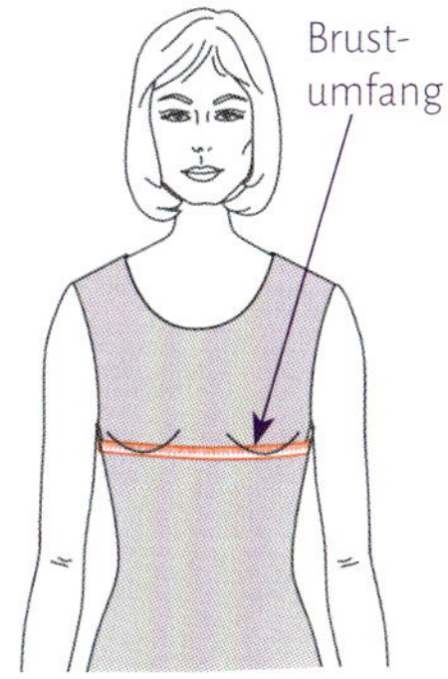

Bild 4

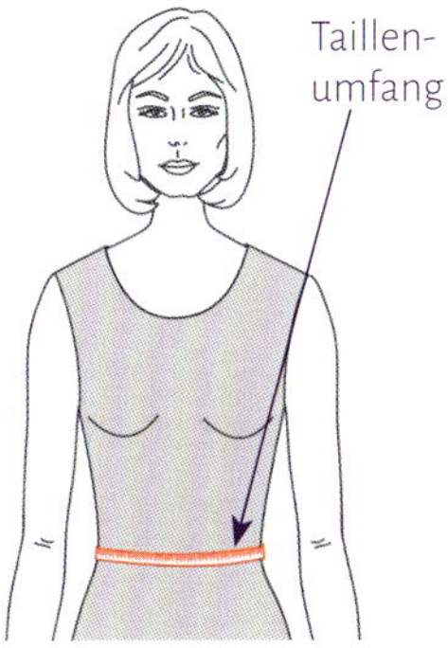

Bild 5

Taillenumfang

Das Abmessen des Taillenumfangs erfolgt in zwei Schritten: Zuerst ein Band oder eine Kordel genau waagrecht um die Taille legen (die Kordel darf weder vorn noch hinten nach oben oder unten verrutschen, z. B. aufgrund einer korpulenteren Figur). Anschließend die Kordel am Körper mit dem Maßband abmessen (Bild 5).

Hüftumfang

Auch hier kann man zum exakten Maßnehmen eine Kordel zu Hilfe nehmen. Diese in Höhe der im vorigen Schritt ermittelten Hüfttiefe um den Körper legen und kontrollieren, ob das Maßband ringsum genau parallel zur waagrechten Taillenlinie verläuft. Nur dann liegt es richtig. Anschließend die Kordel am Körper mit dem Maßband abmessen. Dieses Maß ist wichtig, da es auf dem Grundschnitt die Breite eines Oberteils in Hüfthöhe bestimmt.

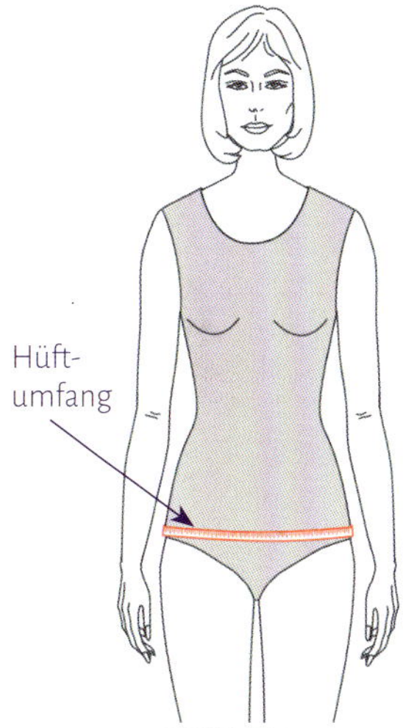

Bild 6

Hüfttiefe

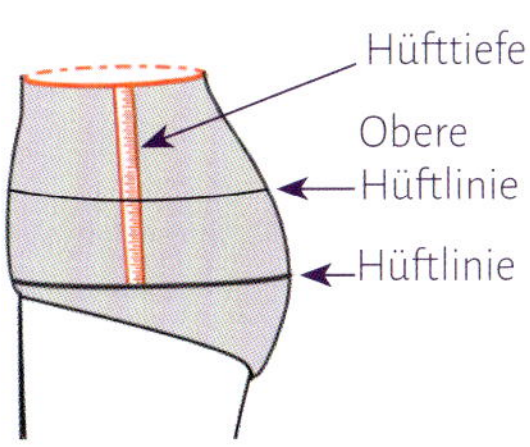

Bild 7

Die Hüfttiefe entspricht dem Abstand zwischen der Taille und der stärksten Stelle der Hüfte. Dieses Maß dient bei der Grundschnittkonstruktion dazu, die Position der Hüftlinie festzulegen.

Höhe der oberen Hüftlinie

Die obere Hüftlinie wird auf halber Höhe zwischen Taillen- und Hüftlinie angebracht. Sie ist keine Konstruktionslinie (S. 12, Bild 4) und wird nur bei Bedarf auf dem Schnitt eingezeichnet, z. B. zur Positionierung von Taschen, einem Sattel oder von Teilungsnähten (siehe S. 186).

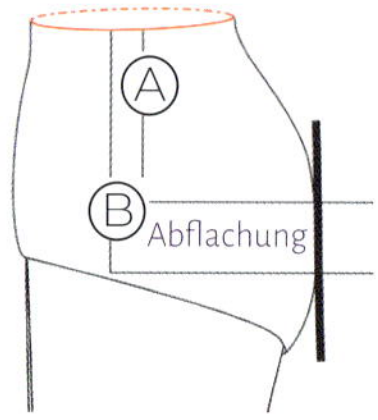

Bild 8

Gut zu wissen

In den meisten Fällen ist die genaue Position der Hüftlinie nicht ohne Weiteres ersichtlich, da sie von Form und Ausprägung des Gesäßes abhängt, dessen Abflachung in der Regel 5–8 cm umfasst. Daher kann die Hüftlinie auf einen beliebigen Punkt der Abflachung gelegt werden (Bild 8). Die so entstehenden Unterschiede in der Hüfttiefe (siehe A und B) wirken sich natürlich auf die Position der oberen Hüftlinie aus, die ja stets auf halber Höhe zwischen Taillen- und Hüftlinie liegt. Gemäß den französischen Standardmaßtabellen der FNH liegt die Hüfttiefe bei allen Größen zwischen 17 und 23 cm. In Anlehnung an diese Werte und um Konstruktionsfehler auszuschließen, wird die Hüfttiefe für die Grundschnitte in diesem Buch auf das mittlere Maß von 20 cm festgelegt; die obere Hüftlinie liegt damit 10 cm unterhalb der Taille. Dieses Durchschnittsmaß wird von den meisten Modeschöpfern und Schnittentwicklern verwendet.

MASSNEHMEN – ARME

Für diese Maße muss der Arm leicht gebeugt sein, da der Unterschied bei Messung mit geradem und gebeugtem Arm je nach Körpergröße und Statur 2–3 cm betragen kann. Wird mit ausgestrecktem Arm gemessen, kann der Ärmel später unbequem sein und die Armbewegungen behindern (vor allem bei Manschetten/Bündchen).

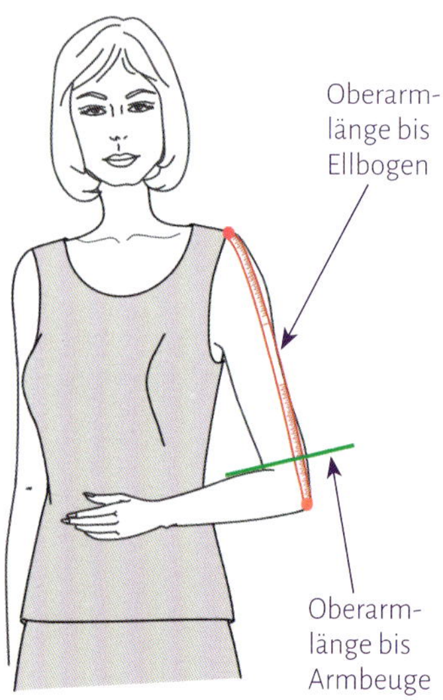

Bild 9

Oberarmlänge

Die Oberarmlänge wird bei leicht gebeugtem Arm vom äußeren Schulterpunkt bis zum Ellbogen gemessen. Mit diesem Maß kann man einen Grundärmel z. B. in einen Schneiderärmel oder einen schmalen Einnahtärmel abwandeln, bei denen die Position des Abnähers eine wichtige Rolle spielt.

Für einen kurzen Ärmel hingegen misst man nur die Länge bis zur Höhe der Armbeuge (Bild 9, grüne Linie), um bequemere Armbewegungen zu ermöglichen.

Armlänge

Die Armlänge wird am leicht gebeugten Arm vom äußeren Schulterpunkt genau über den Ellbogen bis zur Handwurzel gemessen.

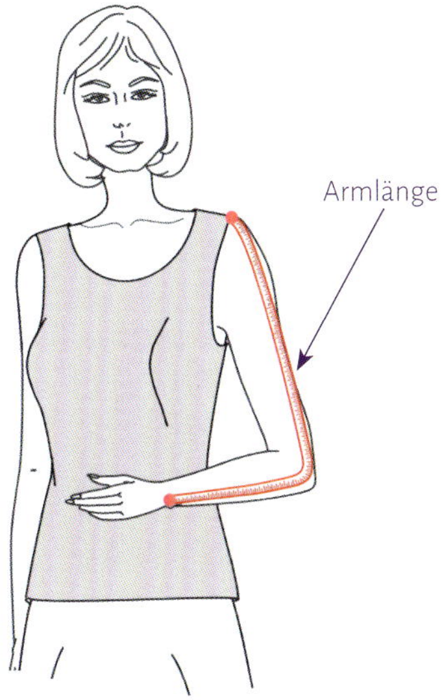

Bild 10

Oberarmumfang

Der Oberarmumfang wird an der stärksten Stelle des Oberarms gemessen. Er dient zur Ermittlung der Ärmelbreite. Bei der in diesem Buch vorgestellten Methode wird die Ärmelbreite durch die zugefügte Bewegungszugabe sowie die Höhe des Armausschnitts bestimmt. Dennoch ist bei der Schnittkonstruktion nach Maß eine Vergleichskontrolle mit dem Oberarmumfang wichtig, da dieser je nach Körperbau sehr verschieden sein kann.

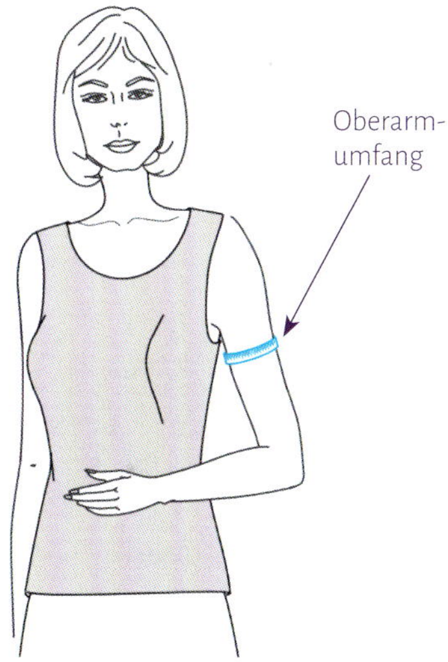

Bild 11

Handgelenkumfang

Für dieses Maß wird das Maßband in Höhe der Handwurzelknochen (breiteste Partie) rings um das Handgelenk gelegt.

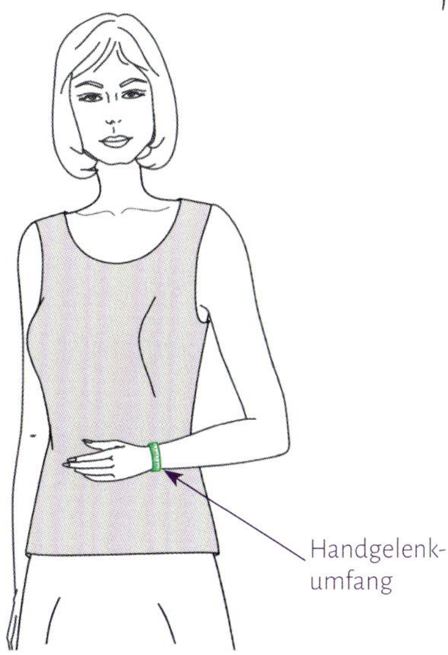

Bild 12

MASSNEHMEN FÜR DEN ROCK

Die wesentlichen Maße für die Konstruktion des Rock-Grundschnitts sind (Bild 1):

- Brustpunktabstand (S. 21, Bild 4), d. h. der Abstand zwischen den beiden Brustpunkten, mit dessen Hilfe die Position der Abnäher ermittelt wird. Auf dem Papierschnitt entsprechen die senkrechten Linien, die von den Brustpunkten ausgehen und im rechten Winkel zur Brustpunktabstandslinie stehen, der Mitte der Taillenabnäher des Rockes (übrigens auch der Taillenabnäher des Oberteils)
- Taillenumfang (S. 23, Bild 5)
- Hüftumfang (S. 24, Bild 6)
- Rocklänge (Bild 2)

Die **Rocklänge** wird in der Regel auf der Seitenlinie gemessen, von der Taille abwärts bis zur gewünschten Länge. Dennoch muss man bei einem Maßschnitt den individuellen Körperbau berücksichtigen. Bei einer korpulenten Figur oder einem ausgeprägten Gesäß müssen zusätzliche Maße genommen werden, nämlich die Rocklänge an der hinteren und vorderen Mitte. Diese Maße dienen dazu, nach Schließen der Abnäher die Kurve der Taillenlinie korrekt zu zeichnen.

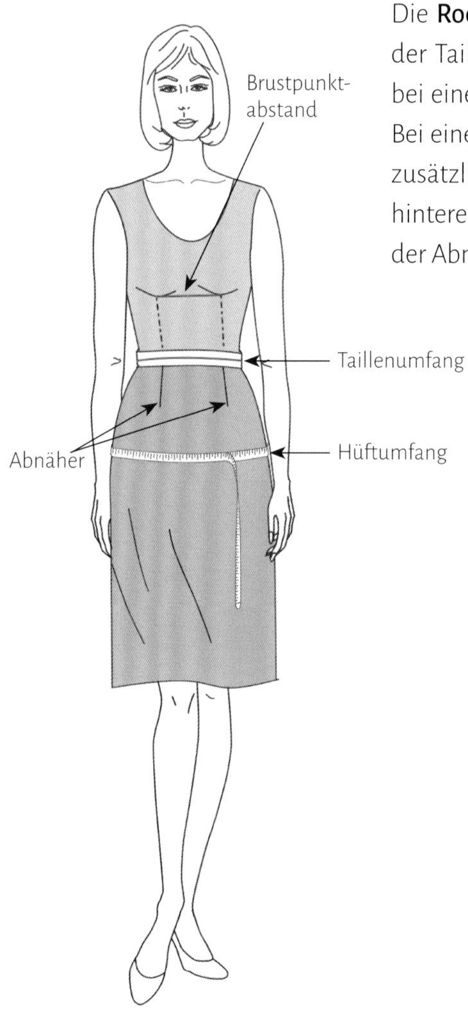

Bild 1

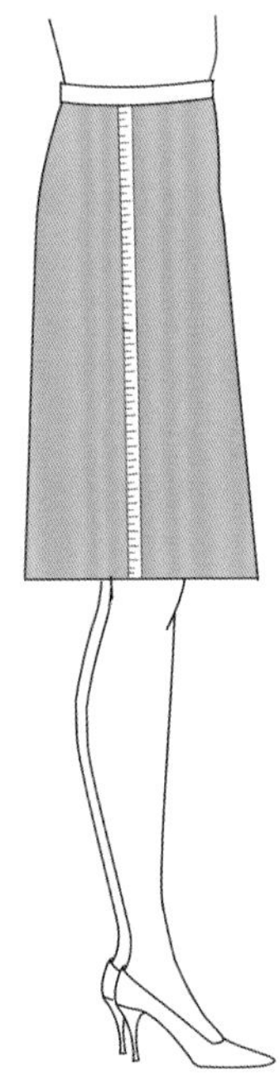

Bild 2

MASSNEHMEN FÜR DIE HOSE

Für die Konstruktion des Hosengrundschnitts werden die Körpermaße von der Taille abwärts benötigt. Einige der Maße gehören zur eigentlichen Schnittkonstruktion, andere dienen der Überprüfung der Schnittzeichnung, z. B. der Oberschenkelumfang, der Wadenumfang oder die Länge der Schrittnaht.

MASSNEHMEN – UMFANG

① **Taillenumfang:** Zum Abmessen des Taillenumfangs ebenso verfahren wie bei Oberteil oder Rock (siehe S. 23, Bild 5).

② **Hüftumfang:** Zum Abmessen des Hüftumfangs ebenso verfahren wie bei Oberteil oder Rock (siehe S. 23, Bild 7).

③ **Oberschenkelumfang:** Zum Abmessen des Oberschenkelumfangs das Maßband um die stärkste Stelle der Oberschenkel legen. Mit diesem Maß kann man überprüfen, ob die nach der Grundschnittkonstruktion erhaltene Breite des Hosenbeins unterhalb der Schrittlinie (siehe Bild 3) dem Körperbau der jeweiligen Person entspricht. Dies ist in der Maßschnittkonstruktion vor allem bei sehr starken Oberschenkeln oder ausgeprägter unterer Gesäßpartie wichtig.

④ **Wadenumfang:** Der Wadenumfang wird an der stärksten Stelle der Wade gemessen, die je nach Körperbau einer Person in unterschiedlicher Höhe zwischen Knie und Knöchel liegt.

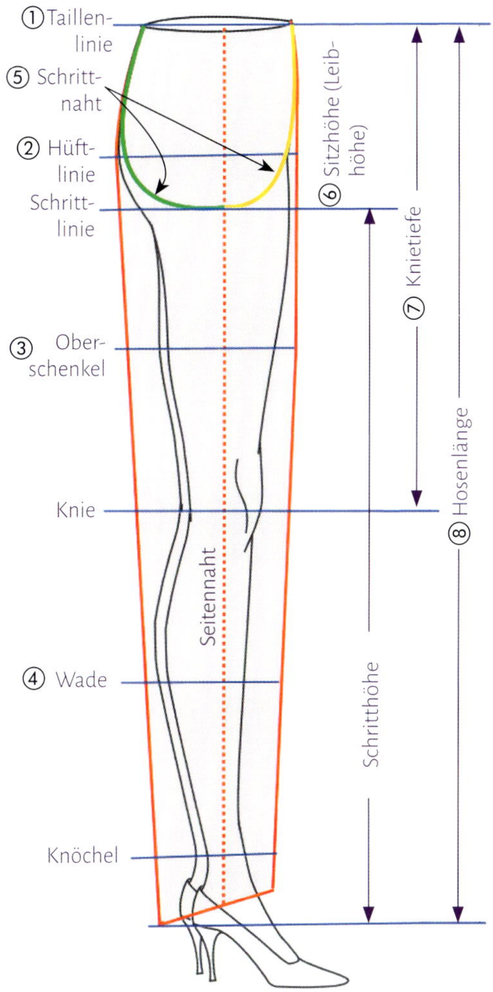

Bild 3

UNTERE BEINWEITE

Um sicherzugehen, dass die Beinweite am Hosensaum ausreicht, um die Hose problemlos anzuziehen (vor allem bei unten schmal geschnittenen Hosen), wird ein weiteres Maß benötigt: der Ristumfang (Bild 1). Dazu wird bei ausgestrecktem Fuß (wie beim Anziehen einer Hose) ringsum genau über die Ferse und den Rist (Spann) gemessen.

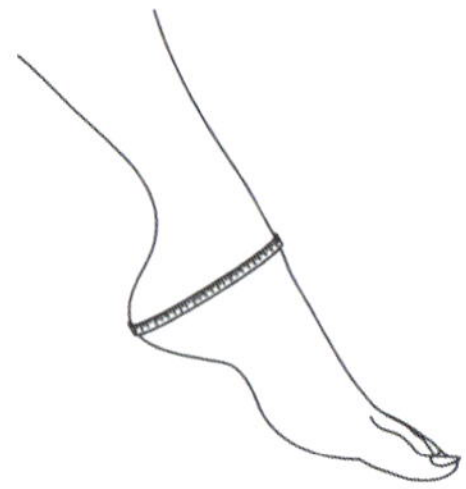

Bild 1

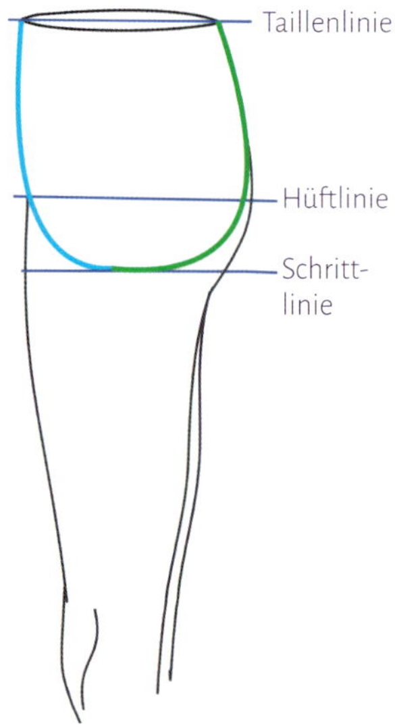

Bild 2

MASSNEHMEN – HÖHE

⑤ **Länge der Schrittnaht:** So wie die Schrittnaht normalerweise gemessen wird, nämlich von der hinteren Taillenmitte über den Schritt bis zur vorderen Taillenmitte (Bild 2, grüne und blaue Linie), ist dieses Maß nicht ganz perfekt, da die Rundung des Gesäßes außer Acht gelassen wird. Daher wird es im Folgenden lediglich zur Überprüfung der nach unserer Methode gezeichneten Schrittnaht verwendet (siehe Kapitel 5, „Hose", S. 137).

⑥ **Sitzhöhe (auch Leibhöhe):** Dies ist das wichtigste Maß bei der Konstruktion des Hosenschnitts, da von seiner Genauigkeit die Zeichnung der Schrittnaht abhängt. Die Sitzhöhe variiert je nach Körpergröße und Statur. Das Messen ist etwas knifflig, und es gibt dazu verschiedene Techniken. Am einfachsten und zuverlässigsten ist die Methode, bei der sich die abzumessende Person auf eine gerade Oberfläche setzt (z. B. einen Hocker); dann wird mit einem senkrecht gehaltenen Lineal der Abstand zwischen Taille und Sitzfläche gemessen.

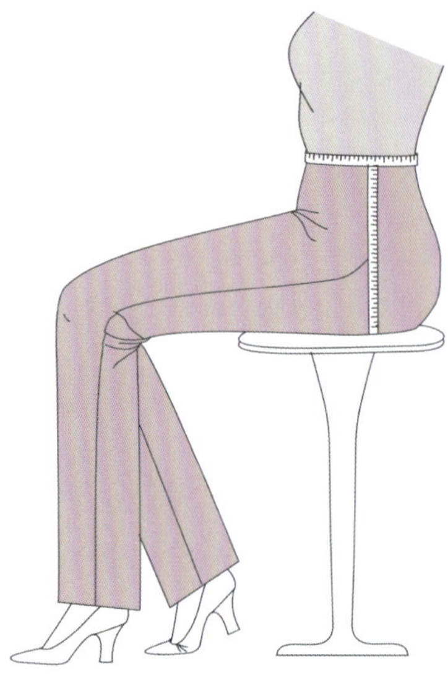

Bild 3

⑦ **Knietiefe:** Wie die Rocklänge wird dieses Maß an der Seitenlinie abgemessen (siehe S. 26, Bild 2). Für größere Genauigkeit bei leicht gebeugtem Bein bis zur Rundung des Knies messen. Bei Schnittkonstruktionen auf der Basis von Standardmaßen liegt die Knietiefe in allen Größen bei 55 bis 60 cm. Nur in Ausnahmefällen weicht das Maß von diesem Bereich ab.

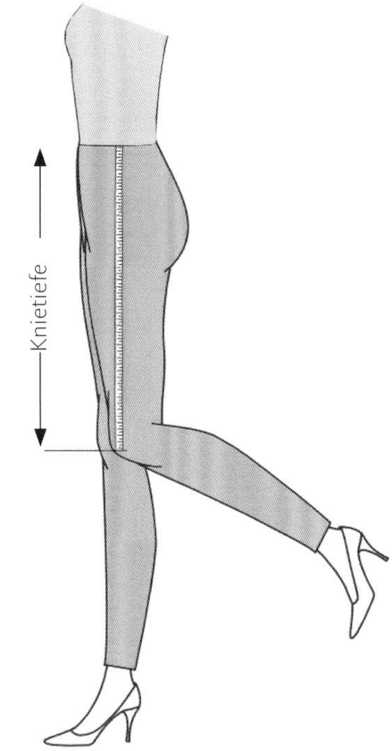

Bild 4

⑧ **Hosenlänge:** Die Hosenlänge abzumessen, mag einfach erscheinen, doch man muss dabei sehr sorgfältig vorgehen. Sehr oft hängt die Gesamtlänge einer Hose davon ab, ob sie unten gerade (Bild 5A und C) oder schräg (Bild 5B und D) geschnitten ist. Auch die Absatzhöhe der zur Hose getragenen Schuhe verändert deren Länge. Dies sollte beim Abmessen der Hosenlänge berücksichtigt werden.

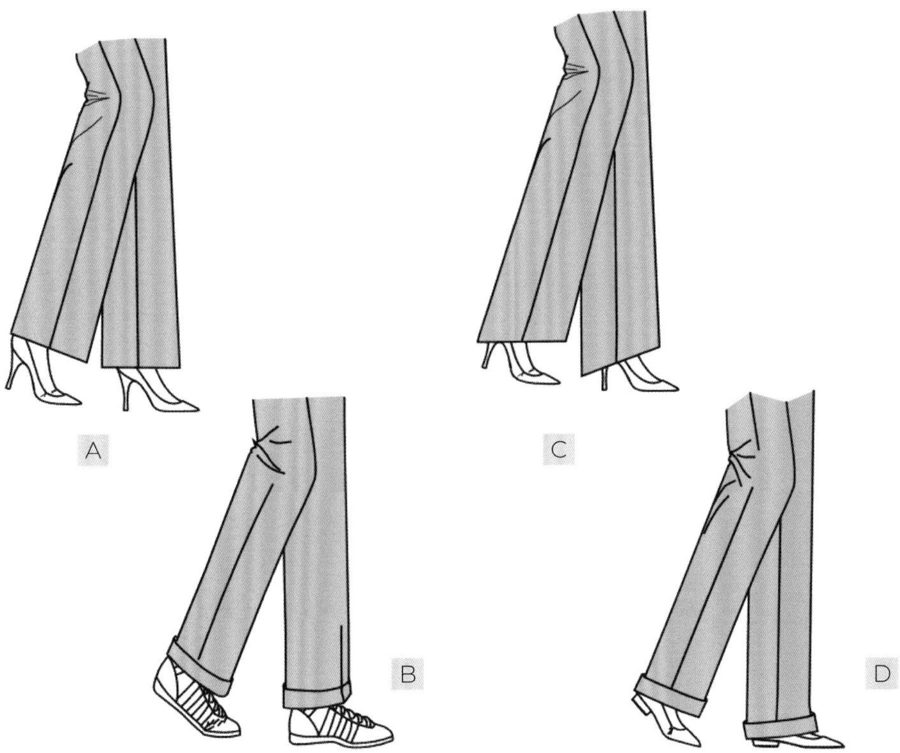

Bild 5

OBERTEIL

Die Konstruktion eines Standard- und sogar eines Maßgrundschnitts ist an sich nicht schwierig, wenn man sich die Zeit nimmt zu begreifen, warum diese oder jene Linie gezeichnet werden muss, welche Funktion sie hat und welche Rolle sie bei der Konstruktion spielt. Auch ihren Einfluss auf Fall und Sitz eines Kleidungsstücks und damit ihre Wirkung am fertigen Modell sollte man nachvollziehen können.

In diesem Kapitel wird die Konstruktion des Grundschnitts Schritt für Schritt beschrieben und ausführlich erläutert, denn für eine gelungene Schnittkonstruktion muss man die einzelnen Schritte nicht nur genau befolgen, sondern auch ihren Sinn erfassen.

SCHNITTKONSTRUKTION NACH MASS

Der erste Schritt der Grundschnittkonstruktion besteht in der Zeichnung einer zweidimensionalen Darstellung der Figur in einem Papierschnitt.
Die Konstruktionszeichnung beginnt stets mit dem Rückenteil. Dies ist am einfachsten, da sich am Rücken weniger Rundungen befinden, im Gegensatz zum Vorderteil, an dem die mehr oder weniger ausgeprägte Rundung der Brust berücksichtigt werden muss.
Bei der Zeichnung des Rückenteils ist die korrekte Platzierung der Armausschnittlinie und der Oberbrustlinie ganz einfach und gelingt problemlos.

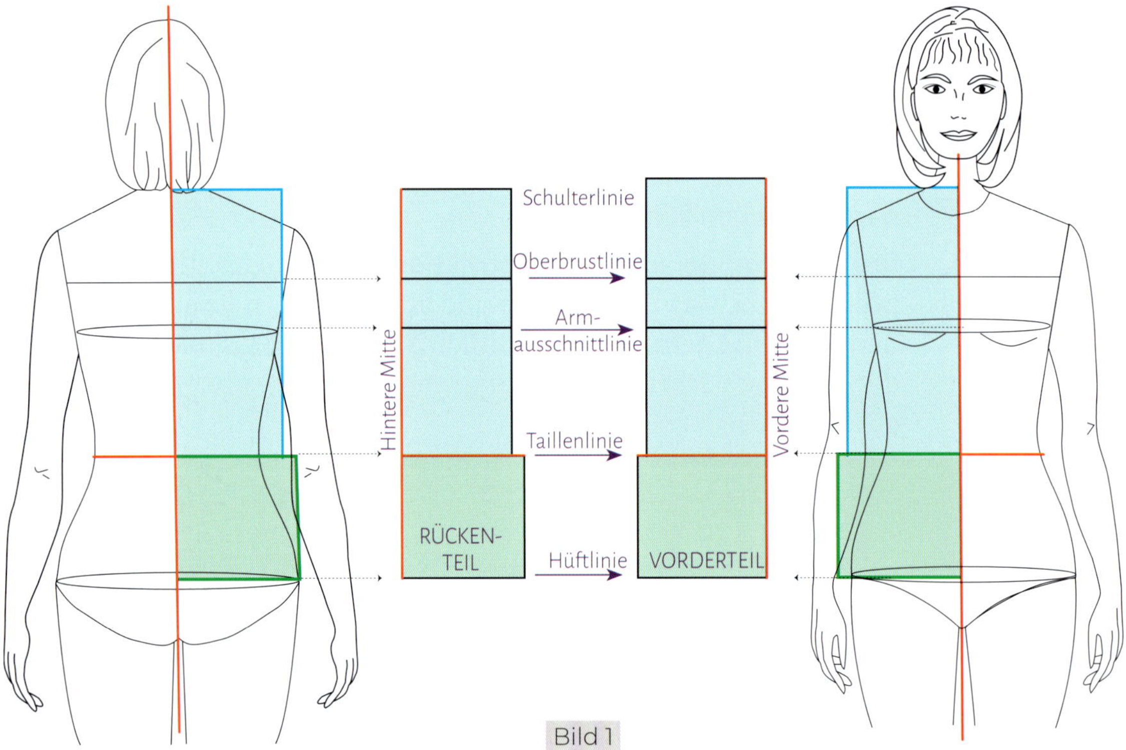

Übereinstimmung der virtuellen Linien am Körper und der auf dem Papierschnitt eingezeichneten Konstruktionslinien

GRUNDGERÜST DES RÜCKENTEILS

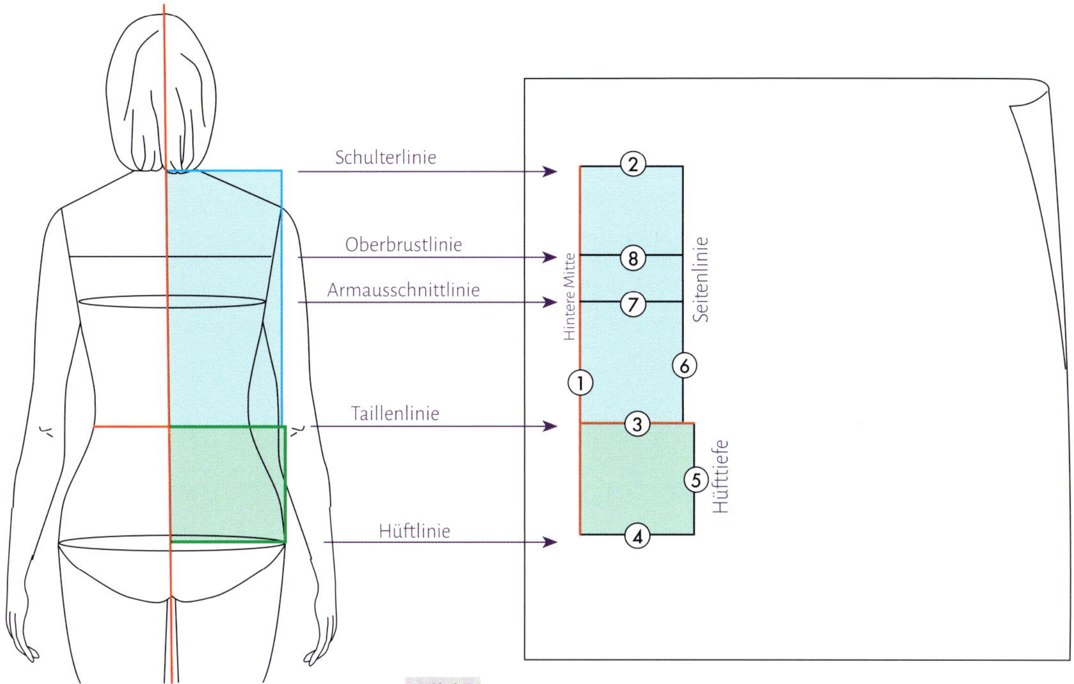

Bild 1

① Die erste Linie, die auf dem Papierschnitt eingezeichnet wird, ist eine Referenzlinie: die hintere Mitte. Diese in Rot etwa 5 cm von der Kante des Schnittbogens einzeichnen, und zwar zwischen 60 und 70 cm lang. Diese Länge ist die Summe aus zwei Maßen, der Rückenlänge (S. 18, Bild 1) und der Hüfttiefe (S. 23, Bild 7). Die exakte Länge wird später festgelegt.

② Anschließend in Schwarz 7–10 cm unterhalb der oberen Papierkante eine waagrechte Linie einzeichnen: die Schulterlinie.

③ Ab der Schulterlinie das Maß der Rückenlänge abtragen und durch diesen Punkt eine Senkrechte zur hinteren Mitte ziehen: Dies ist die Taillenlinie. Auch sie stellt eine Referenzlinie dar und wird daher in Rot gezeichnet.

④ Ab der Taillenlinie das Maß der Hüfttiefe abtragen und auch durch diesen Punkt eine Senkrechte zur hinteren Mitte ziehen – dies ist die Hüftlinie (in Schwarz, wie auch alle Linien der Schritte 5 bis 8 der Konstruktion des Rückenteils).

Profitipp

Die Seitenlinie des Oberteils wird durch zwei Maße bestimmt, den Brust- und den Hüftumfang. Zur Konstruktion dieser Linie zeichnet man zuerst unter Berücksichtigung des Brustumfangs eine Linie von der Schulterlinie bis zur Taille, dann unter Berücksichtigung des Hüftumfangs von der Taille bis zur Hüftlinie.

⑤ Um die Partie der Seitenlinie zu zeichnen, die der Höhe der Hüfttiefe entspricht, den Hüftumfang durch 4 teilen, dann 1 cm abziehen. Das erhaltene Maß auf der Hüftlinie abtragen, gemessen ab der Schnittstelle von Hüftlinie und hinterer Mitte. Ab diesem Punkt eine Senkrechte bis zur Taillenlinie zeichnen.
⑥ Für die Partie der Seitenlinie, die dem Abstand von der Taillenlinie zur Schulter entspricht, den Brustumfang durch 4 teilen, dann 1 cm abziehen. Das erhaltene Maß auf der Schulterlinie abtragen, gemessen ab der Schnittstelle von Schulterlinie und hinterer Mitte. Ab dem so erhaltenen Punkt eine Senkrechte bis zur Taillenlinie zeichnen.
⑦ Für die Armausschnittlinie auf halber Höhe zwischen Schulter- und Taillenlinie (Rückenlänge geteilt durch 2) eine waagrechte Linie von der hinteren Mitte bis zur Seitenlinie zeichnen.
⑧ Die Höhe der Oberbrustlinie entspricht einem Drittel des Abstands Schulter-Armausschnitt-Linie. Dieses Maß ab der Armausschnittlinie auf der hinteren Mitte abtragen und eine waagrechte Linie bis zur Seitenlinie ziehen.

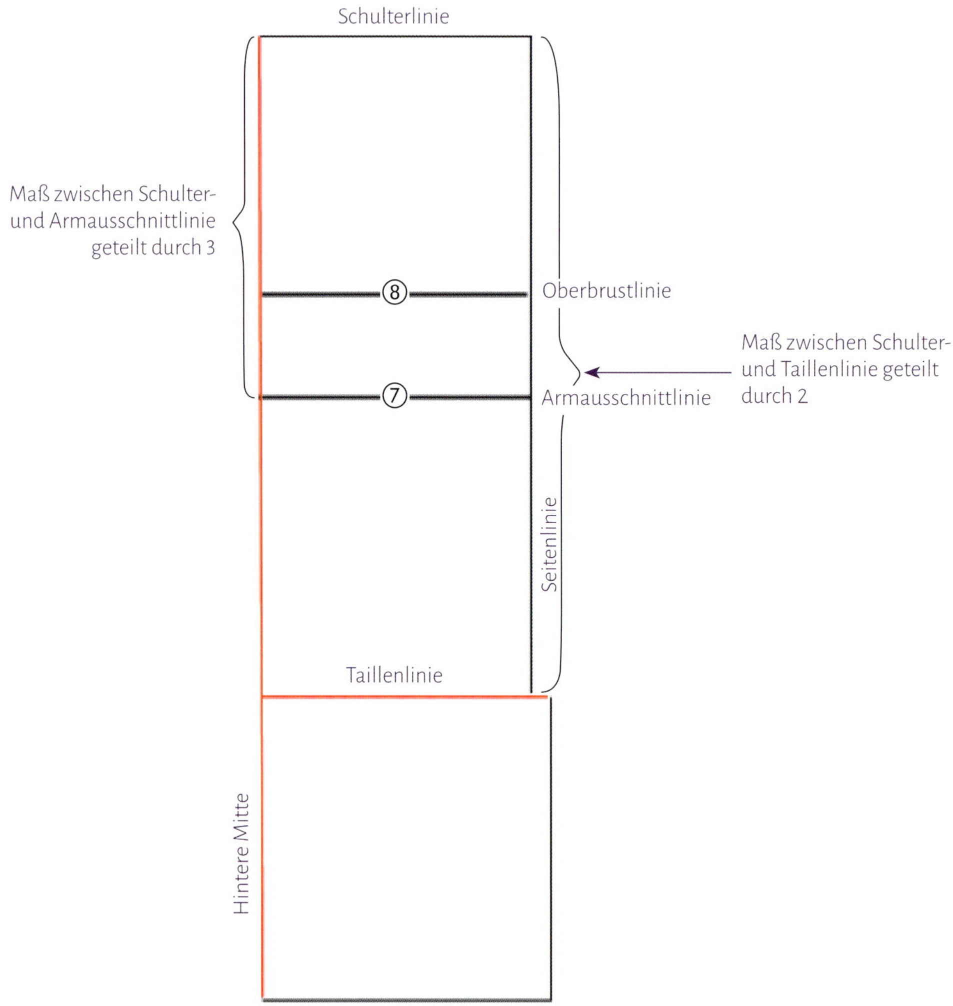

Bild 2

GRUNDGERÜST DES VORDERTEILS

Nach dem Grundgerüst des Rückenteils zeichnen wir nun das Grundgerüst des Vorderteils. Dafür werden alle waagrechten Linien des halben Rückenteils spiegelbildlich konstruiert (siehe Bild 3: Hüft-, Armausschnitt- und Oberbrustlinie in Schwarz, Taillenlinie in Rot), bis auf die Schulterlinie, die später gezeichnet wird (siehe Schritt 10).

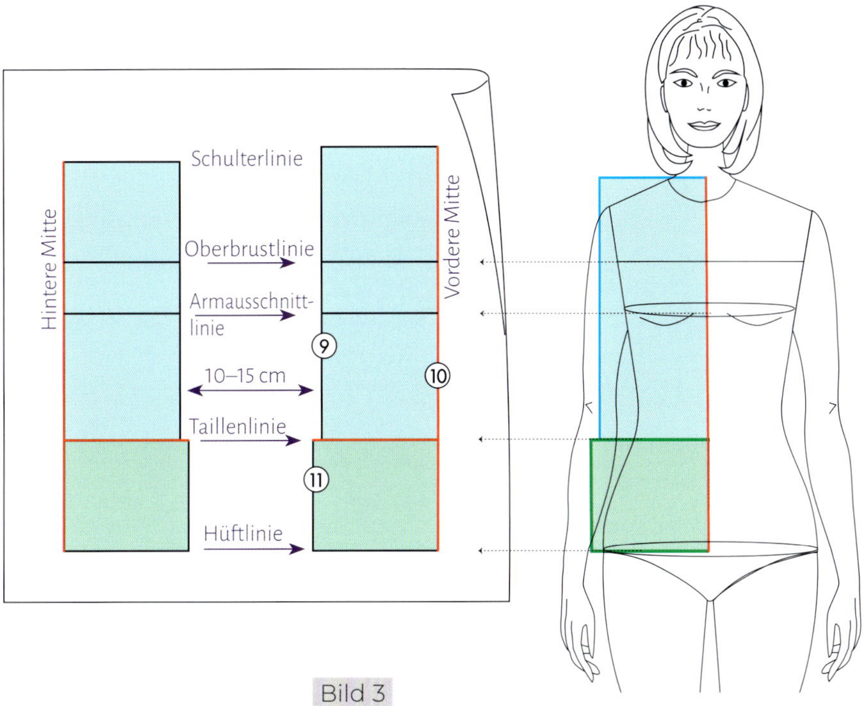

Bild 3

⑨ Im Abstand von 10–15 cm eine Parallele zur Seitenlinie des Rückenteils zeichnen – von der Schulterlinie (die in Schritt 10 genau bestimmt wird) bis zur Taillenlinie.

⑩ Nun die Breite des Vorderteils abmessen. Dafür den Brustumfang durch 4 teilen und 1 cm hinzufügen. Im so erhaltenen Abstand parallel zur Seitenlinie eine senkrechte Linie ziehen: Dies ist die vordere Mitte. Sie ist eine Referenzlinie und wird daher in Rot gezeichnet.

Auf dieser Linie wird nun ab der waagrechten Taillenlinie die vordere Taillenlinienhöhe abgetragen (siehe S. 20, Bild 1).

Ab dem so erhaltenen Punkt eine waagrechte Linie zur Seitenlinie des Vorderteils ziehen: die Schulterlinie.

⑪ Um die Breite der unteren Partie des Vorderteils zu bestimmen (Bild 3, grüner Kasten), den Hüftumfang durch 4 teilen, dann 1 cm hinzufügen (siehe S. 16, Erläuterungen zu Bild 1 und 2). Dieses Maß auf der Taillenlinie abtragen, gemessen ab der Schnittstelle von Taillenlinie und vorderer Mitte. Ab dem so erhaltenen Punkt eine Senkrechte bis zur Hüftlinie ziehen.

OBERE HÜFTLINIE

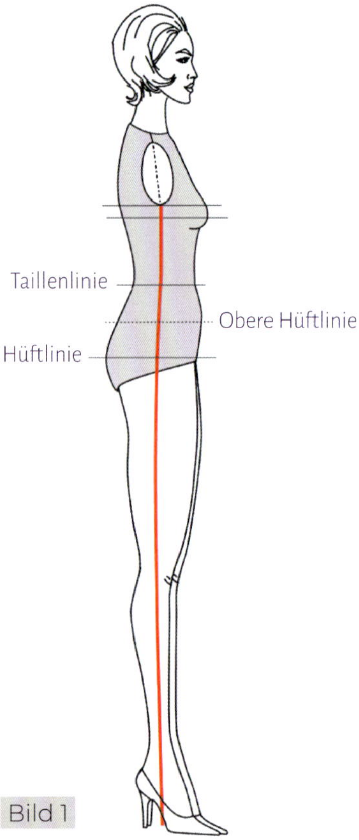

Bild 1

Dass die obere Hüftlinie in die Konstruktion des Grundschnitts aufgenommen wird, soll kurz begründet werden, denn darüber herrscht in Fachkreisen keine Einigkeit.
Es ist nicht ihre Positionierung, die problematisch ist, sondern das Maßnehmen am Körper und die anschließende Integration der Linie als Konstruktionslinie auf dem Papierschnitt.

Bei der in diesem Buch vorgestellten Methode der Schnittkonstruktion wird die obere Hüftlinie nicht als Konstruktionslinie angesehen, sondern als Hilfslinie – zur Positionierung von Teilungsnähten, Passen, Taschen usw. (Bild 2). Das Maßnehmen an der entsprechenden Stelle des Körpers ist tatsächlich nicht ganz exakt möglich, denn dabei wird zwar die Rundung des Bauches berücksichtigt, nicht jedoch die des Gesäßes (Bild 1). Aus diesem Grund kann dieses Maß nicht zur Ermittlung der Breite von Vorder- und Rückenteil dienen. Daher ist es meist schwierig, bei der Zeichnung der Seitenlinie sowohl die Taillenlinien- und Hüftlinie als auch die obere Hüftlinie zu berücksichtigen.

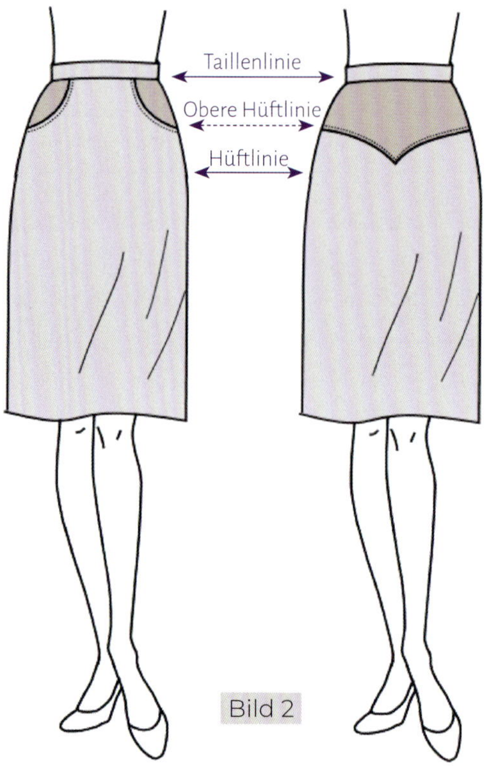

Bild 2

Ein Sonderfall ist jedoch die Schnittmusterkonstruktion für fülligere Figuren (mit starkem Bauch und/oder Gesäß). Zur Berücksichtigung des Bauchumfangs muss in Höhe der oberen Hüftlinie (ab der Seitenlinie) gesondert Maß genommen werden (Bild 3, grüne Linie). Zur Vervollständigung der Maße im Hüftbereich muss außerdem das Gesäß in Höhe der Hüftlinie (ab der Seitenlinie) abgemessen werden (Bild 3, blaue Linie).

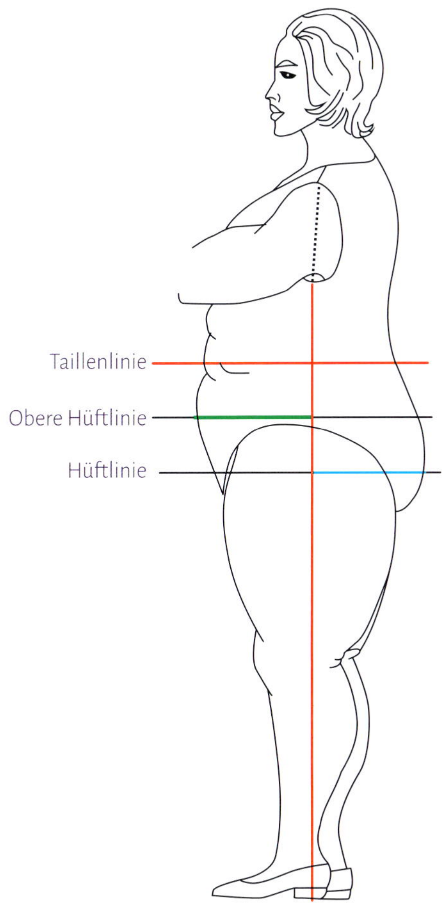

Bild 3

MASSKONTROLLE

Nun haben wir das Grundgerüst des halben Rückenteils und des halben Vorderteils in Breite und Länge aufgezeichnet, einschließlich der Hauptkonstruktionslinien.

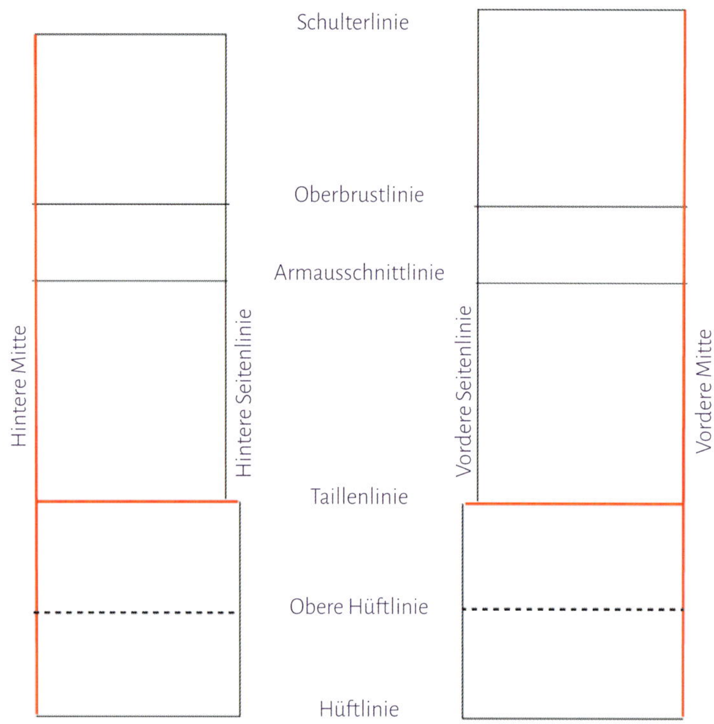

Bild 4

Im nächsten Schritt wird die Form von Hals- und Armausschnitt festgelegt. Zuvor sollten Sie sich jedoch unbedingt die Zeit nehmen zu überprüfen, ob Ihre Maße und die Position der senkrechten und waagrechten Konstruktionslinien wirklich stimmen, denn diese erste Phase der Schnittkonstruktion ist entscheidend: Wenn man sich hier geirrt hat, braucht man die Konstruktion gar nicht fortzusetzen, da das Endergebnis nicht korrekt werden kann. In der Abbildung der beiden Grundgerüste (Bild 4) ist die obere Hüftlinie enthalten: Diese Linie, die in der Mitte zwischen Taillenlinien- und Hüftlinie liegt, ist eine Hilfslinie (siehe S. 12, Abschnitt „Hilfslinien").

HALS-AUSSCHNITT

Zum Bestimmen von Form und Größe des Halsausschnitts verwendet man das Maß des Halsumfangs.

Das Aufzeichnen erfolgt in zwei Schritten: Der hintere Halsausschnitt wird am Rückenteil ab der hinteren Mitte gezeichnet. Der vordere wird anhand des hinteren Ausschnitts (Bild 5, in Grün) berechnet und am Vorderteil ab der vorderen Mitte gezeichnet (Bild 5, in Blau).

Der Grund dafür ist, dass für das Rücken- und Vorderteil unterschiedliche Schulterneigungen zugrunde gelegt werden. Diese werden später nach Bedarf aufeinander abgestimmt, und zwar unter Berücksichtigung der Abflachungen auf der Schulterlinie.

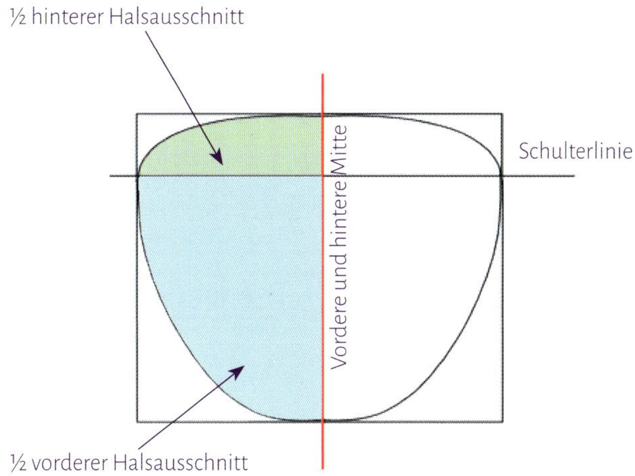

Bild 5

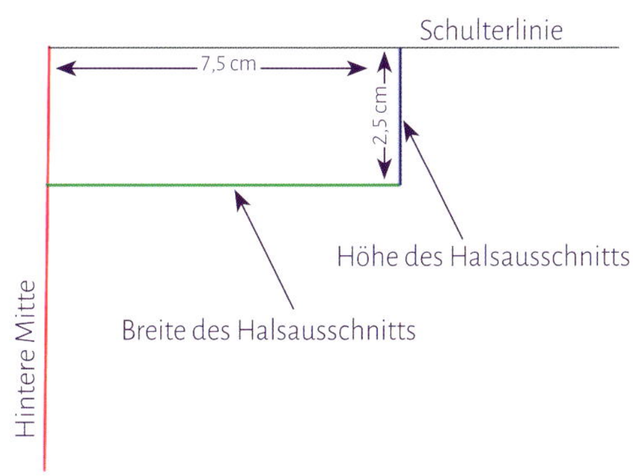

Bild 6

HINTERER HALSAUSSCHNITT

Zur Festlegung der Halsausschnittform werden zwei Maße benötigt: die Breite des Halsausschnitts (Bild 6, grüne Linie) und die Höhe des Halsausschnitts (Bild 6, blaue Linie).

Breite des Halsausschnitts

Um das Maß der Breite des Halsausschnitts zu erhalten, teilt man den Halsumfang (S. 22, Bild 2) durch 6 und fügt 1 cm hinzu. *Beispiel: Halsumfang = 38 cm; 38 : 6 = 6,33 + 1 = 7,33 (es kann auf halbe Zentimeter gerundet werden, also hier 7,5 cm).*

Den berechneten Wert auf der Schulterlinie ab der hinteren Mitte abtragen (Bild 6, rote Linie). Dann eine kurze Senkrechte einzeichnen (Bild 6, blaue Linie); auf dieser wird die Höhe des Halsausschnitts markiert, nachdem man sie berechnet hat (siehe folgender Schritt).

Höhe des Halsausschnitts

Um das Maß der Höhe des Halsausschnitts zu erhalten, wird der Halsumfang durch 16 geteilt.

Beispiel: Halsumfang = 38; 38 : 16 = 2,38 cm (es kann auf halbe Zentimeter gerundet werden, also hier 2,5 cm).

Den erhaltenen Wert auf der senkrechten blauen Linie (Bild 6) abtragen.

Bei den Größen zwischen 36 und 44–46 beträgt dieses Maß in der Regel zwischen 2 und 3 cm. Für eine möglichst präzise Zeichnung sollte man jedoch mit einem exakten Maß arbeiten und sich daher die Mühe machen, dieses wie beschrieben zu berechnen.

VORDERER HALSAUSSCHNITT

Auf der Schulterlinie ab der vorderen Mitte das Maß der hinteren Halsausschnittbreite abtragen (am zuvor genannten Beispiel 7,5 cm). Ab dem erhaltenen Punkt eine Senkrechte zur Schulterlinie ziehen (Bild 7, blaue Linie).

Um das Maß der Höhe des Halsausschnitts am Vorderteil zu erhalten, zur Breite des Halsausschnitts 2 cm hinzurechnen.

Beispiel: Breite des Halsausschnitts = 7,5 cm + 2 cm = 9,5 cm.

Dieses Maß auf der senkrechten blauen Linie abtragen. Ab dem erhaltenen Punkt eine Senkrechte zurück zur vorderen Mitte zeichnen (Bild 2, grüne Linie).

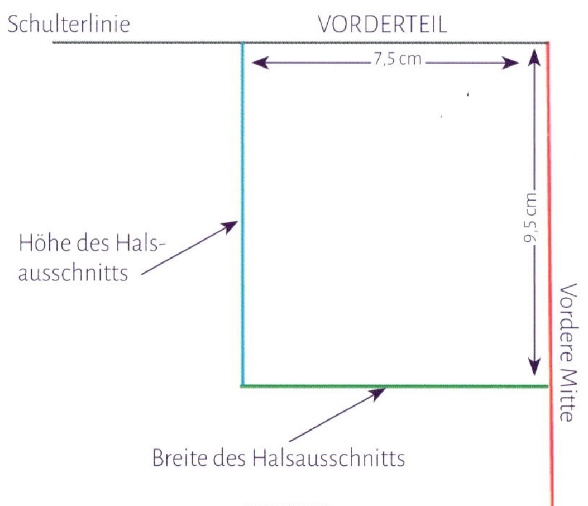

Bild 7

Profitipp

An diesem Punkt der Konstruktion wird der Umriss des Halsausschnitts nur durch gerade Linien dargestellt. Die Ausschnittrundung wird erst später bei der Überprüfung des Schnittmusters gezeichnet (S. 63/64).

SCHULTERBREITE UND SCHULTERNEIGUNG

HINTERE SCHULTER

Im ersten Kapitel wurde gezeigt, dass es in manchen Fällen besser ist, für die Schulterbreite das Maß Halsbeuge – äußerer Schulterpunkt zu verwenden als die obere Rückenbreite zwischen beiden äußeren Schulterpunkten (S. 19, Bild 2). Im Folgenden wird für beide Varianten detailliert erläutert, wie man an der Schnittzeichnung die hintere Schulterneigung konstruiert.

Schulterneigung anhand der Schulterbreite

Am Ende der Halsausschnittbreite auf der Schulterlinie im Winkel von 18° zur Schulterlinie eine Gerade zeichnen (blaue Linie). Darauf das Maß der Schulterbreite abtragen und durch eine senkrechte Linie kennzeichnen (Bild 1, grün gestrichelte Linie).

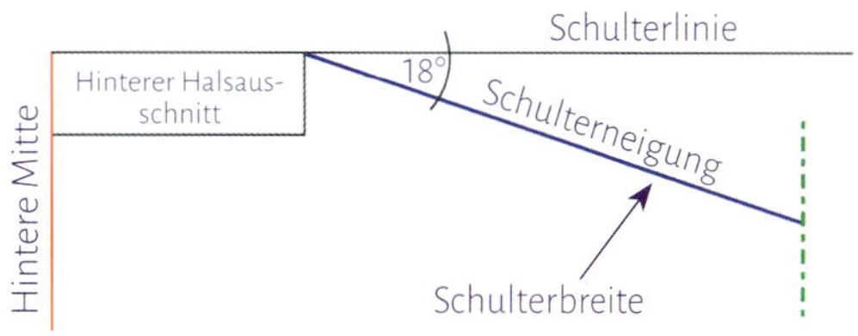

Bild 1

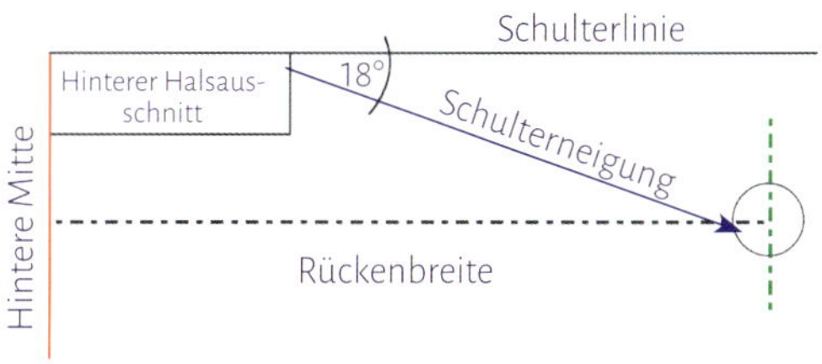

Bild 2

Schulterneigung anhand der Rückenbreite

Zuerst ab der hinteren Mitte (rote Linie) das Maß der oberen Rückenbreite abtragen (Bild 2, schwarz gestrichelte Linie) und durch eine senkrechte Linie (grün gestrichelte Linie) kennzeichnen. Am Ende der Halsausschnittbreite auf der Schulterlinie im Winkel von 18° zur Schulterlinie eine Gerade (blaue Linie) bis zum Schnittpunkt der beiden gestrichelten Linien (Kreis) zeichnen.

Wenn korrekt Maß genommen wurde, erhält man das gleiche Ergebnis wie bei der ersten Methode: Der Neigungswinkel beträgt ebenfalls 18°. Wenn das Ergebnis abweicht, müssen daher die Maße nachkontrolliert werden.

VORDERE SCHULTER

Am Ende der Halsausschnittbreite auf der Schulterlinie im Winkel von 26° zur Schulterlinie eine Gerade zeichnen (blaue Linie). Auf dieser Geraden das Maß der hinteren Schulterbreite abtragen und durch eine Senkrechte kennzeichnen (Bild 3, grün gestrichelte Linie).

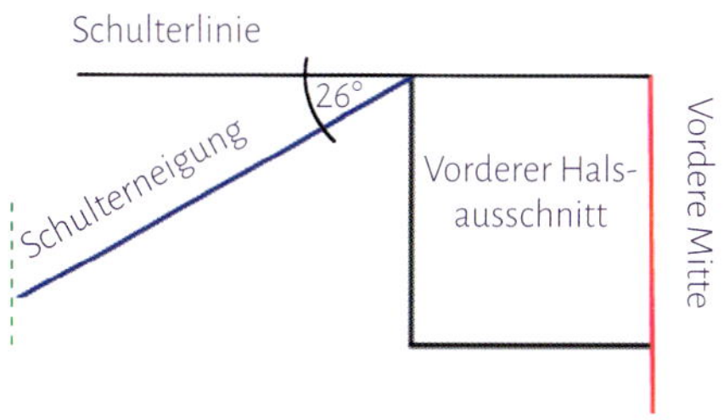

Bild 3

HINTERER UND VORDERER ARMAUSSCHNITT

Bei dieser Zeichnung unbedingt die vorgegebene Reihenfolge einhalten (Bild 1). Die Form des Armausschnitts kann nur bestimmt werden, wenn die jeweils 4 Punkte an Rücken- und Vorderteil (in Blau) korrekt platziert wurden.

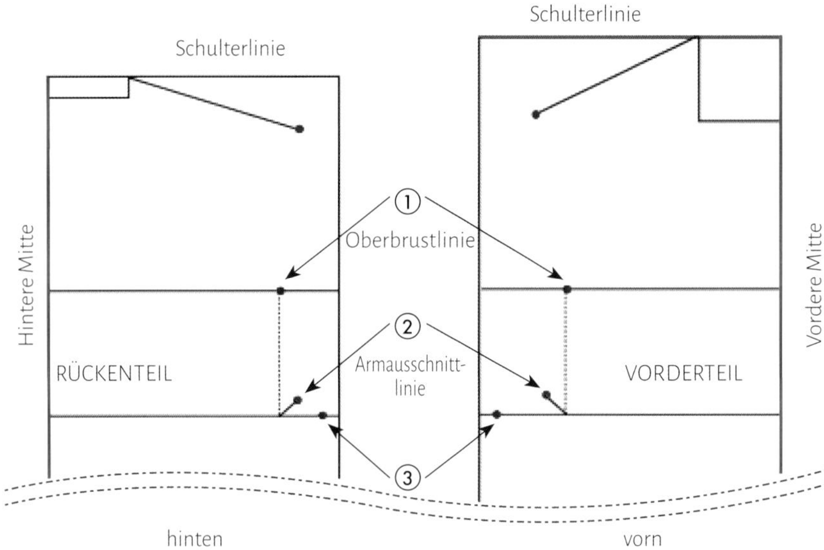

Bild 1

① Auf der Oberbrustlinie ab der hinteren Mitte das Maß der halben unteren Rückenbreite abtragen (blauer Punkt; siehe auch S. 19, Bild 3). Ab diesem Punkt eine Senkrechte nach unten bis zur Armausschnittlinie ziehen (schwarz gestrichelte Linie). Ebenso am Vorderteil die halbe Oberbrustbreite abtragen und eine Senkrechte zur Armausschnittlinie zeichnen.

② Auf der Winkelhalbierenden am Rückenteil 1,5 cm, auf der am Vorderteil 2,5 cm abtragen (blaue Punkte).

③ Auf der Armausschnittlinie unbedingt die Abflachungen berücksichtigen: Dazu ab der Seitenlinie 1 cm abmessen und auf der Armausschnittlinie abtragen (blaue Punkte; siehe auch S. 16). Die Abflachungen können bei der Anprobe nach Bedarf korrigiert werden.

Profitipp

Die auf den Winkelhalbierenden abgetragenen Maße sind Orientierungspunkte, deren Position sich jedoch beim Zeichnen der Armausschnittrundung verändern kann. Die Maße hängen vom individuellen Körperbau ab und können daher je nach angewendetem Maß (z. B. untere Rückenbreite/Oberbrustbreite oder Brustumfang) variieren.

VERWENDUNG DES KURVENLINEALS

Zum Aufzeichnen des Armausschnitts müssen die acht Punkte (S. 42, Bild 1, in Blau) verbunden werden. Dafür verwendet man ein Kurvenlineal. Im Handel sind verschiedene Modelle erhältlich, die das Zeichnen von abgerundeten Linien erleichtern. Bei dem hier vorgestellten Kurvenlineal hat man mehrere Kurven zur Auswahl, sodass es sich an unterschiedliche Größen und Formen anpasst.

Die Linien müssen durchgehend und gleichmäßig sein und stets durch die Punkte verlaufen, die durch Schulterbreite, Oberbrustbreite/untere Rückenbreite und Abflachung am Armausschnitt vorgegeben werden. Die Position des Punktes auf der Winkelhalbierenden kann hingegen nach Bedarf verändert werden.

Anlegen des Kurvenlineals

Selbst wenn Schulterbreite, Oberbrustbreite/untere Rückenbreite und Brustumfang auf dem Papierschnitt exakt eingezeichnet wurden, kann die Rundung des Armausschnitts nicht korrekt gelingen, wenn das Kurvenlineal falsch angelegt wird. Daher muss man genau wissen, wie es anzulegen ist.

Das Aufzeichnen der Armausschnittkurve erfolgt in zwei Schritten: zuerst von der Schulterlinie bis zur Oberbrustlinie (Bild 2), dann von der Oberbrustlinie bis zur Armausschnittlinie (Bild 3).

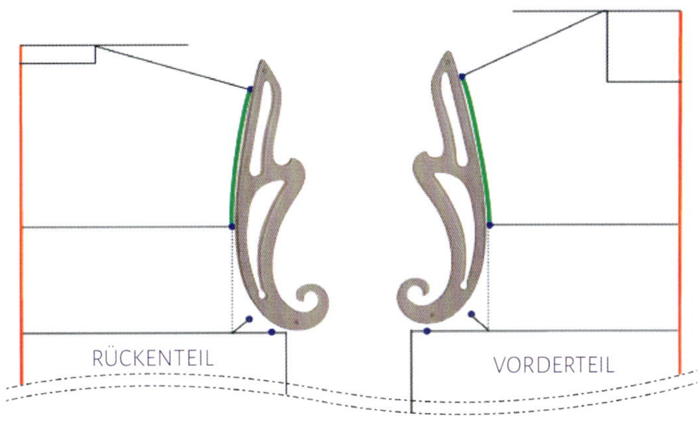

Bild 2

Aufzeichnen der ersten Armausschnittpartie

An Rückenteil und Vorderteil beginnt der Armausschnitt am äußeren Schulterpunkt. Das Kurvenlineal wird angelegt wie auf Bild 2 gezeigt.

Die Linie verläuft leicht geschwungen bis zur Oberbrustlinie.

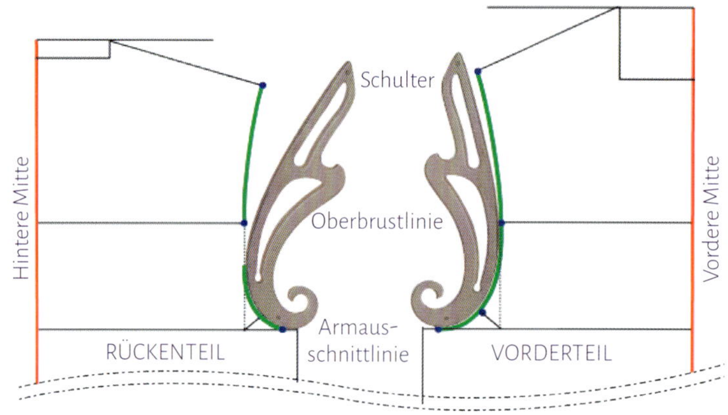

Bild 3

Aufzeichnen der zweiten Armausschnittpartie

Da diese Partie des Armausschnitts stärker gerundet ist, muss das Kurvenlineal erneut passend angelegt werden (siehe Bild 3). Dabei beachten, dass die Kurve unbedingt durch die markierten Punkte auf der Oberbrustlinie, der Abflachung und der Armausschnittlinie führen muss.

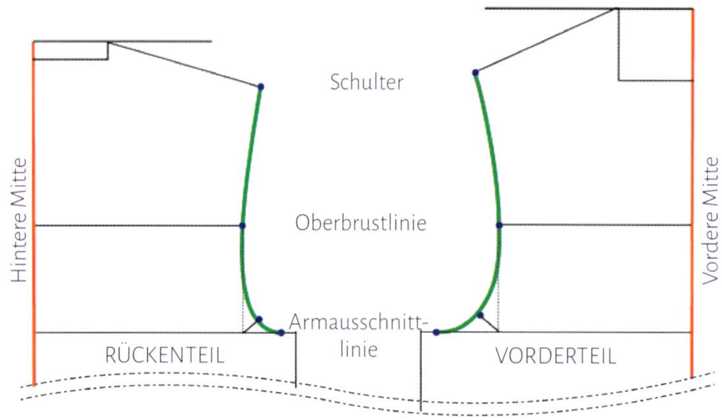

Bild 4

Zur Erinnerung: Die Länge der für die Abflachung eingezeichneten Winkelhalbierenden kann jedoch variieren (siehe Kasten S. 42).

DIE WICHTIGSTEN ABNÄHER

Um die Rundungen des Körpers auf einem flachen Papierschnitt abzubilden, muss das durch Brust, Taille und Schulterblätter entstehende Volumen durch Abnäher aufgenommen werden. Die Abnäher werden auf dem Schnittmuster eingezeichnet. Sie sind auf jedem Grundschnitt enthalten; erst bei der Abwandlung des Grundschnitts können sie je nach Modell verlegt oder auch weggelassen werden, z. B. bei gerade geschnittenen und weiten Modellen.

Im Regelfall muss jeder Grundschnitt die wichtigsten Abnäher enthalten:

- die Schulterabnäher am Rückenteil
- die Brustabnäher am Vorderteil
- die Taillenabnäher

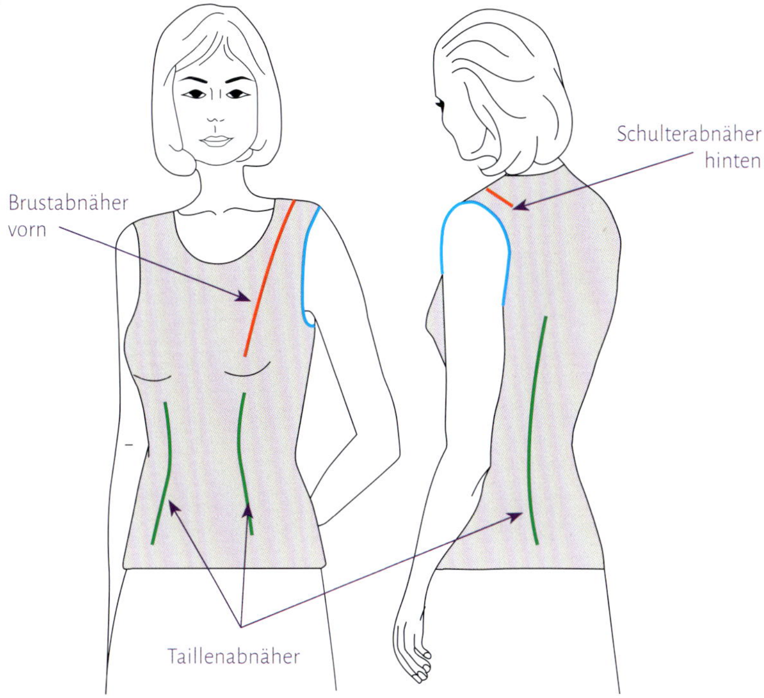

Bild 5

Profitipp

Damit Sie genau verstehen, welche Rolle die einzelnen Abnäher bei der Schnittkonstruktion spielen, sollten Sie unbedingt systematisch den Erläuterungen auf den nächsten Seiten folgen, denn die Abnäherinhalte sowie Position und Länge der Abnäher sind entscheidend für den guten Sitz und den Tragekomfort eines Modells.

SCHULTERABNÄHER AM RÜCKENTEIL

Bei der Konstruktion von Oberteilgrundschnitten wird dieser Abnäher sehr häufig vergessen oder außer Acht gelassen, da der Abnäherinhalt nur gering ist: 1–2 cm.

Fehlt der Abnäher jedoch, hat dies unmittelbare Auswirkungen, die in keinem Verhältnis zu seinem geringen Inhalt stehen: Bei einem ärmellosen Oberteil wird z. B. der Armausschnitt zu weit und wirft Falten (Bild 1B). Dies lässt sich meist auch nicht durch einen Formbeleg oder ein Schrägband als Kantenabschluss beheben. Bei Modellen mit Ärmeln (Bild 1C) „wandert" die durch das Fehlen des Abnähers erhaltene überschüssige Stoffmenge am Armausschnitt nach unten, und durch das Gewicht des Ärmels wird der Stoff am Rückenteil sowie manchmal auch an der Armkugel sichtbar verzogen. Für einen guten Sitz ist es daher unerlässlich, diesen Standardabnäher auf dem Grundschnitt einzuzeichnen.

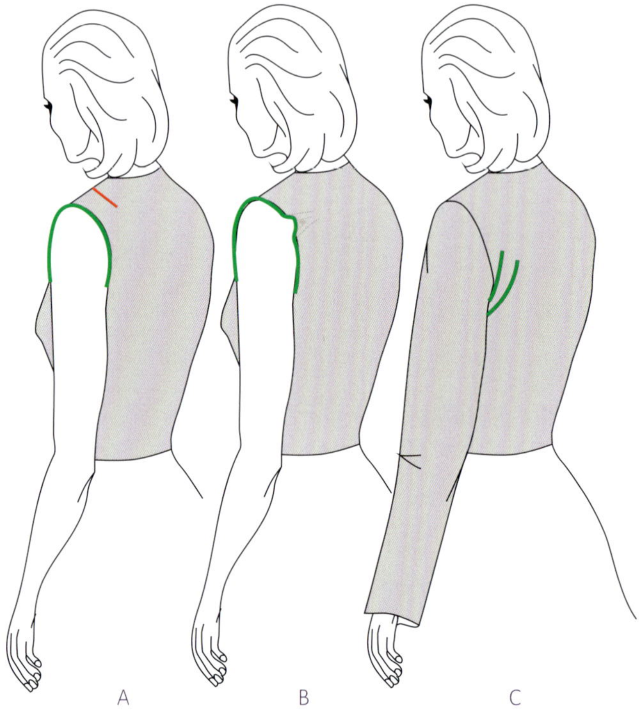

Bild 1

Verschiedene Positionen des Schulterabnähers

Wird dieser kleine Abnäher, der für die Konstruktion eines Oberteils unverzichtbar ist, an seiner ursprünglichen Position belassen (Bild 1A), sieht das nicht immer sehr vorteilhaft aus. Daher wird der Abnäher oft an eine unauffälligere Stelle verlegt: bei Wiener Nähten in den Armausschnitt (Bild 2), ansonsten in die Teilungsnaht an der hinteren Mitte (Bild 3).

Abnäherverlegung zur hinteren Mitte

Diese Abwandlung wird häufig bei figurnahen Modellen mit Teilungsnaht in der Rückenmitte angewendet, z. B. bei Kostümjacken. Dabei muss die gesamte betroffene Partie – Halsausschnitt, Schulterlinie und Armausschnitt (Bild 3, in Blau) – gedreht werden, um die ursprünglichen Proportionen zu wahren.

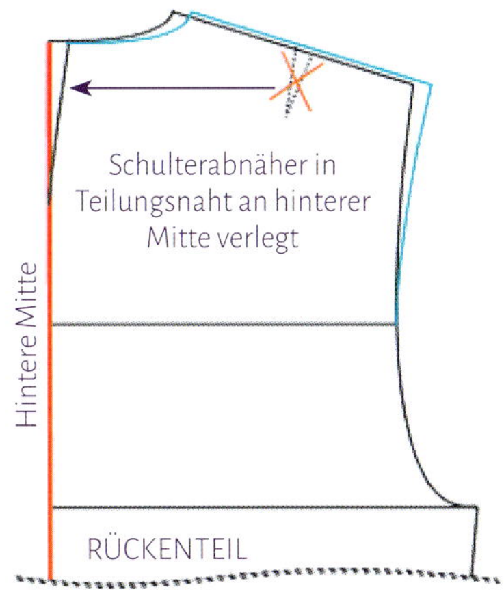

Bild 3

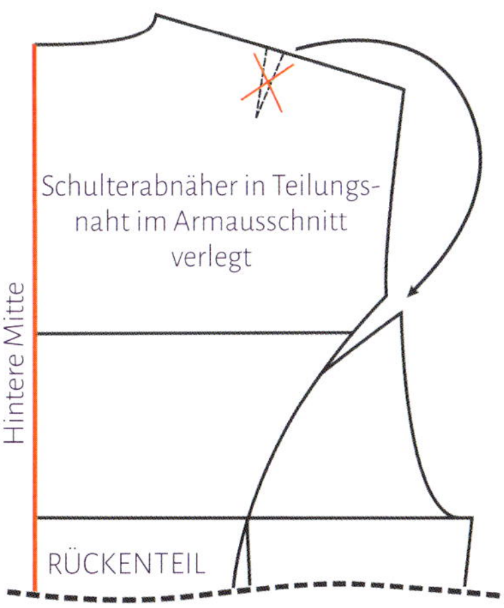

Bild 2

Abnäherverlegung zum Armausschnitt

Enthält ein Modell eine Teilungsnaht, die im Armausschnitt beginnt und bis an den Taillenabnäher reicht (Wiener Naht), kann der Abnäherinhalt des Schulterabnähers in diese Teilungsnaht verlegt werden (Bild 2). In der Regel sitzt eine solche Teilungsnaht aus ästhetischen Gründen in Höhe der Oberbrustlinie, doch wenn sie höher oder tiefer angesetzt wird, ändert dies nichts an der Konstruktion. Bei dieser Art der Abwandlung muss die Länge der Abnäherschenkel auf dieselbe Weise angeglichen werden wie bei der Angleichung der Schulterlinie (S. 48, Bild 2 und 3). Man legt den Abnäher zu und zeichnet den Armausschnitt neu.

Abnäherweite durch Einhalten aufnehmen

Enthält ein Modell an Armausschnitt oder hinterer Mitte keine Teilungsnaht, kann man den Inhalt des Schulterabnähers durch Einhalten in der vorderen Schulterbreite unterbringen (Bild 4). Diese Technik ist in der Konstruktion und Fertigung von Bekleidung sehr gängig. Man erhält also zwei verschiedene Schulterbreiten (hinten und vorn). Durch Einhalten lassen diese sich beim Zusammenfügen problemlos angleichen, da beide Schulterkanten im falschen Schrägschnitt (Winkel ≠ 45°) zugeschnitten werden und sich so leicht dehnen.

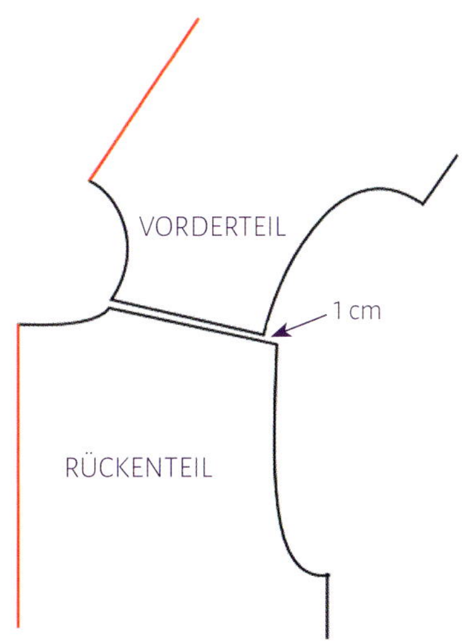

Bild 4

Konstruktion des Schulterabnähers

In der Mitte der Schulterbreite für die Abnähermitte eine 7 cm lange Senkrechte zeichnen. Rechts und links dieser Achse auf der Schulterlinie je 1 cm abtragen. Zum Einzeichnen des Abnähers von jedem dieser beiden Punkte eine Gerade zum Ende der Abnähermitte ziehen.
Die hier angegebenen Abnähermaße sind Richtwerte; die genauen Maße hängen vom individuellen Körperbau ab. Bei einer Person mit Rundrücken kann die Abnäherbreite z. B. beidseits 2 cm betragen, die Länge auf 5 cm gekürzt werden.

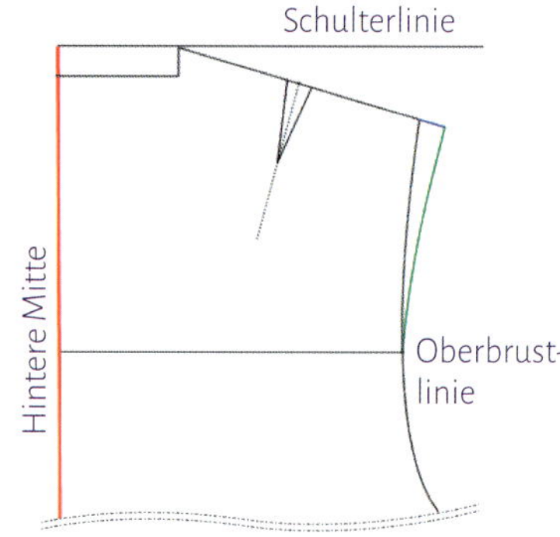

Bild 1

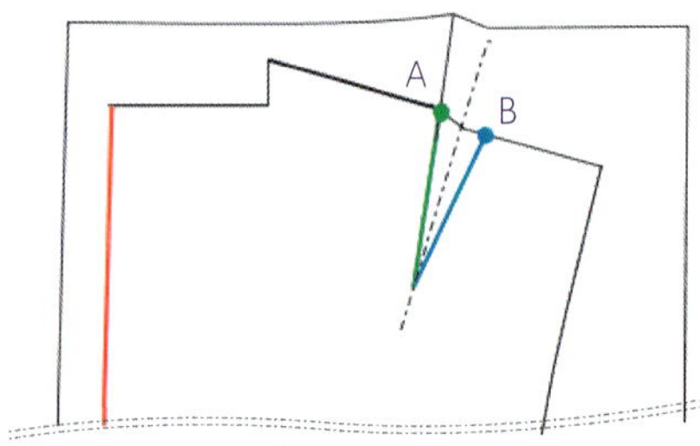

Bild 2

Der Inhalt dieses Abnähers wird bei der Anprobe genau festgelegt (siehe S. 84, Bild 3). Da das Maß des Abnäherinhalts durch das Schließen des Abnähers absorbiert wird, muss die Schulterbreite anschließend wieder auf ihr ursprüngliches Maß gebracht werden. Dazu wird die Schulterbreite am äußeren Ende der Schulter um das Maß des Abnäherinhalts, z. B. 1 cm, verlängert (Bild 1, in Blau). Anschließend den Armausschnitt bis zur Oberbrustlinie entsprechend neu zeichnen (Bild 1, in Grün).

Angleichen der Schulterlinie

Unabhängig von Inhalt und Länge des Abnähers verformt sich beim Zulegen des Abnähers die Schulterneigung, in der sich der Abnäher befindet (Bild 2). Die Schulterlinie muss daher neu gezeichnet werden.

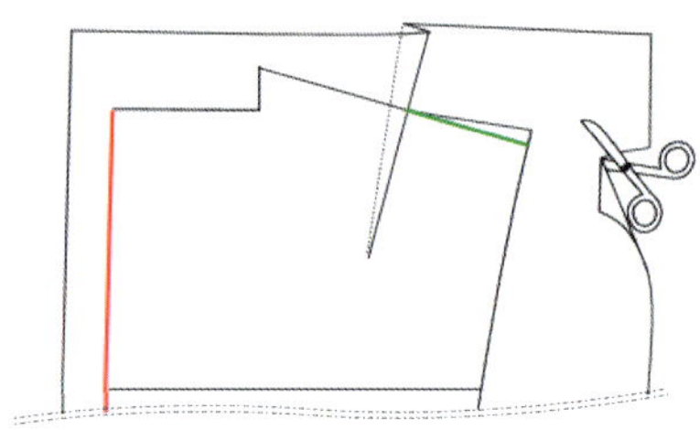

Bild 3

Dazu den Abnäherinhalt zur vorderen Mitte umfalzen (Punkt A auf Punkt B legen, Bild 2). Dann mit geschlossenem Abnäher und mithilfe eines Lineals die Schulterneigung im ursprünglichen Winkel von 18° neu zeichnen (Bild 3, grüne Linie). Immer noch mit geschlossenem Abnäher das Papier entlang der neuen Linie abschneiden.

Profitipp

Für den korrekten Sitz des Armausschnitts muss der Schulterabnäher in der Konstruktion des Grundschnitts enthalten sein und darf keinesfalls vergessen werden.

BRUSTABNÄHER

Die Funktion des Brustabnähers aus der Schulter ist genau wie die des Schulterabnähers am Rückenteil (S. 84, Bild 3) die Anpassung des Armausschnitts, sodass dieser nicht ausbeult. Daher ist das Einzeichnen dieses Abnähers auf dem Grundschnitt unerlässlich, vor allem bei figurnahen Modellen. Er wird auf der Linie der Schulterneigung konstruiert; aus dieser Position kann der Basisinhalt des Abnähers berechnet werden. Der tatsächliche Abnäherinhalt hängt von der Oberweite, also vom Brustumfang, ab. Bei der Schnittkonstruktion nach Standardmaßen wird der Basisinhalt um 1 cm erhöht, doch bei der Maßschnittkonstruktion wird er bei der Anprobe je nach Brustumfang erhöht oder verringert (S. 83, Bild 2).
Der ursprüngliche Sitz des Brustabnähers ist auf der Schulterlinie, doch je nach verwendetem Schnittmuster oder Modell kann er an eine beliebige Position rings um die Brust verlegt werden (Bild 1). Weitere Details zum Drehen oder Verlegen des Brustabnähers finden Sie im Kapitel „Abwandlung des Oberteils" ab Seite 172.

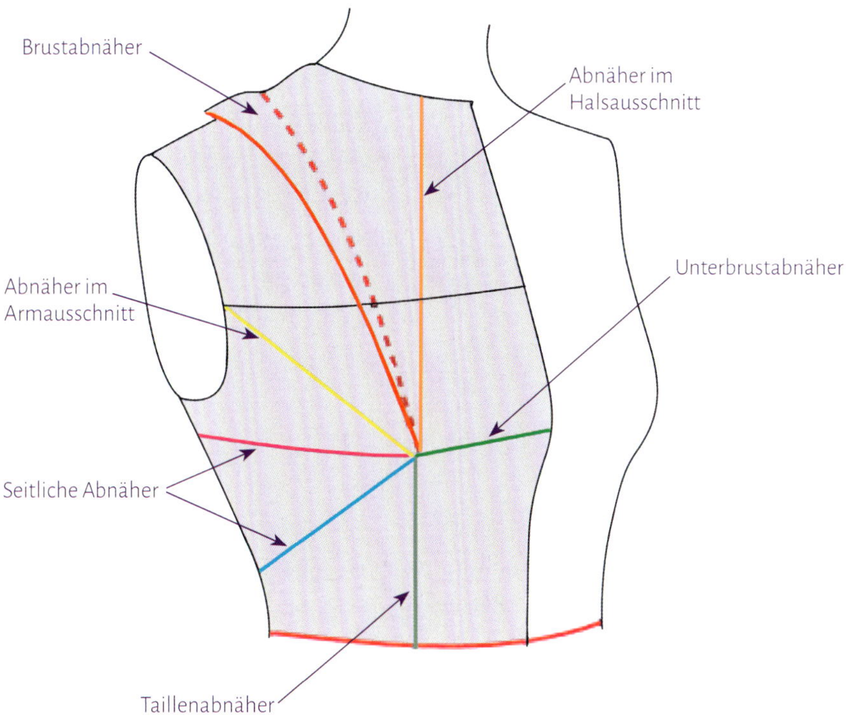

Bild 1

Konstruktion des Brustabnähers

Die zweite Funktion dieses Abnähers ist, dem Stoff genügend Volumen zu verleihen, um die Brust zu umhüllen. Für die Konstruktion des Brustabnähers benötigen Sie die Maße der Brusttiefe (siehe S. 20), des Brustpunktabstands (S. 21) und des Brustumfangs (S. 23).

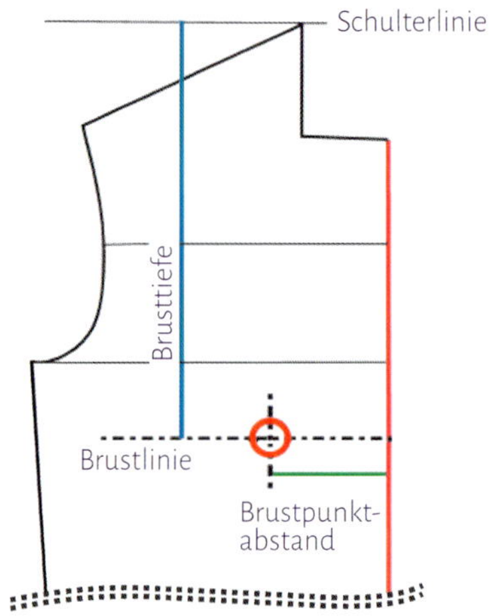

Bild 1

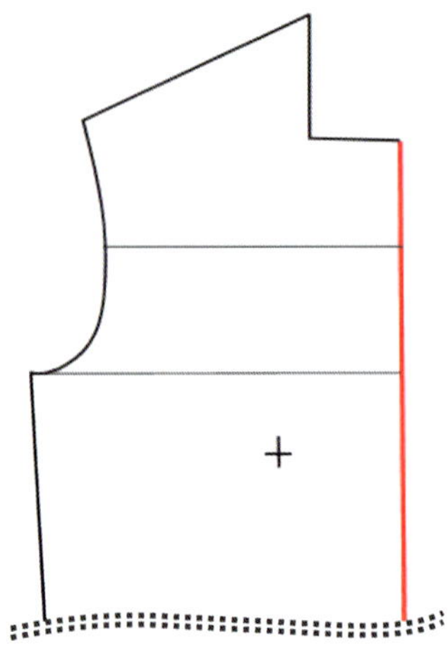

Bild 2

Ab einem beliebigen Punkt auf der Schulterlinie eine Senkrechte von der Länge der Brusttiefe zeichnen. Anschließend eine waagrechte Linie zur vorderen Mitte ziehen: Dies ist die Brustlinie (Bild 1, schwarz gestrichelte Linie). Auf dieser Linie ab der vorderen Mitte den Wert des halben Brustpunktabstands abtragen und eine kurze Senkrechte einzeichnen. Der Schnittpunkt dieser beiden Linien entspricht dem Brustpunkt (Bild 1, roter Kreis).

Damit der Papierschnitt übersichtlich und leicht lesbar bleibt, werden die Linien, die zur Bestimmung des Brustpunkts gedient haben, wieder entfernt, sodass nur ein kleines, deutlich sichtbares Kreuz übrig bleibt (Bild 2).

Überprüfen der Schnittzeichnung

Vor dem Anbringen der Abnäher sollten Sie unbedingt kontrollieren, ob Ihre Zeichnung von Halsausschnitt und Schulterneigung auch tatsächlich dem Körperbau der Person, deren Maße Sie abgenommen haben, entspricht. Mithilfe der zusätzlichen Maße (S. 21) können Sie Ihre Schnittzeichnung überprüfen und nach Bedarf korrigieren, bevor Sie den Brustabnäher einzeichnen. Da sich durch das Hinzufügen des Brustabnähers die Schulterlinie und die Kurve des Armausschnitts verändern, ist diese Überprüfung später nicht mehr möglich, und im Falle eines Fehlers kann die Konstruktion nicht fortgesetzt werden.

Überprüfen der Höhe des Halsausschnitts

Wenn für die Schnittzeichnung die Breite und Höhe des Halsausschnitts aufgrund des am Halsansatz gemessenen Halsumfangs (S. 22, Bild 2) berechnet werden, ist das Ergebnis bei Standardmaßen in der Regel korrekt. Bei einem Maßschnitt muss die Konstruktion jedoch an die individuelle Körperform angepasst werden. Dazu auf dem Papierschnitt das am Körper gemessene Hilfsmaß der Halsausschnitttiefe (S. 21, Bild 5A) einzeichnen – vom Brustpunkt bis zur vorderen Mitte. Bei Bedarf die Höhe des Ausschnitts nach oben oder unten verlegen (Bild 3, grüne Linien).

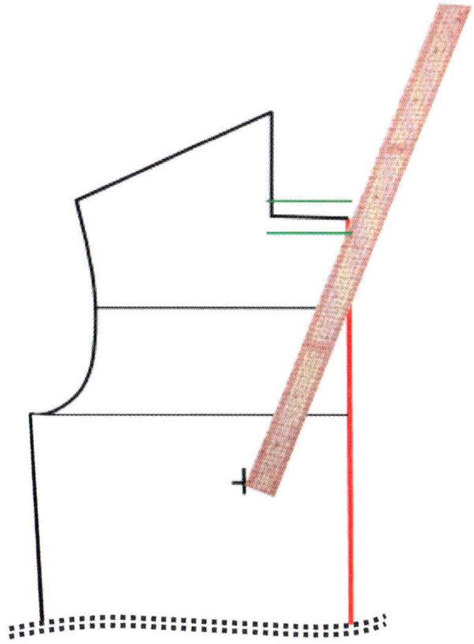

Bild 3

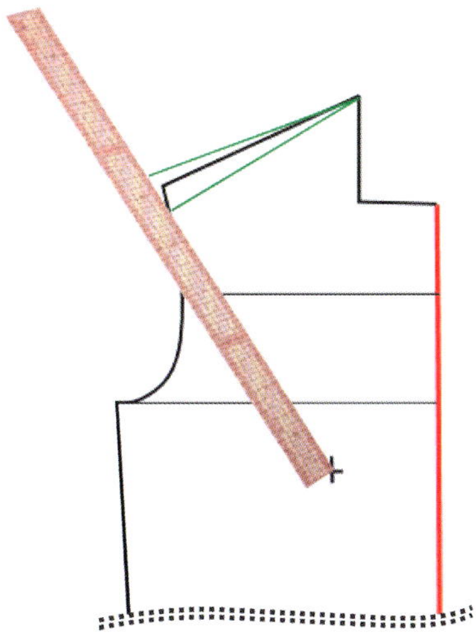

Bild 4

Überprüfen der Schulterneigung

Die Schulterneigung ist für die Konstruktion eines Oberteils sehr wichtig: Wenn der gewählte Winkel zu klein ist, steht der Armausschnitt ab, ist er hingegen zu groß, kann sich der Stoff zur Seite hin verziehen.

Bei der Konstruktion von Standardgrundschnitten wird eine Schulterneigung von 26° zugrunde gelegt. Für einen Maßschnitt sollten Sie jedoch unbedingt ein zusätzliches Maß berücksichtigen: die Schultertiefe (S. 21, Bild 5B). Dazu auf dem Papierschnitt die am Körper gemessene Schultertiefe einzeichnen – vom Brustpunkt bis zum äußeren Schulterpunkt –, und die Schulterneigung bei Bedarf nach oben oder unten anpassen (Bild 4, grüne Linien).

Wenn Sie alles überprüft und die Schnittzeichnung gegebenenfalls korrigiert haben, können Sie zum nächsten Schritt übergehen, der Konstruktion des Brustabnähers.

Gut zu wissen

Wenn Sie auf dem Papierschnitt Korrekturen vorgenommen haben, entfernen Sie alle nicht mehr gültigen Linien, damit der Schnitt übersichtlich bleibt und Sie später nicht durcheinanderkommen.

Brustabnäher: Abnäherinhalt

Die Länge der Schulternaht halbieren und die Mitte markieren. Ab diesem Punkt eine Gerade (Bild 5, grüne Linie) zum Brustpunkt (zuvor angebrachtes Kreuz, siehe Bild 1 und 2 und S. 50) ziehen. Der Abnäherinhalt des Brustabnähers hängt vom Brustumfang ab. Er entspricht $^1/_{20}$ des Brustumfangs plus 1 cm. Auf der Schulterlinie ab der Markierung der Mitte den berechneten Wert abtragen. Von dort eine Gerade bis zum Brustpunkt ziehen (Bild 5, blaue Linie).
Die Länge des zweiten Abnäherschenkels (blau) an die des ersten Abnäherschenkels (grün) angleichen.

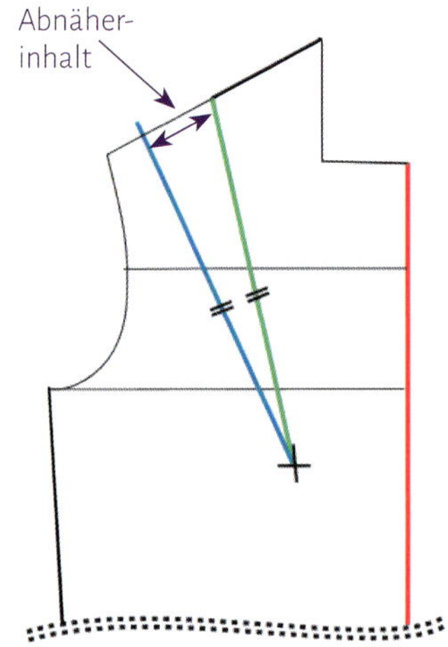

Bild 5

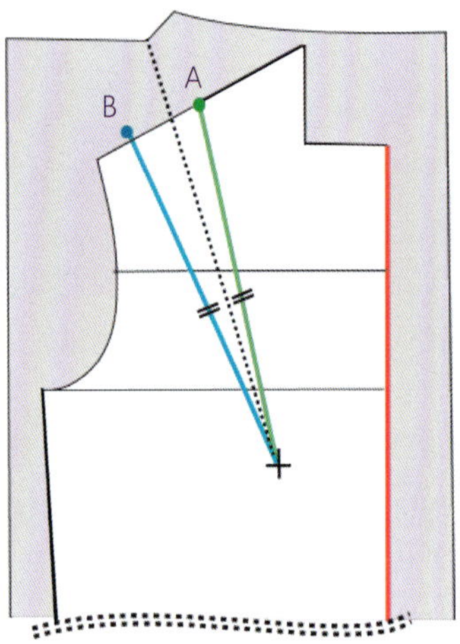

Bild 6

Abnäher zulegen

Den Brustabnäher so zulegen, dass sein Inhalt zur vorderen Mitte umgelegt wird: Das Papier auf der Linie des ersten Abnäherschenkels (Bild 6, grüne Linie) falten, dann beide Abnäherschenkel aufeinanderlegen (Bild 6, Punkt A auf Punkt B).

Korrektur der Schulterlinie

Den zugelegten Abnäher mit einer Stecknadel oder mit Klebeband fixieren. Dann mithilfe eines Lineals die zweite Hälfte der Schulter (Bild 7, grüne Linie) im ursprünglichen Winkel (z. B. 26°) neu zeichnen.

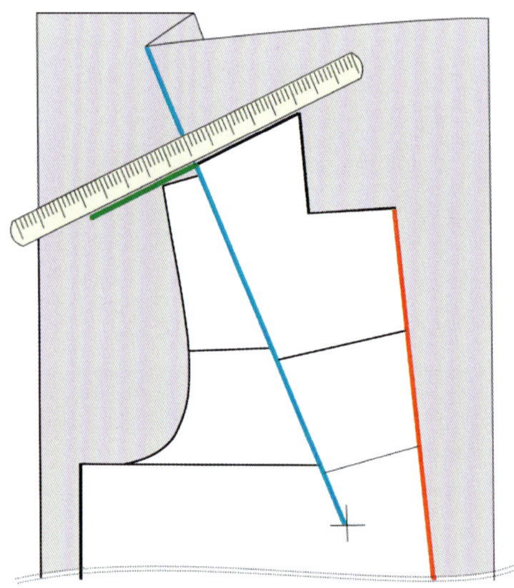
Bild 7

Wiederherstellen der Maße

Den Brustabnäher auseinanderfalten und seinen Inhalt auf der Oberbrust- und der Armausschnittlinie abmessen. Da sich die Oberbrustbreite und die obere Partie des Oberteils nach dem Zudrehen des Abnähers um diese Werte verringern, müssen sie auf dem Schnittmuster wieder hinzugefügt werden, und zwar auf den beiden genannten Linien ab der Kurve des Armausschnitts (Bild 8, blaue Pfeile). Den Armausschnitt neu zeichnen: Die Punkte 1, 2 und 3 verbinden; dabei die Abflachung unten am Armausschnitt berücksichtigen. Auf diese Weise hat das Vorderteil auf der Oberbrustlinie und der Armausschnittlinie nach dem Zudrehen des Abnähers wieder das ursprüngliche Maß.

Nochmals zur Erinnerung: Die Konstruktion des Brustabnähers ist bei der Zeichnung eines Grundschnitts für eng anliegende oder taillierte Oberteile unerlässlich.

Bei einigen legeren, weit geschnittenen oder aus Stretch gearbeiteten Modellen wird der Abnäher hingegen nicht benötigt. In diesem Fall verwendet man einfach den Grundschnitt ohne Abnäher (Bild 9, in Schwarz; zur Verwendung von Schnittmustern ohne Standardabnäher siehe auch S. 89).

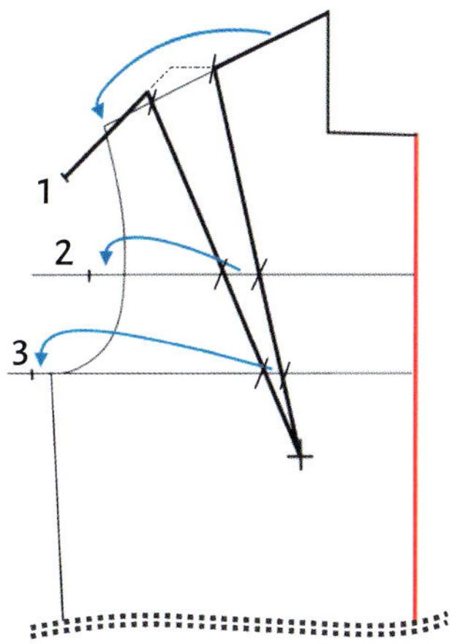

Bild 8

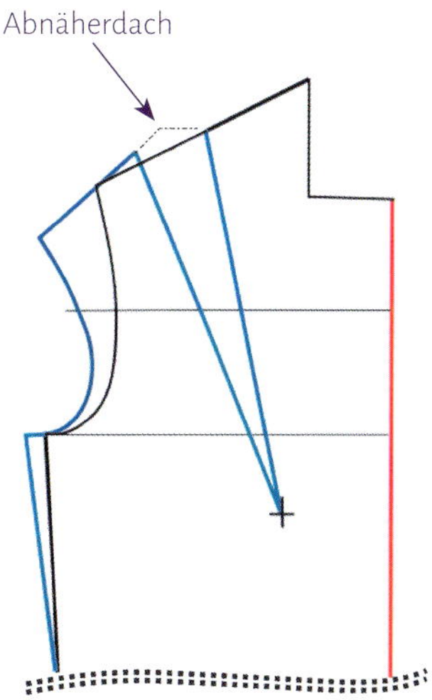

Bild 9

TAILLENABNÄHER

Ebenso wie der Brustabnäher der besseren Passform des Armausschnitts dient, wird ein Oberteil durch die Taillenabnäher rings um die Taillenlinie an die Figur angepasst.

Dazu können mehrere Abnäher angebracht werden, doch in der Regel beschränkt man sich auf vier Standardabnäher (S. 45, Bild 1). Weicht man von dieser Regel ab, besteht sogar die Gefahr, dass ein Modell nicht mehr gut sitzt, weil der Stoff nicht schön fällt.

Der erste Standardabnäher an der Taillenlinie ist der vordere Taillenabnäher, gefolgt von den beiden seitlichen Abnähern, die nach dem Zusammennähen von Vorder- und Rückenteil quasi einen einzigen Abnäher bilden. Der vierte Abnäher an der hinteren Mitte ist fakultativ und wird nur bei bestimmten Modellen angebracht. Der fünfte Abnäher ist der hintere Taillenabnäher.

Die Standardabnäher an der Taillenlinie können je nach Modell bei der Abwandlung des Grundschnitts verlegt oder verändert werden (weitere Details dazu ab S. 172).

Position der Taillenabnäher

Die Position der Abnäher rings um die Taillenlinie spielt bei der Schnittkonstruktion und für die Gesamtwirkung eines Kleidungsstücks eine entscheidende Rolle. Die Abnäher müssen der Körperform angepasst werden, am Vorderteil z. B. der Brust. Am Rückenteil hingegen verbessern in gleichmäßigem Abstand angebrachte Abnäher Passform und Optik eines Modells.

① **Vorderer Taillenabnäher:** Die Position dieses Abnähers hängt von Brusttiefe (S. 20) und Brustpunktabstand (S. 21) ab. Dafür zunächst ab dem Brustpunkt (schwarzes Kreuz, S. 50, Bild 1 und 2) eine senkrechte Linie nach unten zeichnen (Bild 1, schwarz gestrichelte Linie): Dies ist die Abnähermitte. Anschließend den Abnäherinhalt gleichmäßig beidseits der Abnähermitte verteilen.

② **und** ③ **Hinterer und vorderer seitlicher Abnäher:** Auf dem Grundschnitt sind Linien und Inhalt der beiden seitlichen Abnäher (an Rücken- und Vorderteil) identisch. Daher zunächst den vorderen seitlichen Abnäher zeichnen, dann spiegelbildlich dazu den hinteren. Je nach Körperbau oder Modell sind die beiden Abnäher manchmal nicht ganz symmetrisch.

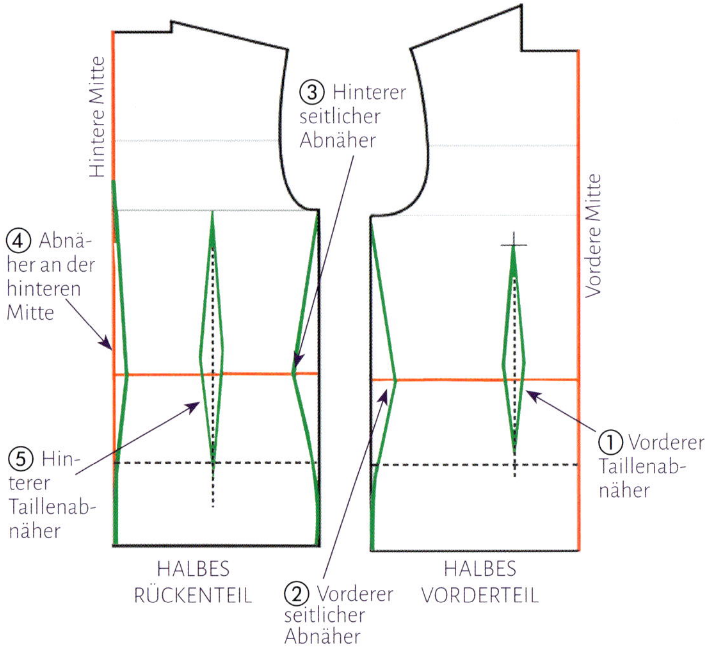

Bild 1

④ **Abnäher an der hinteren Mitte:** Dieser Abnäher wird bei Modellen mit Teilungsnaht an der hinteren Mitte angebracht. Wird die hintere Mitte im Stoffbruch zugeschnitten, ist dieser Abnäher sehr selten.
⑤ **Hinterer Taillenabnäher:** Dieser Abnäher sorgt für eine schöne Form der hinteren Taillenpartie. Um ihn exakt zu platzieren, müssen zuerst der seitliche Abnäher und (wenn vorhanden) der Abnäher an der hinteren Mitte gezeichnet werden. Dann die Partie zwischen diesen beiden Abnähern halbieren, um die Abnähermitte des hinteren Taillenabnähers zu zeichnen. Zuletzt den Abnäherinhalt gleichmäßig beidseits der Abnähermitte verteilen.

Taillenabnäher: Abnäherinhalt

Der gute Sitz eines Modells hängt auch von der durch die Taillenabnäher aufgenommenen Weite ab.
Die Weite, die der Differenz zwischen Brustumfang (S. 50) und Taillenumfang entspricht, muss gleichmäßig rings um die Taillenlinie verteilt und durch Abnäher aufgenommen werden. Dabei gelten für jeden Abnäher bestimmte Richtwerte, die für guten Sitz eines Modells beachtet werden müssen.
Vorderer Taillenabnäher: Dieser Abnäher darf nicht tiefer als 9 cm unterhalb der Taillenlinie enden und höchstens 3 cm breit sein.
Seitliche Abnäher: Jeder dieser beiden Abnäher darf höchstens 4 cm breit sein. Ihre leicht abgerundete Form endet in Höhe der oberen Hüftlinie (S. 61).
Abnäher an der hinteren Mitte: Dieser Abnäher ist höchstens 1–2 cm breit und sitzt zwischen Armausschnittlinie und oberer Hüftlinie (Bild 2, schwarz gestrichelte Linie).
Hinterer Taillenabnäher: Dieser Abnäher endet höchstens 11 cm unterhalb der Taillenlinie und darf nicht breiter als 2 cm sein.

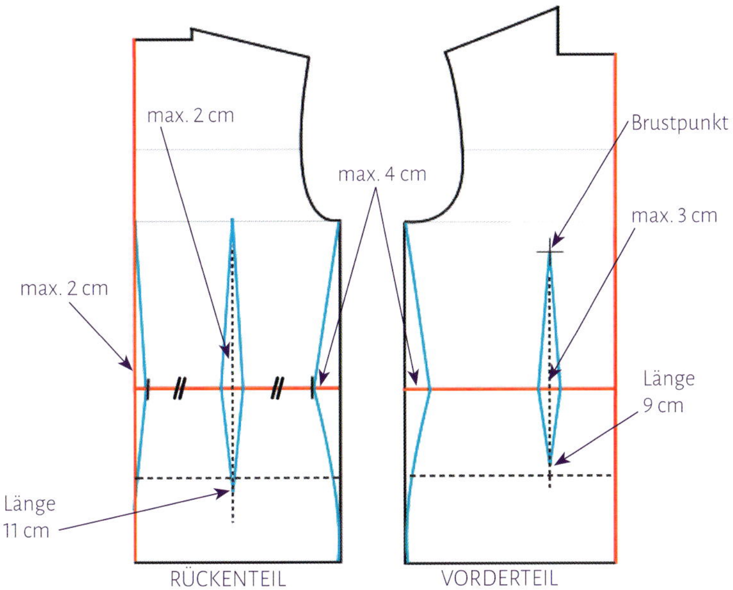

Bild 2

Profitipp

Die maximale Breite der Abnäher ist unbedingt zu berücksichtigen. Ist der Abnäherinhalt zu gering, wird die Taille nicht genügend betont. Ist er zu groß, wird das Oberteil ober- und unterhalb der Taille verzogen; bei vorn zu öffnenden Modellen ziehen die Abnäher außerdem zur Seite, sodass die beiden Vorderteile nicht mehr schön fallen.

Taillenabnäher: Berechnung des Abnäherinhalts

Wie groß der Inhalt der Taillenabnäher ist, wird durch die Differenz zwischen den Umfangsmaßen bestimmt. Die in der Taille zu reduzierende, also durch die Abnehmer aufzunehmende Weite kann auf zwei Arten ermittelt werden: Man berechnet entweder die Differenz zwischen Taillen- und Brustumfang oder zwischen Taillen- und Hüftumfang. Die beiden Berechnungen ergeben nicht denselben Abnäherinhalt – daher muss man wissen, wann und wie man die eine oder die andere Rechnung anwendet.

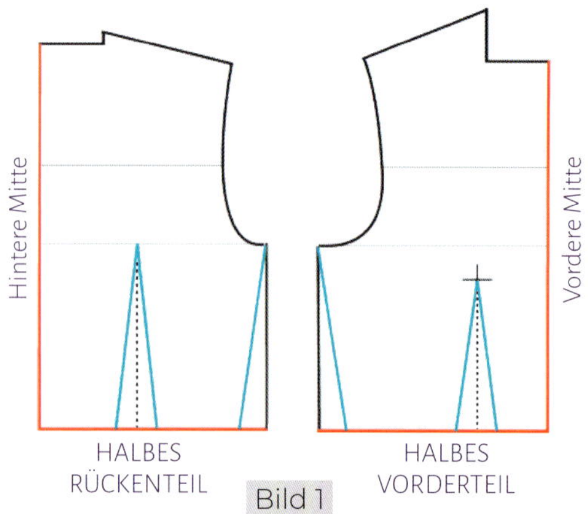

Bild 1

Von der Brust bis zur Taille

Beim Schnitt von Modellen, die nur bis zur Taille reichen (Bikerjacke, kurze Weste usw.) erübrigt sich die Frage, da es nur zwei Weitenmaße gibt: Brustumfang und Taillenumfang (Bild 1). Also wird die Differenz zwischen diesen beiden berechnet. *Beispiel: Brustumfang = 88 cm, Taillenumfang = 68 cm. In diesem Fall beträgt die rings um die Taille aufzunehmende Weite 88–68 = 20 cm. 20 : 4 = 5 cm pro halbem Schnittteil, also 5 cm am halben Vorderteil und 5 cm am halben Rückenteil.*

Von der Brust bis zur Hüfte

Bei Oberteilen, die bis zur Hüfte reichen, stehen drei Weitenmaße zur Verfügung: Brust, Taille und Hüfte. Die Differenz zwischen Brust und Taillenumfang ist nicht dieselbe wie die zwischen Taillen- und Hüftumfang. Um diese Etappe der Schnittkonstruktion besser zu verstehen, betrachten Sie die einzelnen Rechenschritte am Beispiel von Bild 2.

Beispiel: Weitenmaße: Brust = 88 cm, Taille = 68 cm, Hüfte = 92 cm. Differenz zwischen Brust und Taille: 88–68 = 20 cm in der Taille zu reduzieren. Differenz zwischen Hüfte und Taille: 92–68 = 24 cm in der Taille zu reduzieren.

Je nach gewählter Berechnung erhält man also unterschiedliche Abnäherinhalte.

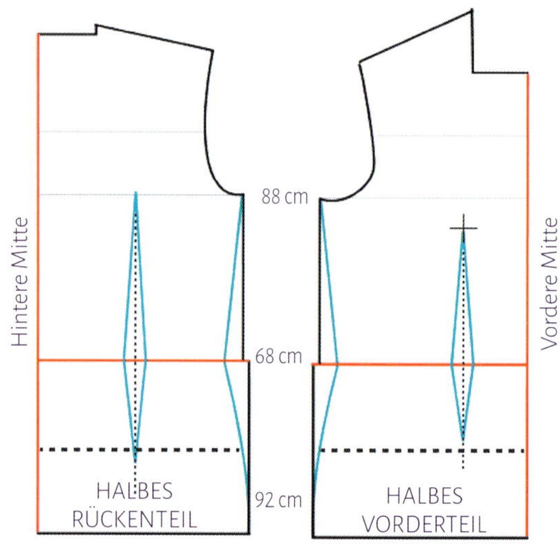

Bild 2

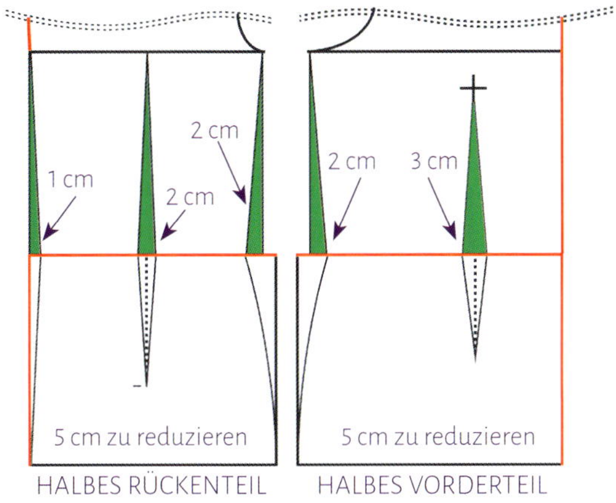

Bild 3

Sie können eine beliebige dieser Berechnungen wählen, vorausgesetzt, dass Sie die erhaltenen Maße korrekt auf dem Schnittmuster einzeichnen, nämlich in einem Fall an der oberen Partie des Oberteils, im anderen Fall an der unteren Partie. In beiden Fällen verteilen Sie ein Viertel der insgesamt zu reduzierenden Weite auf das halbe Rückenteil.

Bei der ersten Berechnung (Differenz zwischen Brust- und Taillenumfang) haben Sie 20 : 4 = 5 cm erhalten. Dies entspricht dem an der oberen Partie jedes Schnittmusterviertels zu verteilenden Abnäherinhalt (Bild 3).

Bei der zweiten Berechnung (Differenz zwischen Taillen- und Hüftumfang) haben Sie 24 : 4 = 6 cm erhalten. Dies entspricht dem an der unteren Partie jedes Schnittmusterviertels zu verteilenden Abnäherinhalt (Bild 4).

In beiden Fällen erhalten Sie zum Schluss das gleiche Schnittteil (Bild 3 und 4) – nur durch unterschiedliche Berechnung der Abnäherinhalte.

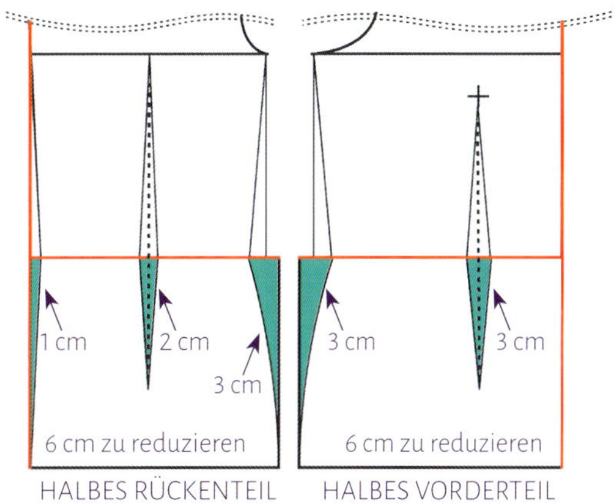

Bild 4

Profitipp

Wird die Differenz zwischen Brust und Taille berechnet, die Abnäherinhalte ab der Seitenlinie in der oberen Partie des Oberteils anzeichnen (Bild 3, grüne Abnäher). Wird hingegen die Differenz zwischen Hüfte und Taille berechnet, die Abnäherinhalte ab der Seitenlinie in der unteren Partie des Oberteils anzeichnen (Bild 4, blaue Abnäher).

Zusätzliche Taillenabnäher

Wenn der an der Taillenlinie zu verteilende Abnäherinhalt sehr groß ist, muss ein zusätzlicher Abnäher angebracht werden. Die Zusatzabnäher an Rücken- und Vorderteil sind etwa 2 cm kürzer als die Standardabnäher (Bild 5).

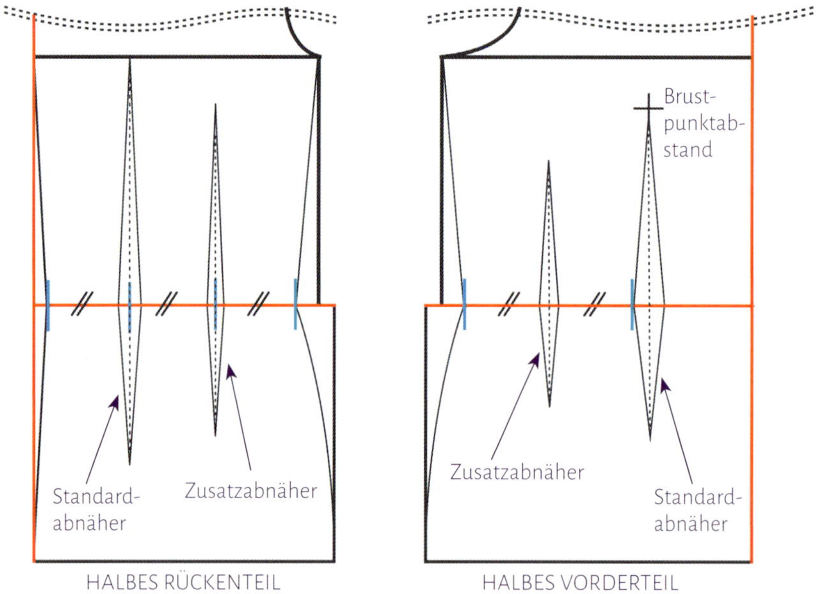

Bild 5

Zusatzabnäher am Rückenteil: Den Abstand zwischen dem Schenkel des seitlichen Abnähers und dem Schenkel des hinteren Taillenabnähers durch 3 teilen und die Mitte der Abnäher auf der Markierung dieser Dreiteilung einzeichnen (Bild 5, blaue Markierungen). Dann die Abnäherinhalte gleichmäßig beidseits der Abnähermitte auf die Abnäher verteilen.

Vorderteil: Den Abstand zwischen dem Schenkel des seitlichen vorderen Taillenabnähers (unterhalb des Brustpunkts) und dem Schenkel des seitlichen Abnähers durch 2 teilen. Dann den Abnäherinhalt des Zusatzabnähers gleichmäßig beidseits der Abnähermitte verteilen.

Abflachung der Abnäher

Ein Kleidungsstück muss sich der Körperform anpassen, daher muss man am Taillenabnäher eine Abflachung einzeichnen. Diese kurze gerade Strecke fällt je nach Figurtyp unterschiedlich aus – je nachdem, wie ausgeprägt die Taille ist. In der Regel ist die Abflachung der Taillenabnäher zwischen 2 und 4 cm lang. Bei großem Abnäherinhalt (z. B. 3 cm), ist die Abflachung 2 cm lang, bei einem Abnäherinhalt von nur 1 oder 1,5 cm kann die Länge der Abflachung 3 cm oder mehr betragen.

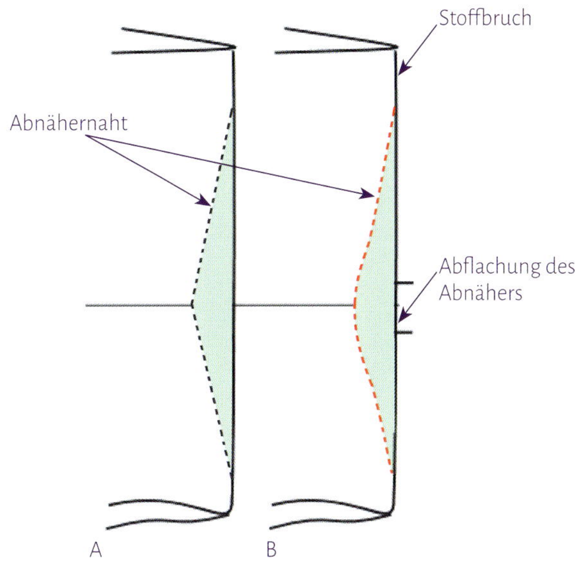

Bild 1

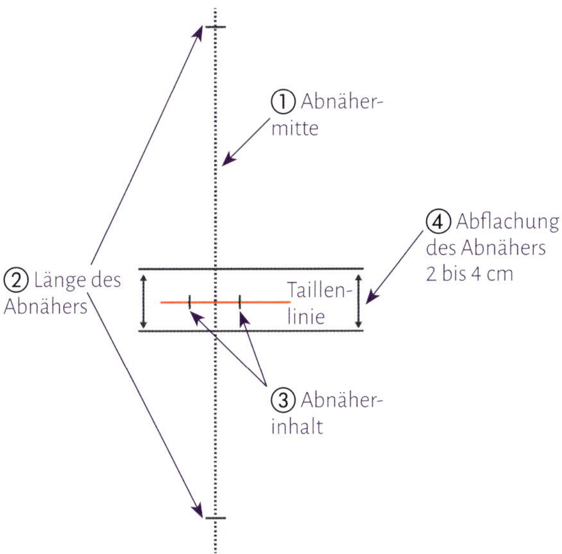

Bild 2

Die Abflachung ist auch aus technischen Gründen erforderlich: Die Abnähernaht wird dadurch an der Taillenlinie automatisch abgerundet (Bild 1B), denn beim Nähen mit der Maschine sollte man keinesfalls gerade bis zur Taillenlinie nähen (Bild 1A), dort anhalten, die Arbeit drehen und eine weitere gerade Naht bis zum Abnäherende nähen!

Die Abflachung wird beim Nähen ohne Anhaltspunkte gearbeitet, d. h., es gibt keine Markierungen auf dem Stoff, nur den Abnäherinhalt. Auf dem Papierschnitt wird die Breite der Abflachung hingegen eingezeichnet.

① Auf der Taillenlinie zunächst die Abnähermitte einzeichnen.
② Die Länge des Abnähers durch Markieren der Abnäherspitzen festlegen.
③ Dann den Abnäherinhalt markieren.
④ Die Breite der Abflachung zu gleichen Teilen ober- und unterhalb der Taillenlinie einzeichnen.

Form der Taillenabnäher

Ein Lineal an die Spitze und den breitesten Punkt des Abnähers anlegen und eine Gerade (Bild 3A, grüne Linie) bis zu der Markierungslinie der Abflachung (Bild 3A, schwarze Linie) ziehen. An allen Seiten des Abnähers ober- und unterhalb der Taillenlinie ebenso verfahren. Dann die beiden bis zur Abflachungslinie reichenden Abnäherschenkel durch eine leicht geschwungene Linie verbinden. Dazu das Kurvenlineal so anlegen, dass die Linie durch die Schenkelenden und den breitesten Punkt des Abnähers (auf der Taillenlinie) verläuft (Bild 3B).

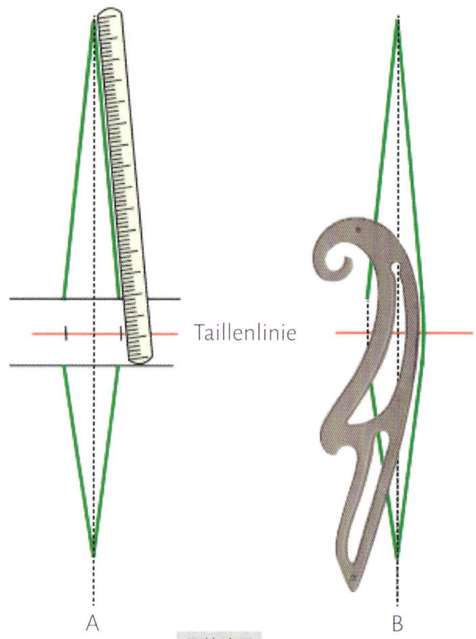

Bild 3

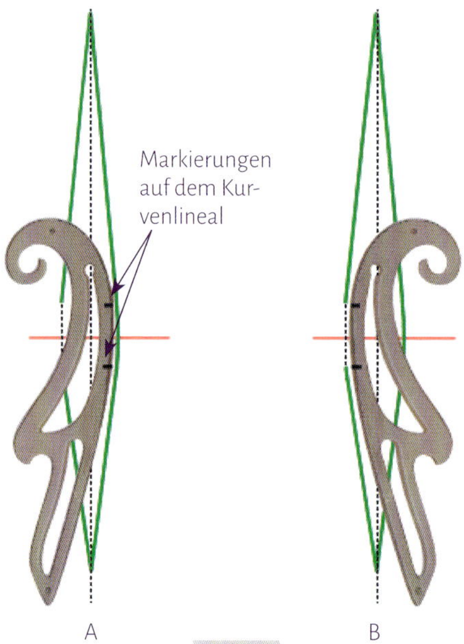

Bild 4

Damit die Form des Abnähers auf beiden Seiten der Abnähermitte gleich ist, beim Einzeichnen der Abflachung am ersten Abnäherschenkel die Breite der Abflachung am Rand des Kurvenlineals markieren (Bild 4A). Nach dem Wenden des Kurvenlineals zur Fortsetzung der Linie die Markierungen am Lineal genau auf die Enden der geraden Abnäherschenkel legen (Bild 4B).

Form des seitlichen Abnähers

Dieser Abnäher an der Seitenlinie des Oberteils wird ebenso gezeichnet wie die vorderen und hinteren Taillenabnäher. Zuerst den Abnäherinhalt auf der Taillenlinie markieren und die Breite der Abflachung zu gleichen Teilen ober- und unterhalb der Taillenlinie einzeichnen (Bild 5, siehe auch S. 59, Bild 2).

Dann mithilfe eines Lineals die obere Partie des Abnähers zeichnen: Das Lineal so anlegen, dass es vom Ende des Armausschnitts bis zum breitesten Punkt des Abnähers reicht, und eine Gerade bis zur Markierungslinie der Abflachung ziehen (Bild 6, grüne Linie).

Im nächsten Schritt wird die untere Partie des Abnähers von der Taillen- bis zur Hüftlinie gezeichnet. Die Form dieser Linie ist bei Oberteil und Rock unterschiedlich. Beim Oberteil wird die Kurve abgeflacht, damit beim Zusammennähen an der Seitenlinie keine „Tüte" entsteht. Dazu das Kurvenlineal anlegen wie abgebildet (Bild 7).

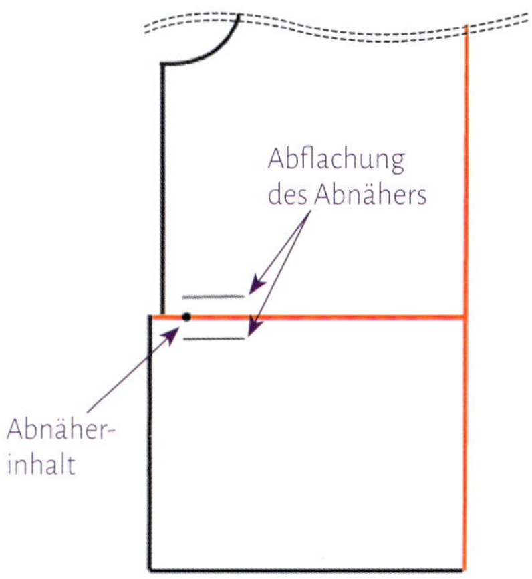

Bild 5

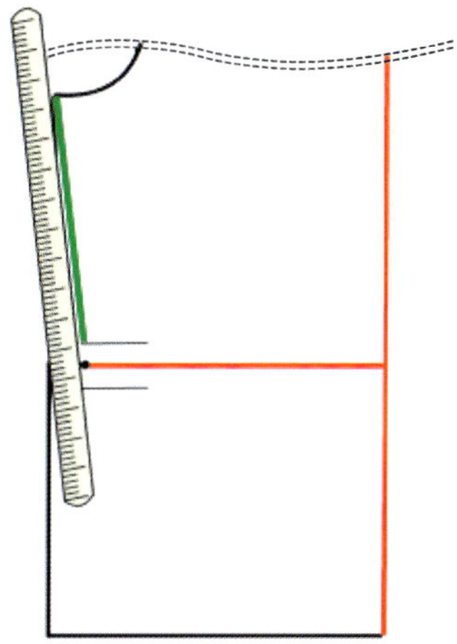
Bild 6

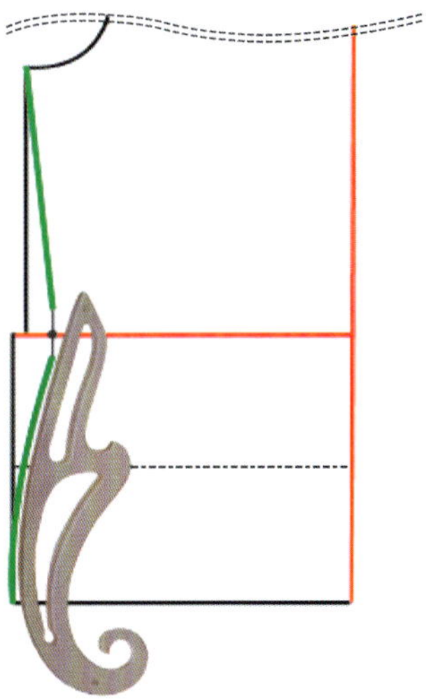
Bild 7

Die beiden Linien des Abnähers (obere und untere Partie), die in der Taillenlinie an den Markierungen der Abflachung enden, werden durch eine leicht geschwungene Linie verbunden. Dazu das Kurvenlineal so anlegen, dass die Linie durch die Schenkelenden und den breitesten Punkt des Abnähers (auf der Taillenlinie) verläuft.

In Höhe der Taillenlinie ist die Abnäherlinie nahezu gerade, unterhalb der oberen Hüftlinie verläuft sie leicht geschwungen bis zur Seitenlinie (Bild 8).

Bild 9 zeigt, wie das Kurvenlineal auf keinen Fall angelegt werden darf.

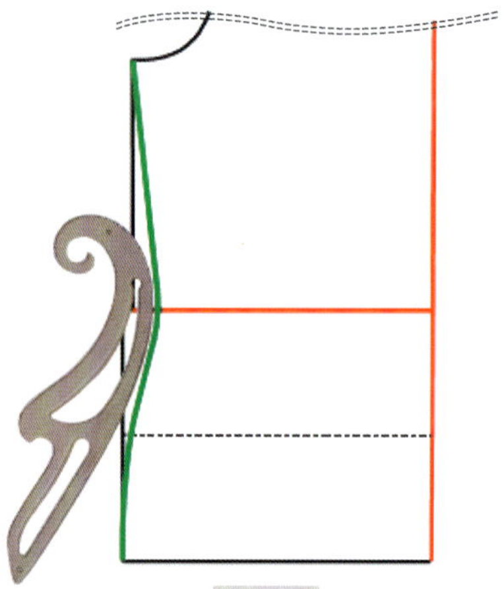

Bild 8

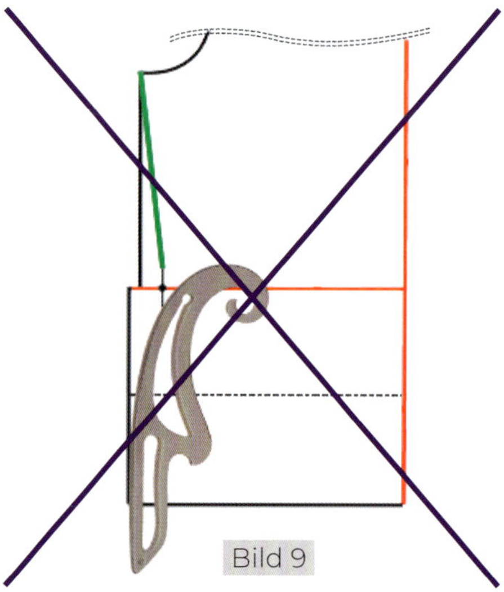

Bild 9

Profitipp

Auf dem Oberteilschnitt sind die Inhalte der seitlichen Abnäher identisch und werden an Rücken- und Vorderteil beidseits der Abnähermitte gleichmäßig verteilt. Zur Vereinfachung und zur Fehlervermeidung beim Zeichnen des seitlichen Abnähers am Vorderteil die Breite der Abflachung am Rand des Kurvenlineals markieren (S. 60, Bild 4). Zum exakt gegengleichen Zeichnen der Abnäherpartie am Rückenteil das Lineal spiegelverkehrt so auflegen, dass die Markierungen genau auf den Enden der geraden Abnäherschenkel liegen.

FORM DES HALSAUSSCHNITTS

Es ist schwierig, die Form des Halsausschnitts korrekt zu zeichnen, wenn man den Ausschnitt an Vorder- und Rückenteil separat zeichnet.

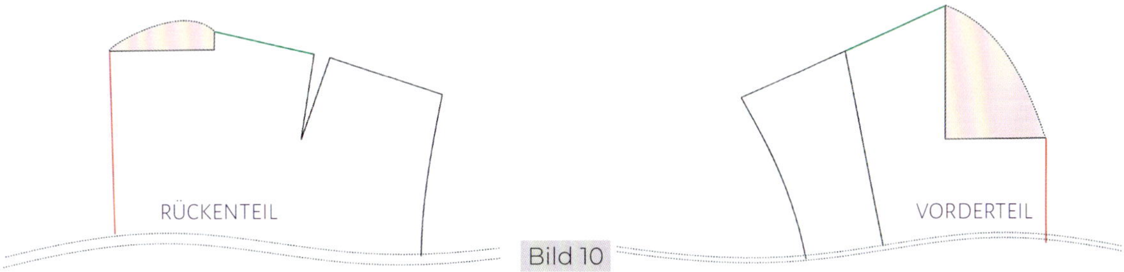

Bild 10

Damit beide Linien schön übereinstimmen, zunächst die obere Partie von Rücken- und Vorderteil mit der bereits gezeichneten Schulterneigung (Bild 10, in Grün) abpausen und ausschneiden, dabei einen breiten Papierrand für den Halsausschnitt lassen (Bild 10, in Braun).
Dann Vorder- und Rückenteil an der Schulterlinie bis zu den Abnähern genau aneinanderlegen (Bild 11, in Grün).

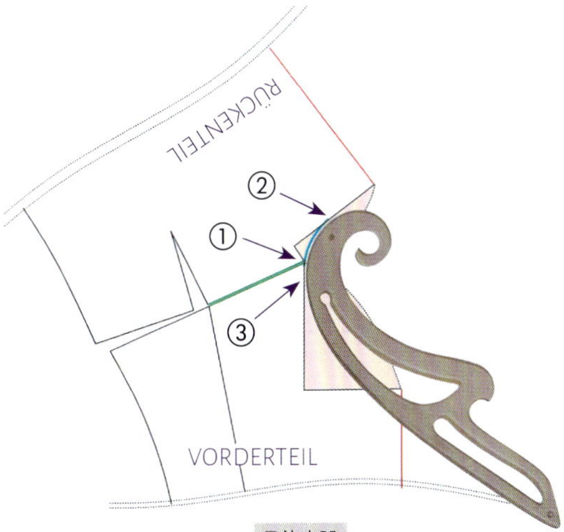

Bild 11

Hinterer Halsausschnitt

Die Rundung des hinteren Halsausschnitts wird an der hinteren Mitte relativ breit abgeflacht. Selten wird die Abflachung am Ansatz der Schulterlinie angebracht. Damit der Ausschnitt nicht zu tief wird, muss das Kurvenlineal präzise angelegt werden.

Die Rundung des Lineals etwa in der Mitte der hinteren Halsausschnittbreite ansetzen (Bild 11, Punkt 2), sodass sie genau am Schulterende anliegt (Bild 11, Punkt 1). Am Vorderteil muss das Lineal noch 2–3 cm an der senkrechten Linie des Ausschnitts anliegen (Bild 11, Punkt 3). Die exakte Platzierung des Lineals hängt von Maßen und Körperbau ab.

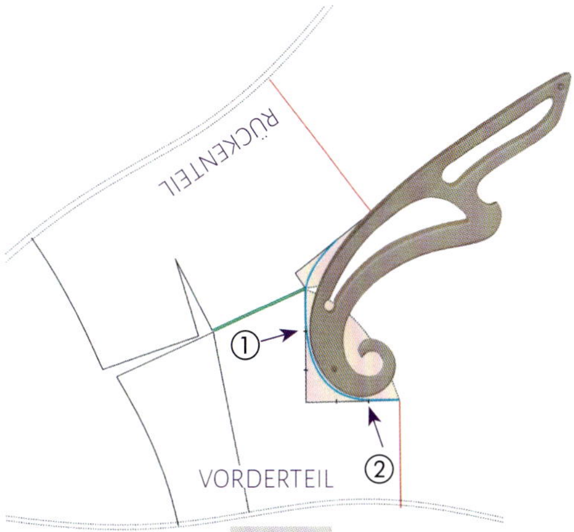

Bild 12

Vorderer Halsausschnitt

Auch der vordere Halsausschnitt darf nicht zu tief werden. Es ist einfacher, bei der Anprobe einen Überstand abzuschneiden, als ein fehlendes Stück wieder anzusetzen.
Die Abflachungen am vorderen Halsausschnitt betragen in der Regel etwa ein Drittel der Breite (Bild 12, Punkt 1) und ein Drittel der Tiefe (Bild 12, Punkt 2).
Das Kurvenlineal so anlegen, dass die Kante an den Markierungen anliegt wie abgebildet (Bild 12) und die Ausschnittlinie zeichnen.
Wie am Rückenteil wird die exakte Form sowie die Länge der Abflachungen an Höhe und Tiefe des Ausschnitts von den jeweiligen Maßen und dem Körperbau bestimmt.
Die Halsausschnittlinie muss am gesamten Rücken- und Vorderteil gleichmäßig verlaufen (blaue Linie). Anschließend das Papier (in Braun) entlang der Halsausschnittlinie abschneiden (Bild 13).

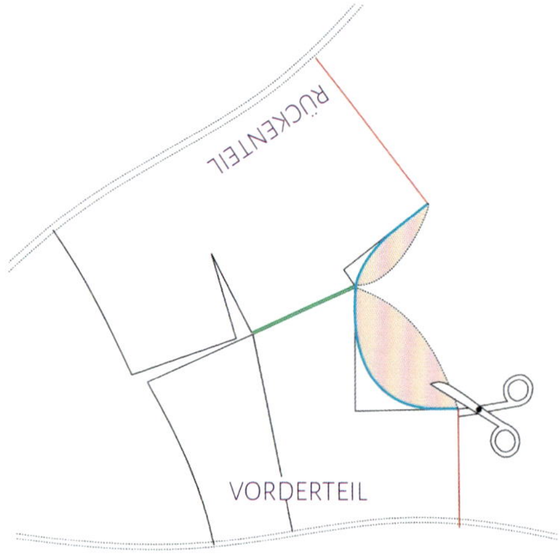

Bild 13

ÜBERPRÜFEN DES ARMAUSSCHNITTS

Korrektur der Armausschnittform

Den Brustabnäher und den hinteren Schulterabnäher schließen, dann beide Schulterlinien aneinanderlegen wie auf Bild 14. Die Armausschnittlinie muss vorn und hinten gleichmäßig und leicht geschwungen verlaufen – ohne Zacke nach außen (Bild 15, roter Kreis) oder innen.

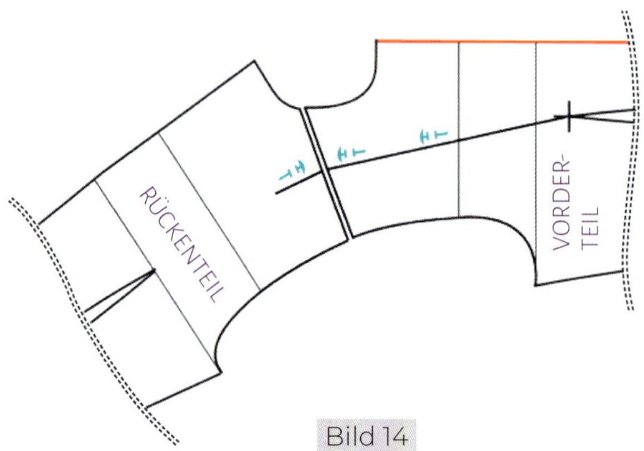

Bild 14

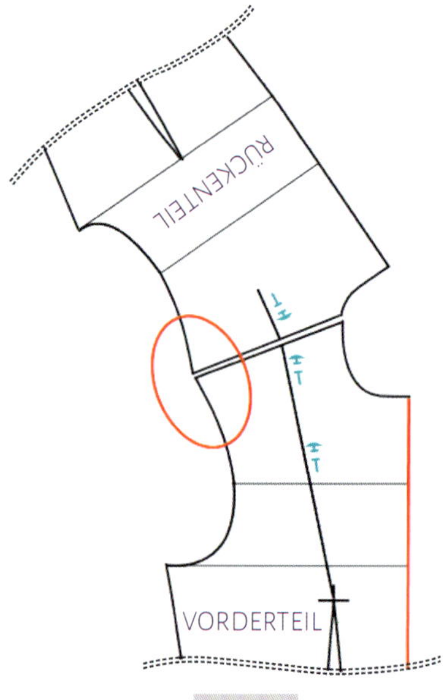

Bild 15

Korrektur der Armausschnittlinie

Wenn die Armausschnittlinie nicht gleichmäßig verläuft, sondern die Rundung unterbrochen ist (Bild 15), muss man sie mithilfe eines Kurvenlineals neu zeichnen, ohne jedoch Oberbrustbreite oder untere Rückenbreite zu verändern (Bild 16).

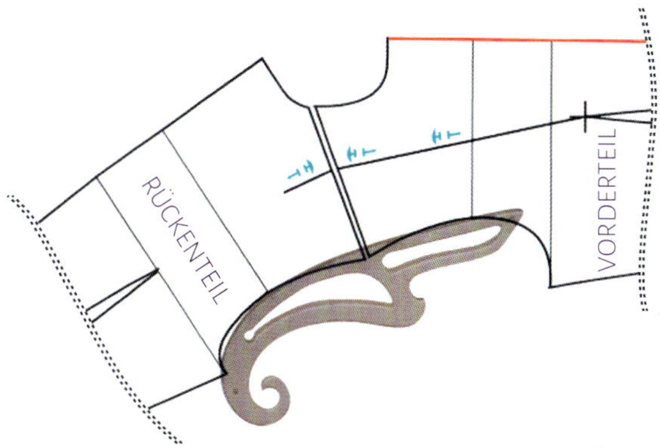

Bild 16

Korrektur der Armausschnittlänge

Nach der Anpassung der Armausschnittform muss die Armausschnittlänge separat an Vorder- und Rückenteil überprüft werden. Wenn der Armausschnitt gut konstruiert ist, beträgt der Unterschied zwischen beiden 1–2 cm. Je nach Körperbau ist der hintere Armausschnitt länger als der vordere – oder umgekehrt. Ist die Differenz jedoch größer oder kleiner als 1–2 cm, muss die Konstruktion entweder am Papierschnitt oder am Nesselmodell überprüft und gegebenenfalls korrigiert werden.

Ein Konstruktionsfehler an dieser Stelle kann das Einnähen der Armkugel in den Armausschnitt schwierig oder sogar unmöglich machen und den guten Sitz des Ärmels beeinträchtigen. Ursache ist oft eine falsch konstruierte Schulterneigung oder eine fehlerhafte Verteilung des Brustumfangs auf Vorder- und Rückenteil.

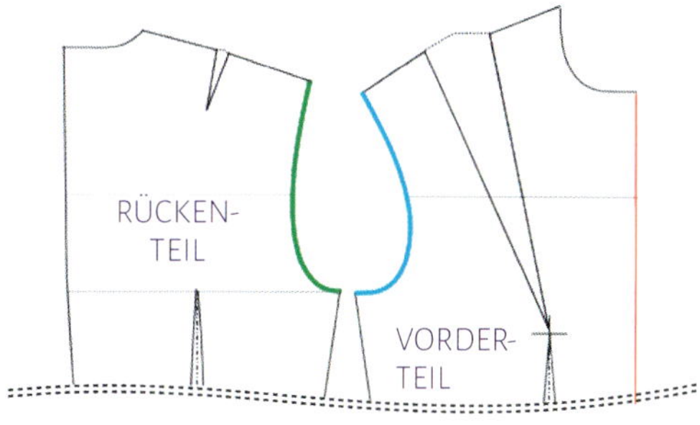

Bild 17

BEWEGUNGSZUGABEN

Die Körpermaße, die für die Konstruktion des Grundschnitts verwendet werden, formen exakt den Körper ab. Damit man ein Oberteil anziehen und eventuelle Korrekturen vornehmen kann, müssen in Länge und Breite minimale Weitenzugaben – die Bewegungszugaben – hinzugefügt werden (Bild 1, grüne Linien).
Diese tragen im Wesentlichen der Stoffdicke und dem durch die Nahtzugaben eingenommenen Raum Rechnung.
In der Regel werden sie auch am Probeschnitt (Nesselmodell) hinzugefügt.
Die an einem Kleidungsstück hinzugefügten Bewegungszugaben können je nach Stil (elegant, sportlich, lässig), Modell, Stoffdicke, Bequemlichkeit und schließlich persönlichen Vorlieben variieren.
Die Bewegungszugaben am Probeschnitt werden wie folgt hinzugefügt:

① Im Abstand von 1 cm eine Parallele zur Schulterlinie ziehen (blaue Linien).

② Die Armausschnittlinie durch eine parallele Gerade um 2 cm nach unten versetzen (blaue Linien).

③ Auf der in Schritt 2 gezeichneten Linie ab der Seitenlinie an Rücken- und Vorderteil jeweils 1 cm nach außen abtragen. Dann ab diesen Punkten parallele Linien zu den Seitenlinien ziehen (grüne Linien).
Die Kurve des Armausschnitts von der Oberbrustlinie bis zu der Weitenzugabe von 1 cm neu zeichnen. Damit die Kurve nicht verformt wird, diese abpausen, versetzen und zur Oberbrustlinie hin angleichen.

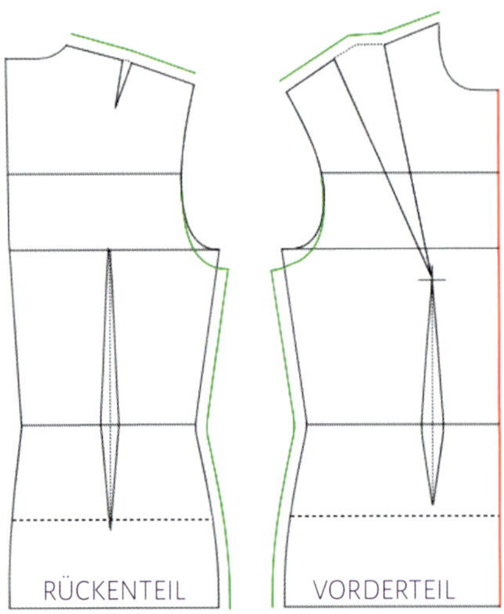

Bild 1

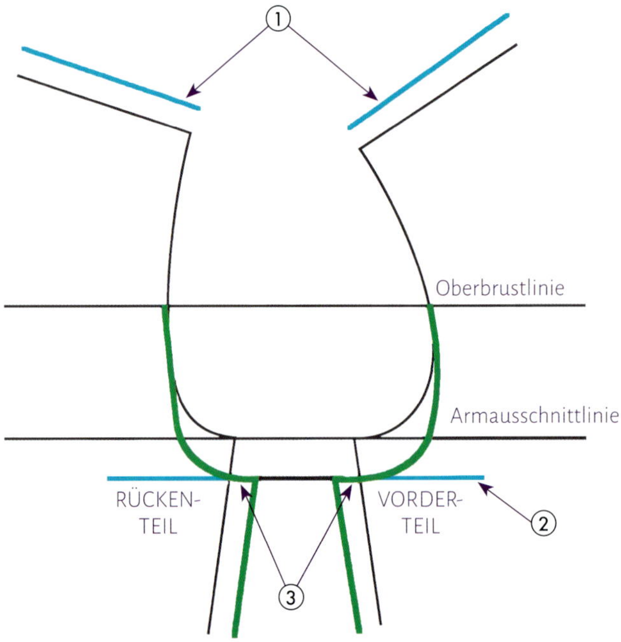

Bild 2

NAHTZUGABEN

Jedes Schnittmuster enthält Nahtzugaben, die meist 1 cm breit sind. Ihre Breite kann jedoch nach Bedarf variieren. Am Probeschnitt ist die seitliche Nahtzugabe breiter, z. B. 2–3 cm, um eventuelle Korrekturen an der Seitenlinie (S. 82) zu erleichtern. Fügen Sie also an Rücken- und Vorderteil unter Berücksichtigung der eingezeichneten Bewegungszugaben (Bild 3, grüne Linien) die entsprechenden Nahtzugaben hinzu (schwarz gestrichelte Linien).

Je nach Modell kann das Rückenteil auf zwei Arten konstruiert und zugeschnitten werden.

A **Mit Abnäher an der hinteren Mitte.** Es werden zwei Rückenteile zugeschnitten, die durch eine Mittelnaht verbunden werden. Daher müssen an der hinteren Mitte Nahtzugaben hinzugefügt werden (Bild 3A).

B **Ohne Abnäher an der hinteren Mitte.** Zum Zuschneiden des Rückenteils wird die hintere Mitte an den Stoffbruch gelegt; man nennt dies „im Stoffbruch zuschneiden". Das so konstruierte Schnittteil enthält an der hinteren Mitte keine Nahtzugabe.

Beim Probeschnitt wird das Rückenteil jedoch stets im Stoffbruch zugeschnitten, selbst wenn es an der hinteren Mitte einen Abnäher hat (Bild 3B). So stört bei der Anprobe und dem Vornehmen eventueller Korrekturen keine Naht mit ihren dicken Nahtzugaben.

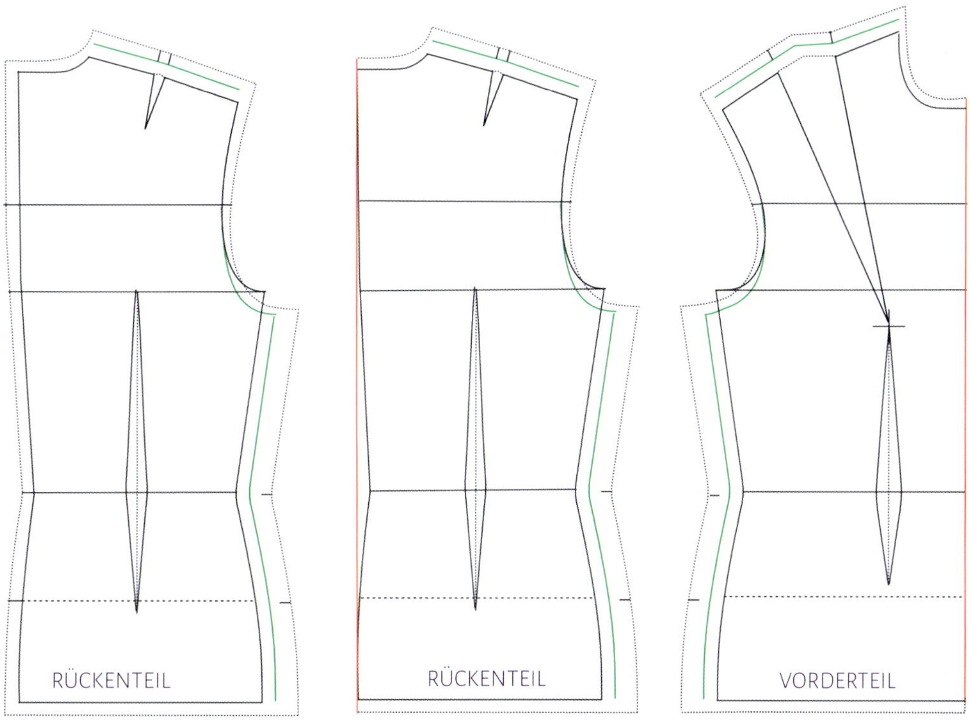

Schnittmuster Rückenteil 2x zugeschnitten

A

Schnittmuster Rückenteil im Stoffbruch zugeschnitten

B

Schnittmuster Vorderteil

Bild 3

FERTIGER PROBESCHNITT

Jedes Schnittmuster enthält die zum Zuschneiden benötigten Angaben:

- einen Pfeil zur Kennzeichnung des Fadenlaufs;
- Knipse (Pass- und Einsetzzeichen), die das Zusammenfügen erleichtern;
- eine Angabe, wie das Schnittteil auf den Stoff gelegt wird.
- Im Stoffbruch: Gibt an, welche Partie des Schnittteils an der Umbruchkante des Stoffes angelegt wird. Durch Zuschneiden im Stoffbruch erhält man exakt symmetrische Teile: Am Rückenteil kann z. B. die hintere Mitte an den Stoffbruch gelegt werden.
- 2x: Gibt an, dass das Schnittteil auf zwei Stofflagen gelegt wird, die zusammen zugeschnitten werden, um zwei identische Schnittteile zu erhalten.
- Über-/Untertritt: etwa 2–3 cm Verlängerung über die vordere Mitte, zum Schließen eines Vorderteils.

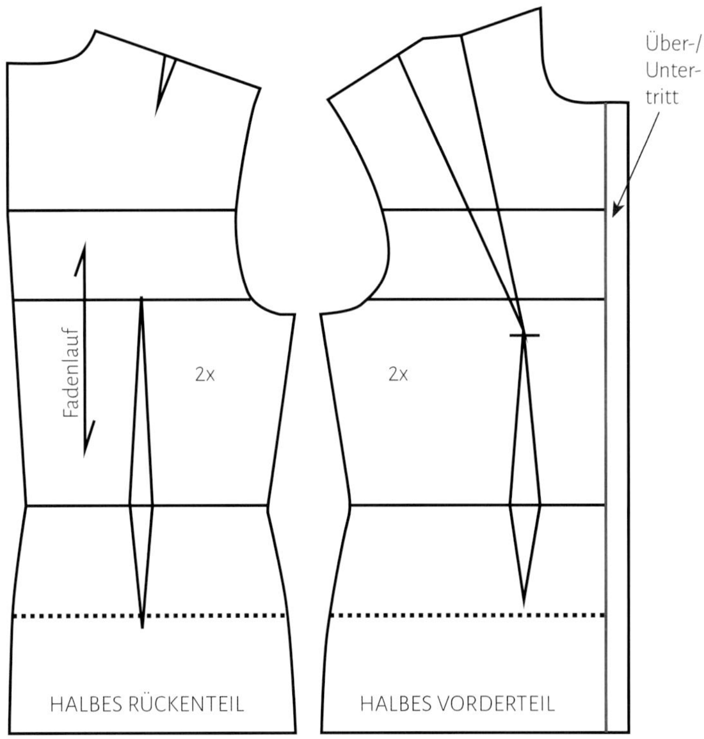

Bild 4

Profitipp

An einem Probeschnitt müssen die Markierungen der Abnäher erhalten bleiben, damit man die Abnäher bei Bedarf problemlos korrigieren – z. B. verlegen, vergrößern oder verkleinern – kann.

ZUSCHNEIDEN

Um den Probeschnitt korrekt an die Figur der Person anzupassen, für die er konstruiert wurde, muss er aus gewebtem Stoff zugeschnitten werden. Dieser darf weder zu dick noch zu steif sein. Stretch, fließende Stoffe oder Stoffe, die sich leicht verziehen, sind ebenfalls ungeeignet, da sie das Ergebnis verfälschen könnten. Ideal ist Nesselstoff, wie er beim Drapieren verwendet wird.

AUFLEGEN DES PROBESCHNITTS

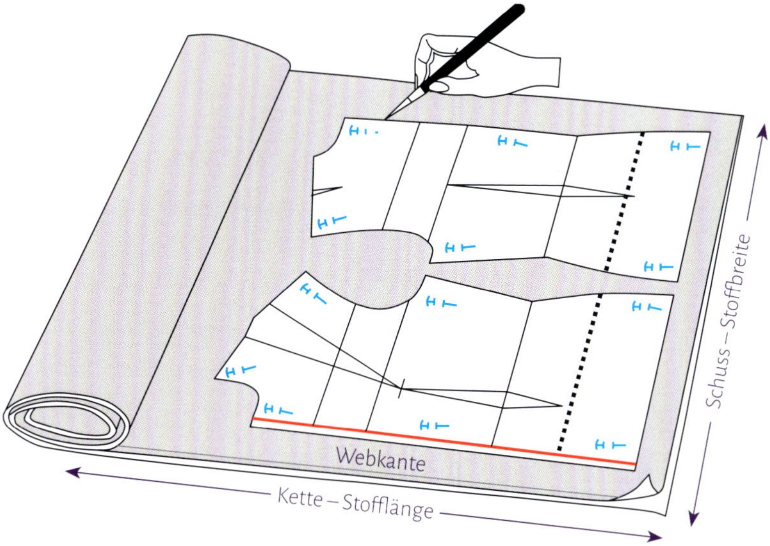

Bild 1

Den Stoff doppelt legen, damit man in einem Arbeitsgang beide halben Vorderteile und beide halben Rückenteile (linke und rechte Hälfte) zuschneiden kann. Unbedingt den auf den Schnittteilen markierten Fadenlauf beachten, der parallel zur Webkante des Stoffes verläuft. Die Schnittteile an mehreren Stellen auf dem Stoff feststecken (Bild 1). Die Umrisse der Schnittteile mit einem geeigneten Werkzeug (etwa Schneiderkreide oder einem weichen Farbstift) auf den Stoff zeichnen.

Profitipp

Beim Übertragen des Papierschnitts auf den Stoff darf man keinesfalls die Pass- und Einsetzzeichen sowie die Markierung der Position der Konstruktionslinien vergessen. Sie werden später bei eventuellen Korrekturen am Stoff benötigt.

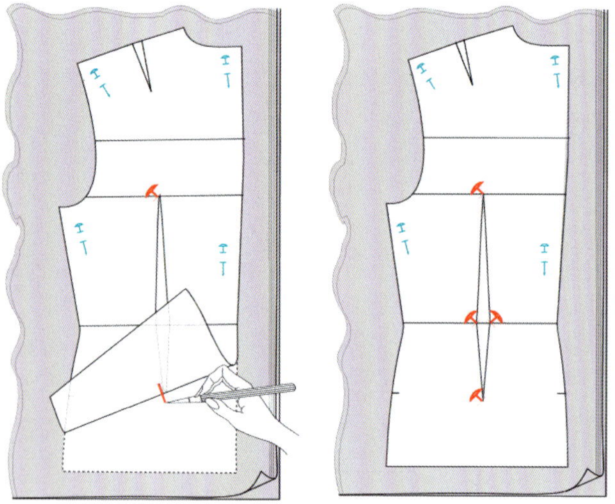

Bild 2

MARKIEREN DER ABNÄHERINHALTE

Auf dem Probeschnitt werden die Standardabnäher eingezeichnet: Brust-, Schulter- und Taillenabnäher. Daher müssen ihre Form und die Abnäherinhalte vom Papierschnitt übertragen werden.

Dazu an der Abnäherspitze eine Stecknadel durch das Papier und den Stoff stecken (Bild 2), dann das Papier etwas anheben, sodass die Stecknadel an ihrem Platz bleibt, und diesen Punkt mit Stift oder Kreide auf dem Stoff markieren. Dasselbe an jedem äußersten Punkt in Länge und Breite der Abnäher wiederholen. Zu diesem Zeitpunkt müssen die Punkte noch nicht durch Linien verbunden werden, da die Abnäher bei der Anprobe eventuell noch korrigiert werden.

VOR DEM ZUSCHNEIDEN

Den Papierschnitt entfernen und beide Stofflagen an mehreren Stellen innerhalb der Linien zusammenstecken, damit sie beim Zuschneiden und beim folgenden Anbringen der Markierungen nicht verrutschen. Achten Sie genau darauf, dass Sie wirklich alle Markierungen des Papierschnitts auf den Stoff übertragen: Pass- und Einsetzzeichen, Eckpunkte der Abnäher, Referenz- und Konstruktionslinien (Bild 3: hintere/vordere Mitte, Taillenlinie, Oberbrustlinie …).

Nun den Stoff entlang der äußeren Kontur zuschneiden und an den Pass- und Einsetzzeichen 3–5 mm ab der Kante einknipsen.

Die Eckpunkte der Abnäher und die Markierungen der Linien müssen jeweils auf das zweite, unten liegende halbe Schnittteil von Vorder- und Rückenteil übertragen werden. Dazu eine Stecknadel durch beide Stofflagen in einen der markierten Punkte stecken und mit Kreide die Stelle markieren, an der die Stecknadel auf der anderen Seite herauskommt. Dies an allen Markierungen wiederholen, sodass schließlich beide Schnittteile gleich markiert sind.

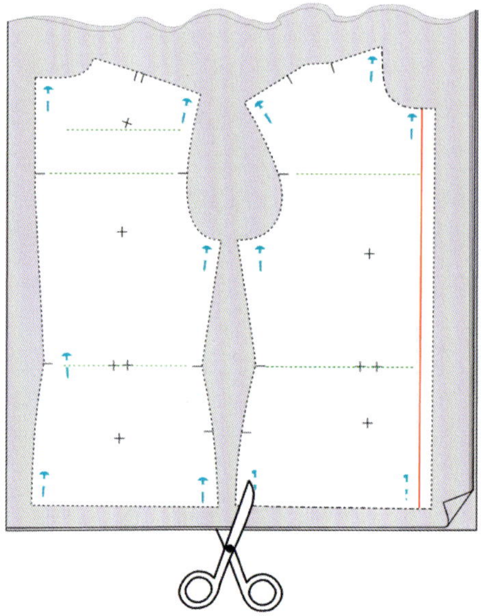

Bild 3

ZUSAMMENFÜGEN UND ANPROBE

ZUSAMMENFÜGEN

Auf den vorigen Seiten wurde deutlich, dass man äußerst präzise und sorgfältig arbeiten muss, um einen korrekten, gut angepassten Grundschnitt zu erhalten.
Wenn der Probeschnitt fertig ist, folgt der nächste Schritt: das Zusammenfügen des Nesselstoffs und eine erste Anprobe, bei der eventuelle Ungenauigkeiten in der Konstruktion festgestellt und behoben werden können.
Für das Zusammenfügen der aus Nessel zugeschnittenen Schnittteile gibt es verschiedene Methoden. Im Grunde ist jede Methode gut, wenn sie zufriedenstellende Ergebnisse liefert, das Anpassen des Probeschnitts nicht behindert und eine einfache Korrektur des Grundschnitts ermöglicht.
Die hier vorgestellte Technik ist die gängigste, da sie einfach, effizient und verständlich ist und exakte Ergebnisse erzielt. Sie wird auch an Fachschulen in Kursen für Modedesign und Schnittkonstruktion gelehrt.

Gut zu wissen

Das Probeoberteil nicht mit der Nähmaschine zusammennähen, da dies eventuelle Korrekturen erschweren würde: Man müsste die entsprechenden maschinengenähten Nähte auftrennen, was langwierig und mühsam wäre.

ANPROBE

Die Anprobe ist der krönende Abschluss der bisherigen Arbeitsschritte. Damit sie gelingt, sollten Sie die folgenden Erläuterungen unbedingt aufmerksam lesen und sich genau an die Anweisungen halten.

ZUSAMMENFÜGEN DES NESSELMODELLS

Hier wird eine bei vielen Schnittentwicklern anerkannte Methode des Zusammenfügens vorgestellt, mit der saubere Ergebnisse erzielt werden und Korrekturen ganz einfach möglich sind, da eventuelle Fehler leicht auszumachen sind. Wenn z. B. ein Abnäherinhalt vergrößert oder verringert werden muss, genügt es, den Abnäher direkt am Körper neu zu stecken. Auch die Linien und der Rand der Nahtzugaben können problemlos neu gezeichnet werden, da die Nahtzugaben innen liegen und beim Anpassen nicht stören. Wichtig ist auch, dass man sehen kann, wie der Stoff längs und quer an den dickeren Stellen der Nahtzugaben fällt.

Gut zu wissen

Diese Technik zu beherrschen erfordert ein wenig Übung. Zu Beginn ist es schwierig, die Stecknadeln ganz gleichmäßig zu stecken und die Nahtzugaben überall gleich breit umzulegen.

TECHNIK DES ZUSAMMENFÜGENS

Die Nahtzugaben werden bei dieser Technik stets umgefaltet und mit Stecknadeln schräg zur Umbruchkante fixiert. Achten Sie darauf, dass die Spitze der bei der Anprobe verwendeten Stecknadeln aus Sicherheitsgründen immer nach unten und der Kopf nach oben zeigt.

① Eines der zusammenzufügenden Teile auf einer flachen Unterlage (z. B. einem Tisch) ausbreiten. Dann die Nahtzugabe des zweiten Teiles in der vorgesehenen Breite umfalten und auf die Nahtzugabe des ersten Teiles legen. Mit einer Stecknadel genau in der umgelegten Nahtzugabe fixieren.

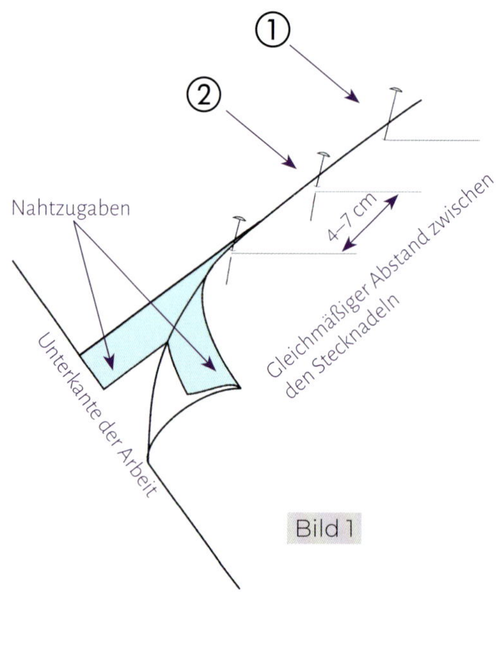

Bild 1

② Die Stecknadeln etwa im 45°-Winkel und 2–3 mm breit durch den Stoff stecken. Die Stecknadeln in gleichmäßigem Abstand (4–7 cm) setzen. Sie dürfen nicht zu weit auseinandersitzen, jedoch auch nicht zu dicht, damit die Kanten nicht zu schwer werden.

REIHENFOLGE DES ZUSAMMENFÜGENS

Der Nessel-Probeschnitt des Oberteils besteht aus drei Teilen, dem Rückenteil und den beiden Partien des Vorderteils. Wie beim klassischen Zusammennähen eines Kleidungsstücks muss man eine bestimmte Reihenfolge beachten, da dies die Arbeit erleichtert und man ein exaktes Ergebnis erhält. Steckt man z. B. zuerst die Seiten und die Schultern zusammen, kommt man hernach nicht mehr gut an die Taillenabnäher heran, um sie zu schließen.

Daher sollten Sie unbedingt genau die nachfolgend beschriebene Reihenfolge einhalten.

Zu Beginn werden sämtliche Abnäher geschlossen, zuerst die Brust- und Schulterabnäher, dann die Taillenabnäher. Anschließend werden die Seiten zusammengesteckt und erst zum Schluss die Schulterpartien.

Profitipp

Wichtig ist zum einen, dass die Stecknadeln nicht parallel zur Umbruchkante gesteckt werden, zum anderen, dass jede Nadel nur 2–3 mm Stoff erfasst. Sonst wird die zusammengefügte Arbeit zu steif und dehnt sich nicht, sodass diese provisorische Naht möglicherweise den Stoff verzieht.

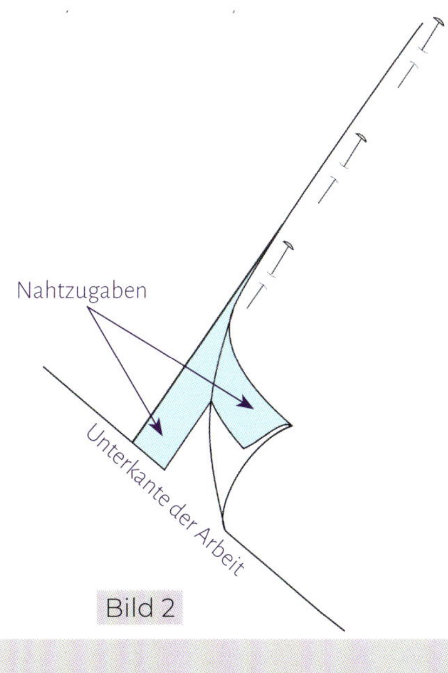

Bild 2

Schließen der Taillenabnäher

Beim Zusammenfügen des Nesselmodells wird stets zuerst der Abnäherinhalt auf der Taillenlinie geschlossen, dann die gesamte Abnäherlänge (Bild 1). Der abgesteckte Abnäherinhalt wird zur Mitte umgelegt. Stecken Sie so sämtliche Taillenabnäher an Vorder- und Rückenteil ab.

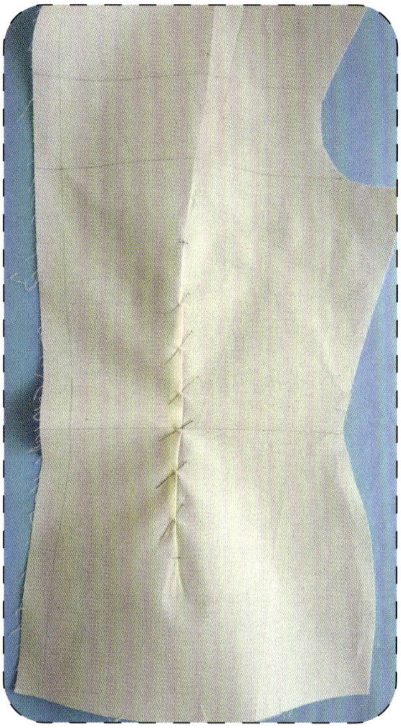

Bild 1

Schließen des Brustabnähers

Um den Brustabnäher zu schließen, beginnt man an der Schulterlinie. Dank des bei der Schnittzeichnung konstruierten Abnäherdachs (siehe S. 53) können Abnäherinhalt und Schulterneigung wie vorgesehen gearbeitet werden. Den Abnäherinhalt so nach innen falten, dass eine gerade Schulterlinie entsteht, und die erste Stecknadel anbringen (Bild 2). Den Abnäherinhalt zur vorderen Mitte umlegen.

Dann die Abnäherschenkel aufeinanderlegen und den Abnäher der Länge nach abstecken. Dabei alle 4–5 cm eine Nadel setzen und an der Brust eine Abflachung von etwa 2 cm vorsehen.

Profitipp

Nach dem Schließen des Brustabnähers muss die Schulterlinie ganz gerade sein. Kontrollieren Sie dies mithilfe eines Lineals (Bild 2) und korrigieren Sie die Linie bei Bedarf. Dabei die 26°-Neigung beachten (S. 41 und 52).

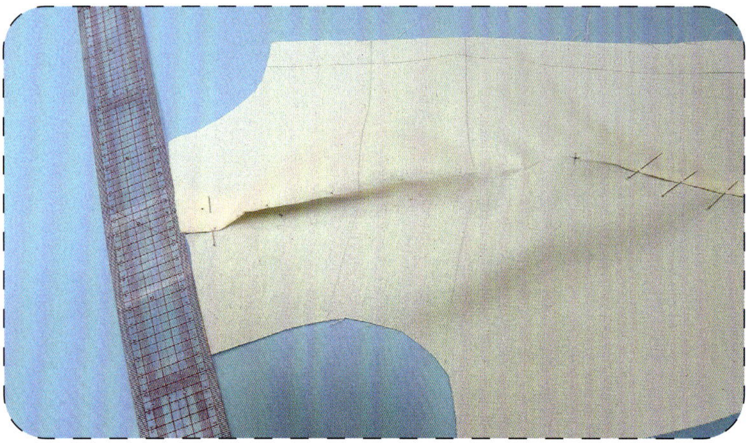

Bild 2

Abflachung an der Brust

Der Brustabnäher aus der Schulter und der Taillenabnäher bilden am Vorderteil eine durchgehende Linie (S. 45, Bild 5). In der Praxis wird diese Linie jedoch durch den Brustpunkt unterbrochen – sonst würden beide geschlossenen Abnäher eine Spitze („Tüte") bilden. Um dies zu vermeiden, enden beide Abnäher jeweils etwa 2 cm vor dem Brustpunkt; so entsteht die sogenannte Abflachung. Das exakte Maß der Abflachung hängt von Form und Umfang der Brust ab und muss daher je nach Figurtyp angepasst werden.

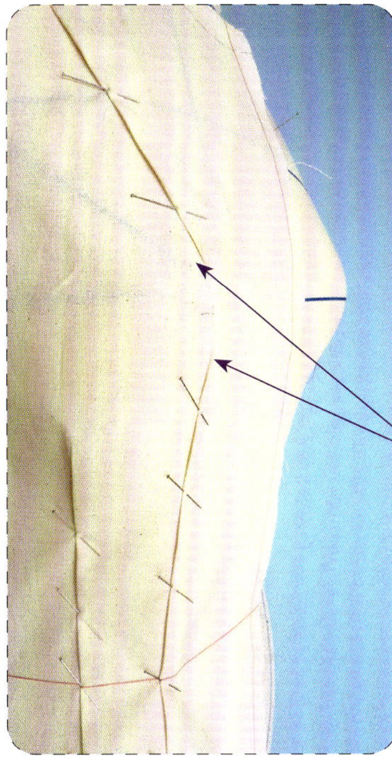

Bild 3

Bild 4

Schließen des hinteren Schulterabnähers

Wie beim Brustabnäher beginnt man auch hier an der Schulterlinie. Da Abnäherinhalt und -länge bei diesem Abnäher sehr gering sind, muss ganz exakt abgesteckt werden. Nach dem Schließen des Abnähers wie beim Brustabnäher mit einem Lineal kontrollieren, ob die Schulterlinie vollkommen gerade verläuft (Bild 4).

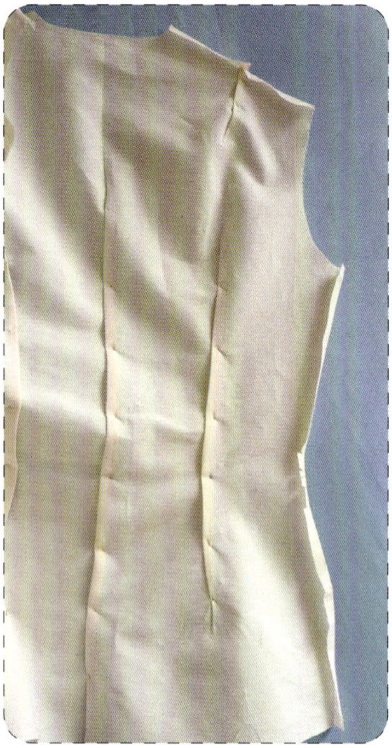

Bild 5

Seitliche Nahtzugaben

Die Seitenlinie besteht aus zwei unterschiedlich geformten Partien. Die erste Partie – von der Armausschnitt- bis zur Taillenlinie – ist eine gerade Linie; hier dürften Sie daher beim Abstecken keine Probleme haben. Die zweite Partie – von der Taille bis zur Hüfte – verläuft aufgrund der Hüftform leicht gerundet und ist daher nicht so leicht abzustecken. Um das Zusammenfügen zu erleichtern und an beiden Kanten eine gleichmäßige Nahtzugabe zu erhalten, ist unbedingt zu empfehlen, die Nahtzugabe des Rückenteils 1 cm breit umzubügeln (Bild 5).

Zusammenfügen der Seiten

Wie bei den Taillenabnähern beginnt man auch hier an der Taillenlinie. Das Vorderteil auf einer flachen Unterlage ausbreiten, die zuvor umgebügelte Nahtzugabe des Rückenteils entsprechend der Nahtzugabenbreite auf die Kante des Vorderteils legen. Eine erste Stecknadel so stecken, dass die Taillenlinien an beiden Seiten genau aufeinanderliegen. Anschließend die beiden Armausschnittlinien exakt angleichen (Bild 6). Nun zwischen Armausschnitten und Taille in gleichmäßigem Abstand mehrere Stecknadeln stecken.

Das Zusammenfügen der unteren Partie des Oberteils ist etwas kniffliger. Man muss dabei sehr genau aufpassen, dass die abgerundete Form nicht abgeflacht wird. Beim Zusammenfügen fortlaufend kontrollieren, dass die Nahtzugabe stets die vorgesehene Breite behält und die beiden Kanten (Vorder- und Rückenteil) angeglichen sind. Das Zusammenstecken dieser Partie an der Taillenlinie beginnen und bis zum Saum fortsetzen.

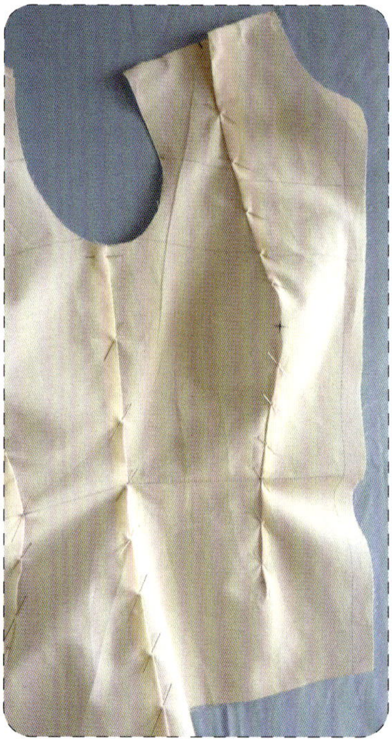

Bild 6

Zusammenfügen der Schultern

Dieser letzte Schritt zum Zusammenfügen des Probeschnitts ist etwas knifflig. Die bisher angewandte Methode (Abstecken an einer Umbruchkante) setzt voraus, dass der Umbruch an der hinteren Schulter exakt auf die Kante der vorderen Schulter gelegt wird, wobei die Nahtzugaben der Schultern zum Rückenteil zeigen. Dabei befindet sich der Stoff des Rückenteils automatisch unter der Schulternaht, sodass man aufpassen muss, dass man ihn nicht mit feststeckt.

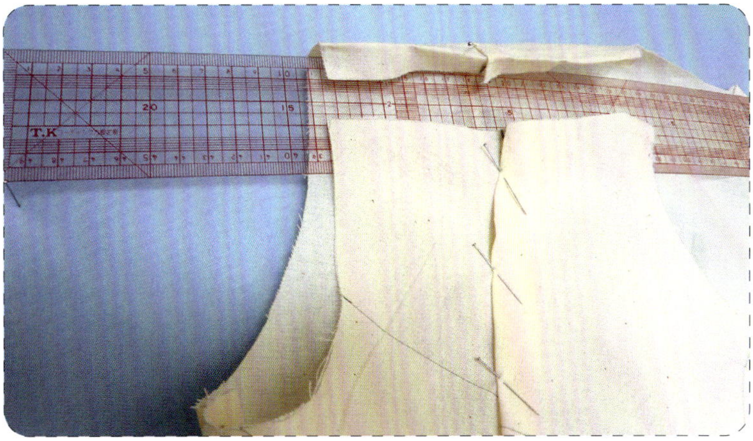

Bild 7

Einfacher geht dies, wenn Sie das Oberteil so hinlegen, dass der hintere Armausschnitt genau über den vorderen gelegt wird. Die Nahtzugabe der Schulter ist nach hinten umgelegt, der Umbruch dieser Nahtzugabe am Rückenteil muss also zuvor umgefalzt werden (Bild 7).

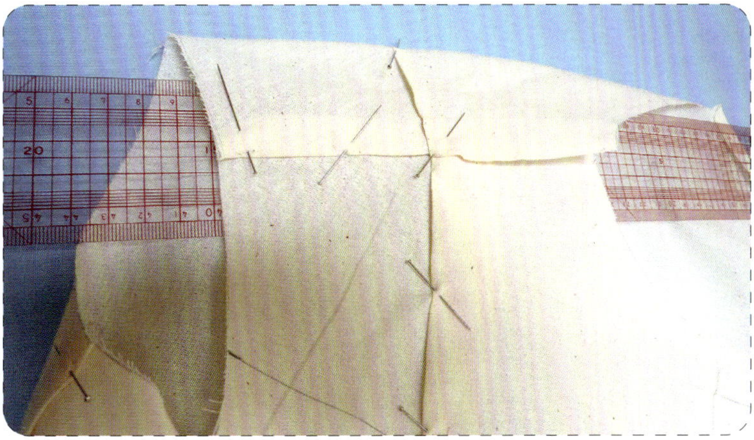

Bild 8

Nun ein Lineal zwischen die beiden Stofflagen schieben (Bild 7). Zuerst an Brust- und Schulterabnäher zusammenstecken, die genau auf einer Linie liegen müssen. Die umgefalzte hintere Nahtzugabe so legen, dass auch die vordere Nahtzugabe 1 cm beträgt. Die Kanten von Arm- und Halsausschnitt an der Schulterlinie genau angleichen (Bild 8).

ANPROBE DES OBERTEILS

Bei der Anprobe muss äußerst sorgfältig und präzise gearbeitet werden. Es werden mit Sicherheit Passformprobleme auftreten, die sich aus dem individuellen Körperbau der Person ergeben, für die das Oberteil konstruiert wurde. Doch für jedes Problem, das bei der Anprobe des Nesselmodells auftritt, gibt es eine passende Lösung.

Der Probeschnitt aus Nessel formt den Körper exakt ab. Zur Anprobe darf nur leichte ärmellose Kleidung getragen werden (z. B. ein dünnes Top), damit das Ergebnis nicht durch dicke Stofflagen verfälscht wird.

Die hier gezeigte Anprobe und die anschließenden Korrekturen sind entscheidend für die Anfertigung maßgeschneiderter Kleidung. Dabei können die zahlreichen Fehler oder Ungenauigkeiten eines Schnittmusters korrigiert werden. Auf den folgenden Seiten werden die häufigsten Probleme behandelt.

Das wichtigste bei der Anprobe ist der korrekte Fall des Stoffes, d. h., dass alle auf dem Probeschnitt eingezeichneten vertikalen Linien (hintere und vordere Mitte, Seitenlinien, Mitte der Abnäher ...) genau senkrecht fallen und exakt mit den Bandmarkierungen an der Schneiderbüste übereinstimmen.

Profitipp

Damit die Fehler sowie deren Korrekturen gut zu sehen sind, wird die Anprobe hier an einer Schneiderbüste gezeigt.

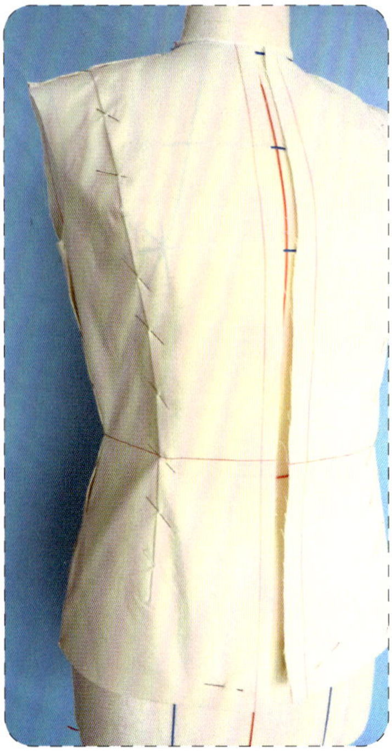

Bild 1

VORDERE MITTE

Das Oberteil anziehen, ohne es vorn zu schließen, und den Fall der beiden vorderen Kanten kontrollieren: Sie müssen parallel zueinander genau senkrecht verlaufen und dürfen weder auseinanderklaffen noch sich überschneiden. Stimmt alles, bedeutet dies, dass die Schulterneigung und der Abnäherinhalt des Brustabnähers korrekt berechnet und konstruiert wurden und der individuellen Körperform entsprechen.

Diese erste Beurteilung des Oberteils ist von entscheidender Bedeutung. Wenn die vordere Mitte korrekt fällt, sind am Oberteil vielleicht noch einige abschließende kleine und einfache Korrekturen erforderlich. Stimmt die vordere Mitte jedoch nicht, müssen meist Länge und Inhalt der Abnäher oder die Schulterneigung korrigiert werden, oder man muss an der unteren Partie des Oberteils ab der Taillenlinie die Seitenlinien nach vorn oder hinten versetzen.

Korrektur auseinanderklaffender Vorderkanten

Stehen die beiden Vorderkanten eines Oberteils an der oberen oder unteren Partie auseinander, ist die Hauptursache dafür ein Fehler in der Schulterneigung, dem Inhalt des Brustabnähers oder der Länge des Vorderteils.

Überprüfen Sie zunächst auf dem Schnittmuster, ob das am Körper abgenommene Maß (S. 20, Bild 1) und die auf das Schnittmuster übertragene Höhe (S. 35, Bild 3, Schritt 10) identisch sind. Weichen die Maße voneinander ab, müssen Sie das Schnittmuster korrigieren, das neue Vorderteil ausschneiden und mit den übrigen Teilen zusammenfügen. Sind diese Maße korrekt, muss die Schulterneigung korrigiert werden: Die auf dem Grundschnitt verwendeten Maße (S. 41, Vorderteil 26°, Rückenteil 18°) entsprechen nicht der individuellen Figur und müssen angepasst werden.

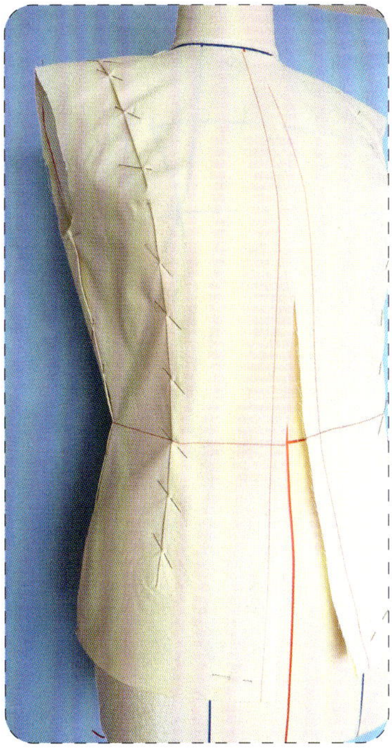

Bild 2

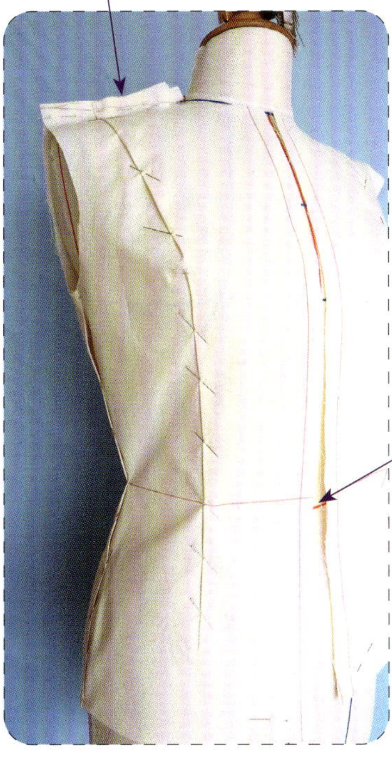

Bild 3

Änderung der Schulterneigung

Die Stecknadeln, mit denen die Schultern zusammengefügt sind, entfernen und das Vorderteil etwas anheben; dabei beobachten, wie sich die auf den Stoff gezeichnete vordere Mitte verhält (Bild 1). Wenn sie genau senkrecht fällt, diese Position durch Feststecken des schmalen Umschlags an der Schulter fixieren (Bild 3).

Achtung: Wenn Sie das Vorderteil anheben, wird auch der Halsausschnitt nach oben verlegt. Daher muss die Höhe des Halsausschnitts neu eingezeichnet werden (Bild 5).

Wenn Sie diese Korrektur vornehmen, steht der Stoff an der Schulterbreite ein wenig über. Daher nach dem korrekten Maß neu abstecken, das Nesselmodell ausziehen und flach hinlegen, um auf dem Stoff die korrigierten Linien von Halsausschnitt und Schulterneigung exakt nachzuzeichnen.

Es kann vorkommen, dass nach Durchführung der Korrektur die Schulterbreite nicht ausreichend ist. In diesem Fall ein kleines Stück Stoff ansetzen und flach, d. h. etwas überlappend, feststecken, damit keine Nahtzugabe aufträgt (S. 67, Bild 3). Dann die Schulterbreite und Schulterneigung neu zeichnen.

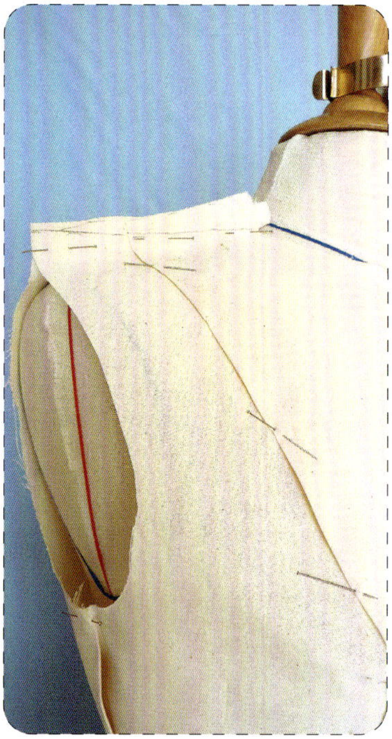

Bild 4

Bild 5

Profitipp

Bei der Anprobe einen korrekten Sitz der vorderen Mitte zu erreichen, ist nicht ganz einfach und erfordert größte Genauigkeit. Es ist jedoch äußerst wichtig, da von diesem Schritt die folgenden Anpassungen des Nesselmodells an die Figur abhängen.

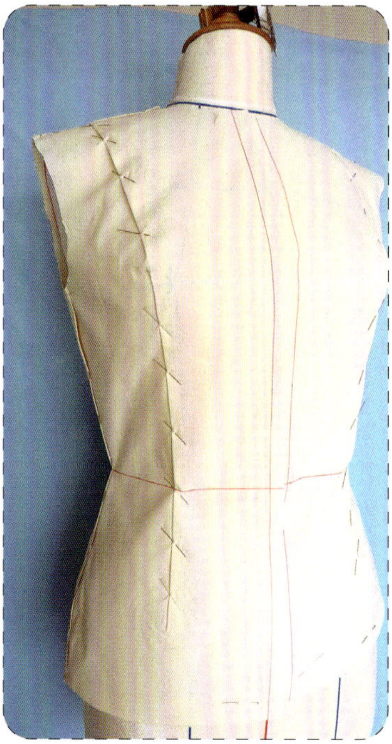

Bild 6

Den Fall der Vorderkanten kontrollieren

Natürlich wird nicht nur eine Seite des Vorderteils korrigiert, sondern dieselbe Überprüfung und Korrektur auch an der anderen Schulter vorgenommen. Anschließend das korrigierte Oberteil wieder anziehen und erneut den Fall der beiden Vorderkanten kontrollieren: Sind sie nun genau senkrecht, ohne oben oder unten auseinanderzuklaffen, können Sie zum nächsten Schritt der Anprobe übergehen. Ansonsten müssen Sie die Korrektur von vorn beginnen, bis das Ergebnis stimmt.

RÜCKENTEIL

Am Nesselmodell ist der Sitz des Rückenteils, der vom senkrechten Fall der hinteren Mitte abhängt, in der Regel korrekt. Dass die hintere Mitte nicht senkrecht verläuft, kommt ganz selten vor, denn es kann nur passieren, wenn die beiden Schultern nicht die gleiche Neigung haben oder beim Zusammenfügen die Nahtzugaben nicht beachtet wurden. Die hinteren Taillenabnäher kommen nicht bei allen Modellen vor, doch am Probeschnitt aus Nessel sind sie unverzichtbar, da hier der Stoff ganz eng am Körper anliegen soll – ohne die Abnäher würde er an der Taille vom Körper abstehen. Bei Standardschnitten beträgt ihr Abnäherinhalt 1 cm, doch beim Maßschnitt müssen sie an die individuelle Körperform angepasst werden.

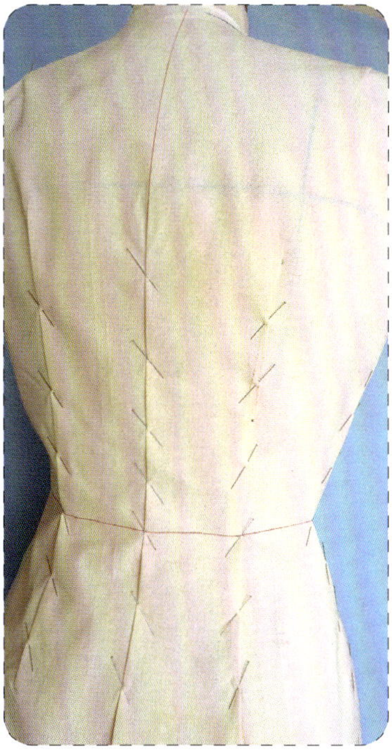

Bild 1

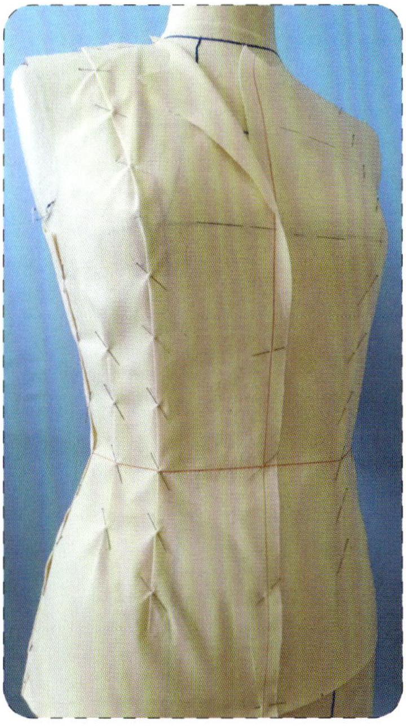

Bild 2

VORDERE TAILLENABNÄHER

Der nächste Schritt der Anprobe ist die Überprüfung der Position der vorderen Abnäher. Dazu das Vorderteil so schließen, dass sich Über- und Untertritt überlappen und die senkrechte Linie der vorderen Mitte am rechten Vorderteil genau auf der vorderen Mitte des linken Vorderteils liegt. Zusammenstecken, dabei an der Taillenlinie beginnen und darauf achten, dass die waagrechte Taillenlinie beider Vorderteile genau auf einer Höhe verläuft. Ebenso auch die anderen waagrechten Linien (Armausschnitt-, Oberbrust-, obere Hüft- und Hüftlinie) aneinander ausrichten. Bei der Schnittkonstruktion haben Sie je nach Ihren Berechnungen einen (S. 54) oder zwei Abnäher (S. 58) eingezeichnet, doch bei der Anprobe können diese entsprechend der individuellen Körperform verlegt oder entfernt werden. Die Abnäher dürfen keine Falten werfen; der Nesselstoff muss schön glatt am Körper anliegen. Ist dies nicht der Fall, entfernen Sie die vorhandenen Abnäher und konstruieren Sie neue, die der Figur besser angepasst sind.

Bei diesem Schritt der Schnittmusterkorrektur können Sie sich an einem anderen Titel derselben Autorin orientieren: *Schnittkonstruktion in der Mode – Drapieren.*

SEITENLINIE

Der korrekte Fall der Seitenlinie kann nur am geschlossenen Oberteil kontrolliert und gegebenenfalls korrigiert werden, und zwar nach der Überprüfung der vorderen und hinteren Mitte.
Wie alle vertikalen Linien des Probeschnitts muss die Seitenlinie an der im Profil betrachteten Figur ganz senkrecht verlaufen (Bild 1), auch wenn sie von vorn betrachtet durch die Hüften und die Taillenabnäher geschwungen verläuft.
Es kommt vor, dass diese Linie nach vorn oder hinten abweicht, in der Regel ab der Taillenlinie abwärts. Meist liegt das an der Wölbung des Gesäßes, seltener an der des Bauches. Es bedeutet nicht unbedingt, dass die Schnittkonstruktion nicht korrekt durchgeführt wurde oder Ihre Berechnungen falsch waren, sondern liegt oft einfach an einer sehr speziellen Figur.
Ab dem Punkt, an dem die Linie von der Senkrechten abweicht, mit einem ganz weichen Bleistift (z. B. B2) den korrekten Linienverlauf aufzeichnen, ohne die zusammengesteckte Seitennaht zu beachten. Anschließend so weit wie nötig die Stecknadeln entfernen und einen Stoffstreifen auf der Seite der Linie ansetzen, an der es an Weite fehlt (dies kann am Rückenteil oder am Vorderteil sein), um eine senkrechte Seitenlinie zu erhalten. Der Streifen muss ganz flach, also nur etwas überlappend, angesetzt werden, damit er nicht aufträgt (Bild 2).

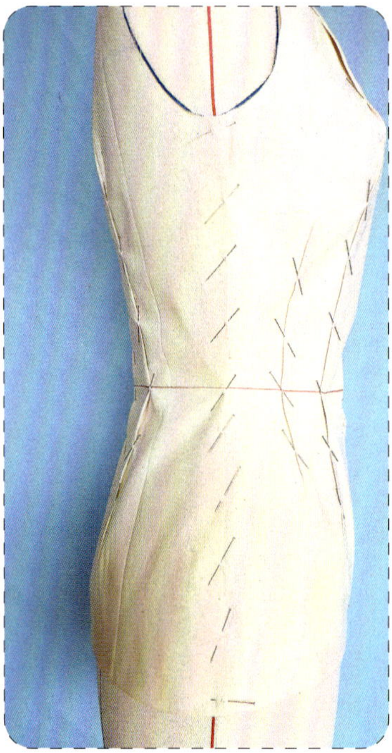

Bild 1

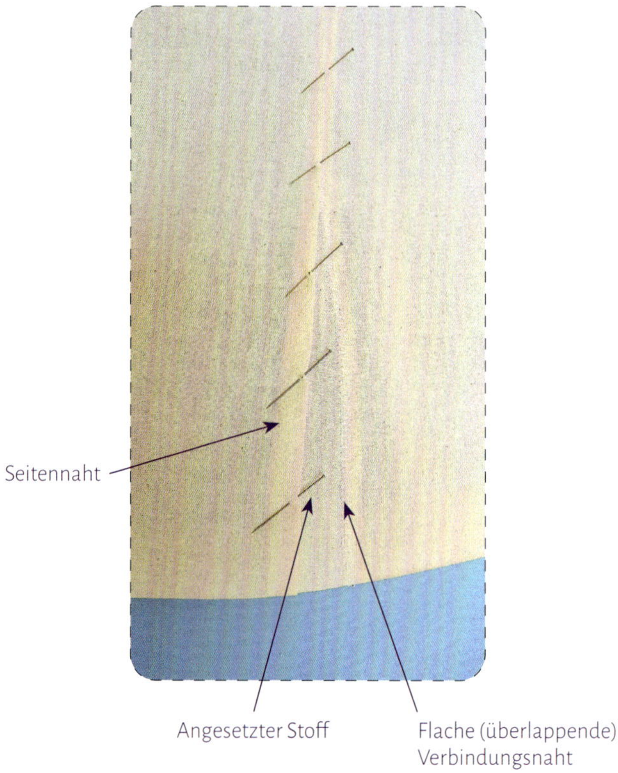

Bild 2

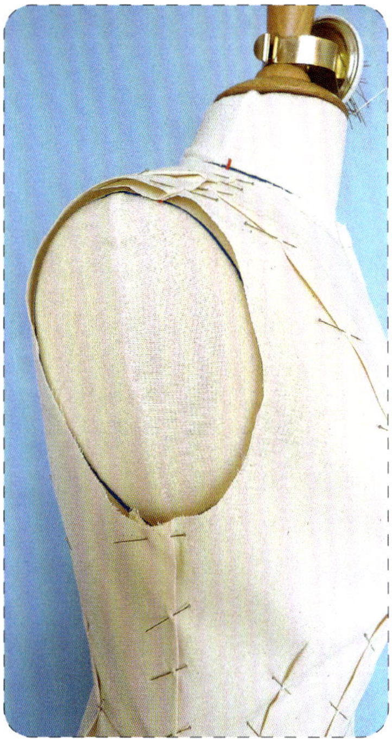

Bild 1

ARMAUSSCHNITT

Dieser Korrekturschritt ist äußerst wichtig, denn ein schlecht an die Figur angepasster Armausschnitt führt dazu, dass sich unter dem Arm zu viel Stoff befindet, der dann Falten wirft (S. 46, Bild 1), und dass der Ärmel nach dem Einnähen nicht gut sitzt.

Ein korrekt konstruierter Armausschnitt muss rings um den Arm gut anliegen. Dies wird ausschließlich durch die Abnäherinhalte des Brustabnähers und hinteren Schulterabnähers erzielt. Bei der Konstruktion eines Schnittmusters nach Standardmaßen beträgt der Abnäherinhalt $^{1}/_{20}$ des Brustumfangs + 1 cm (siehe S. 49). Bei einer Maßschnittkonstruktion muss er jedoch an das Brustvolumen angepasst werden.

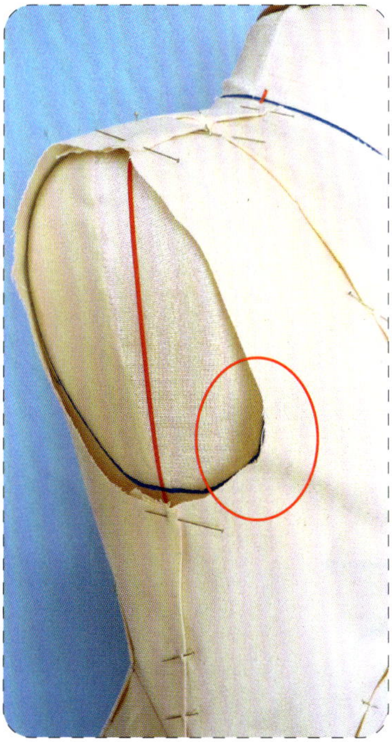

Bild 2

Korrektur vorderer Armausschnitt

Steht der Armausschnitt unten ab, liegt dies oft daran, dass der Abnäherinhalt des Brustabnähers nicht stimmt, seltener hingegen an einem Fehler beim Zusammennähen (Nahtzugabenbreite nicht beachtet).

Um den Fehler zu beheben, muss der Inhalt des Brustabnähers vergrößert werden. Dazu die Stecknadeln entlang der Schulterlinie und dem Abnäher entfernen. Dann im Abnäher so viel mehr Stoff fassen, dass der überschüssige Stoff am Armausschnitt komplett aufgenommen wird. Den Brustabnäher mit dem neuen Inhalt abstecken (dieser Wert muss anschließend auch auf den Papierschnitt übertragen werden, siehe S. 85). Durch diese Anpassung verschiebt sich die Schulterlinie, die daher nach dem Schließen des Abnähers neu gezeichnet und abgesteckt werden muss (S. 52, Bild 7).

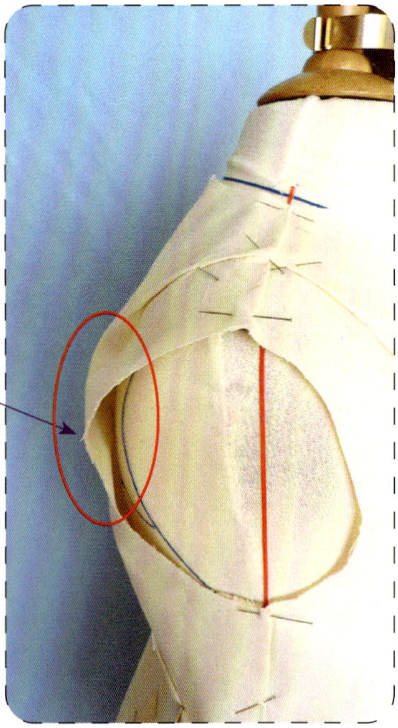

Bild 3

Korrektur hinterer Armausschnitt

Der hintere Schulterabnäher spielt die gleiche Rolle wie der Brustabnäher am Vorderteil: Er dient dazu, dass die halbrund verlaufende Linie des Armausschnitts rings um den Arm gut anliegt. An einem Standardschnitt beträgt der Inhalt dieses Abnähers etwa 1 cm, doch bei einem Maßschnitt wird er dadurch bestimmt, wie ausgeprägt die individuelle Rundung von Rücken und Schultern ist.

Um den überschüssigen Stoff zu entfernen, der sich an der abstehenden Kante des Armausschnitts zeigt, geht man ebenso vor wie beim vorderen Armausschnitt: Der Inhalt des Schulterabnähers wird vergrößert, anschließend werden die Armausschnittlinie (S. 76, Bild 6) und die ursprüngliche Schulterlinie (18°; S. 48, Bild 3) neu gezeichnet.

Profitipp

Es ist nicht zu empfehlen, den Armausschnitt und den Verlauf der vorderen Mitte in einem Arbeitsgang zu korrigieren, selbst wenn dazu in beiden Fällen der Abnäherinhalt des Brustabnähers oder des hinteren Schulterabnähers vergrößert werden muss. Beide Partien gleichzeitig zu bearbeiten, erfordert einige Erfahrung, da die Überprüfung der vorderen Mitte bei geöffnetem Vorderteil durchgeführt wird, die Korrektur des Armausschnitts jedoch bei geschlossenem Vorderteil.

ÜBERTRAGEN DER KORREKTUREN AUF DEN GRUNDSCHNITT

Die am Nesselmodell vorgenommenen Korrekturen müssen nun auf den Papierschnitt übertragen werden, am besten mit einem Farbstift, damit sie gut zu erkennen sind. Die Sicherheitsnadeln entfernen, um das Rückenteil vom Vorderteil zu trennen. Auch die Stecknadeln zur Markierung der Abnäherinhalte entfernen.

Das Rückenteil aus Nessel auf den Papierschnitt des Rückenteils legen. Dazu zuerst die hintere Mitte von Stoff und Papier genau aufeinanderlegen, dann die waagrechten Konstruktionslinien: Hüftlinie, Taillenlinie, Armausschnittlinie und Oberbrustlinie. Jeweils an deren Schnittpunkt mit der hinteren Mitte feststecken.

Vor dem nächsten Schritt prüfen, ob das Nessel-Schnittteil ganz flach auf dem Papierschnitt liegt, da dies für das Endergebnis entscheidend ist.

Nun die zuvor am Nesselmodell vorgenommenen Korrekturen auf das Papier übertragen, z. B. den Inhalt des Schulterabnähers oder die Position der Taillenabnäher. Die Seitenlinie oder die Schulterneigung berichtigen. Alle Markierungen auf dem Nesselstoff müssen auf den Papierschnitt übertragen werden.

Die Schnittteile aus Stoff und Papier müssen identisch sein.

Profitipp

Der Nesselstoff wird vor dem Zuschneiden gebügelt, doch niemals während der Anprobe, da Wärme und Dampf den Stoff verformen könnten.

Achtung!

Auf den Seiten 78–84 wird gezeigt und mit zahlreichen Tipps erläutert, wie bei der Anprobe die gängigsten Konstruktionsfehler korrigiert werden können. Es ist zu empfehlen, die Korrekturen nur an einer Seite des Oberkörpers vorzunehmen, links oder rechts, und sie dann am flach (z. B. auf einem Tisch) ausgebreiteten Nesselmodell auf die andere Seite zu übertragen.

Bekanntermaßen ist der Körper in der Vertikalen (Senkrechten) nicht perfekt symmetrisch. Meist ist die Asymmetrie mit bloßem Auge nicht oder kaum zu erkennen. Sind die Unterschiede zwischen beiden Seiten jedoch ausgeprägter, muss die Anpassung des Grundschnitts für jede Seite separat (nacheinander) durchgeführt werden. Dabei anhand der Konstruktionslinien kontrollieren, ob der Stoff stets genau senkrecht fällt.

Welche Korrektur Sie auch durchführen, Sie müssen immer darauf achten, dass hintere und vordere Mitte genau senkrecht fallen und die Taillenlinie genau waagrecht verläuft.

DER FERTIGE GRUNDSCHNITT

Damit man am Grundschnitt je nach den Modellen, die man nähen möchte, Veränderungen vornehmen kann, müssen die Bewegungs- und Nahtzugaben entfernt werden, die das Ergebnis verfälschen würden.
Die **Bewegungszugaben des Grundschnitts** sind nur selten passend für alle Modellschnitte. Generell hängen die Weitenzugaben eines Modells vom Kleidungsstil, von persönlichen Vorlieben oder der gewünschten Bequemlichkeit ab. Aus diesem Grund sollte der Grundschnitt keinerlei Weitenzugaben enthalten. Wenn Weitenzugaben erforderlich sind, ist es besser, diese erst unmittelbar vor der Umwandlung des Grundschnitts in den gewünschten Modellschnitt anzufügen.
Die **Nahtzugaben** hingegen müssen nach den Abänderungen am fertigen Grundschnitt angefügt werden.
Bei der Konstruktion eines Grundschnitts, der Nahtzugaben enthält, muss man sich während des Zusammenfügens und der Anprobe des Nesselmodells genau merken oder notieren, an welchen Kanten bereits Nahtzugaben angefügt sind und an welchen nicht. Es ist nicht zu empfehlen, die Überprüfung des Nesselmodells bereits mit Nahtzugaben an allen Kanten durchzuführen, da dies schwierig und oft ungenau ist.
Um jeden Irrtum auszuschließen, sollten Sie den Grundschnitt nach den Korrekturen bei der Anprobe erneut ohne Weitenzugaben und ohne Nahtzugaben abpausen.

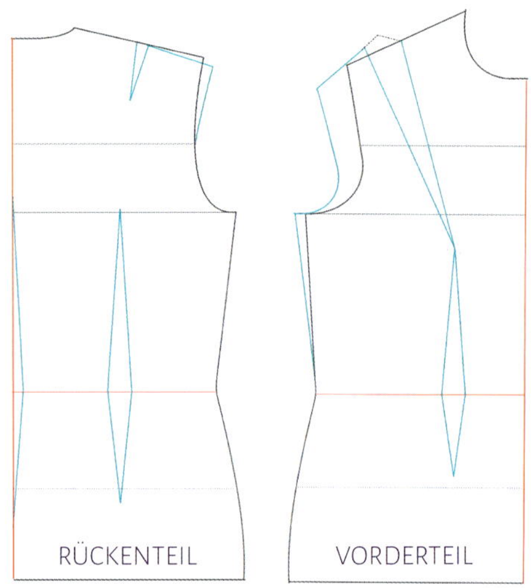

Bild 1

ZWEI SCHNITTMUSTER AUF EINEM BOGEN

Wie bereits gezeigt wurde, wird die Konstruktion eines Schnittmusters in zwei großen Etappen durchgeführt. Im ersten Schritt wird nach den abgenommenen Körpermaßen der grobe Umriss der Figur aufgezeichnet (Bild 1, schwarze Linien). Dieses Schnittmuster stellt keine dreidimensionalen Formen und Rundungen dar. Um es an die Körperform anzupassen, müssen auf der Grundzeichnung die Elemente eingezeichnet werden, die es ermöglichen, die Formen von Taille, Brust und Hüften, die Rundung des Rückens usw. darzustellen. Diese Anpassung erfolgt durch das Anbringen von Abnähern (Bild 1, blaue Linien).

VERWENDUNG DER BEIDEN SCHNITTMUSTER

Diese beiden Schnittmuster sind nicht voneinander zu trennen. Man benötigt auf jeden Fall eine Grundzeichnung, den Umriss der Figur, um anschließend die Abnäher anzubringen.

Der vollständige Schnitt (Bild 1), der also die Abnäher enthält, wird zum Zuschneiden des Nesselmodells verwendet, an dem die notwendigen Korrekturen durchgeführt werden, damit der Probeschnitt den Körper wirklich genau abformt. Er wird auch für die meisten Konstruktionen figurnaher Modelle (Jacken, ärmellose Oberteile) verwendet, die durch den Brustabnäher einen korrekt sitzenden Armausschnitt erhalten.

Der Schnitt ohne Abnäher ist hingegen besser geeignet für die Anfertigung eines T-Shirts, einer weiten Tunika oder eines Oberteils aus Stretchstoff. Die Auswahl des Schnittmusters richtet sich also nach dem gewünschten Modell.

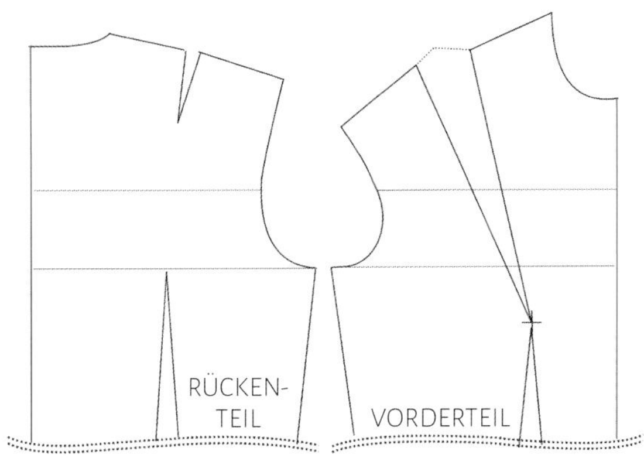

Bild 2

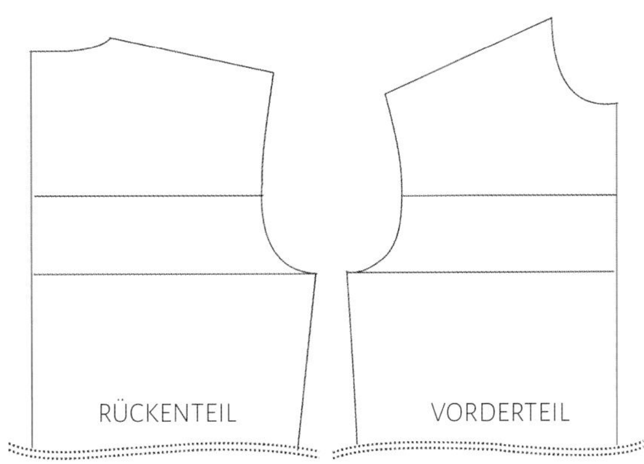

Bild 3

ANWENDUNGSBEISPIELE

Um zu entscheiden, welches der beiden Schnittmuster Sie verwenden, müssen Sie zunächst überlegen, welches Modell Sie nähen möchten und sich anschauen, wie dieses konstruiert ist. Betrachten Sie zuerst die Teilungsnähte, dann die Weite des Modells (die Passform, z. B. figurnah oder sehr weit). Denken Sie dann an die Bewegungszugabe am Armausschnitt und an die Form des Ärmels. Auf der Basis all dieser Informationen sind Sie dann in der Lage, das geeignete Schnittmuster für die Konstruktion dieses Modells auszuwählen. Unten sehen Sie einige Beispiele für die Verwendung der Schnittmuster je nach gezeigtem Modell.

Bild 1A

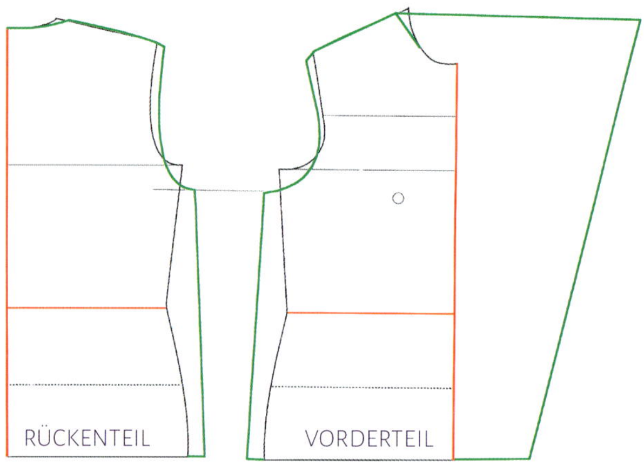

Bild 1B

Bei dieser gerade geschnittenen Jacke, die vorn weit fällt und breit übereinandergeschlagen wird, wurde die Modellabwandlung (Bild 1B, in Grün) des Grundschnitts (Bild 1B, in Schwarz) auf der Basis des einfachen Schnittmusters ohne Abnäher durchgeführt.

Der Schnitt dieser gefütterten Jacke (Bild 2B, in Grün) mit Strickbündchen an Saum, Ärmeln und Kragen wird ebenfalls auf der Basis des einfachen Grundschnitts entwickelt (Bild 2B, in Schwarz).

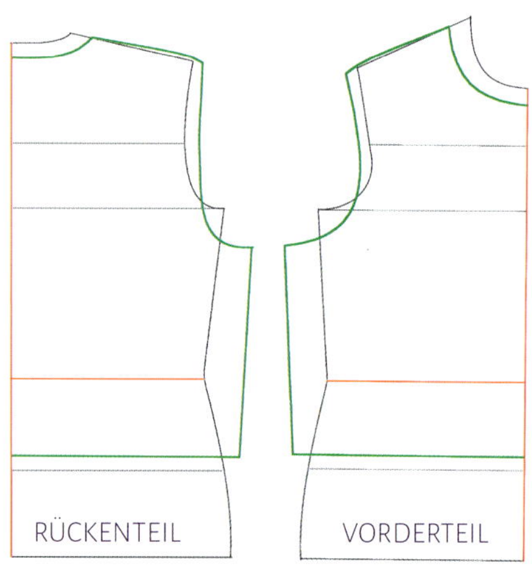

Bild 2B

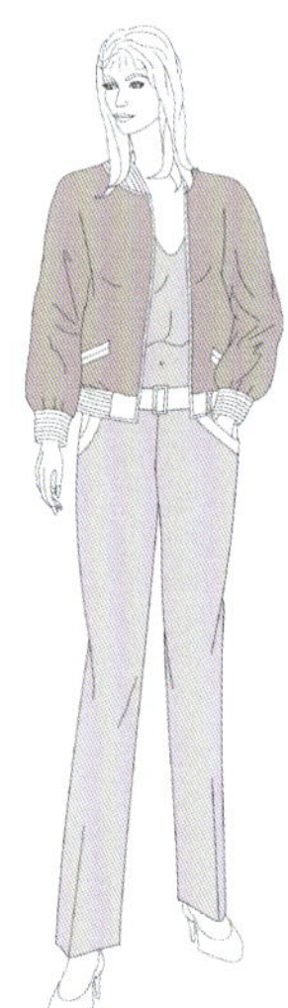

Bild 2A

Dieses Kleid mit lockerem Sitz in der Taille hat Kimonoärmel, die am Unterarm jedoch schmal anliegen. Auch hier fiel die Wahl auf den einfachen Schnitt ohne Standardabnäher.

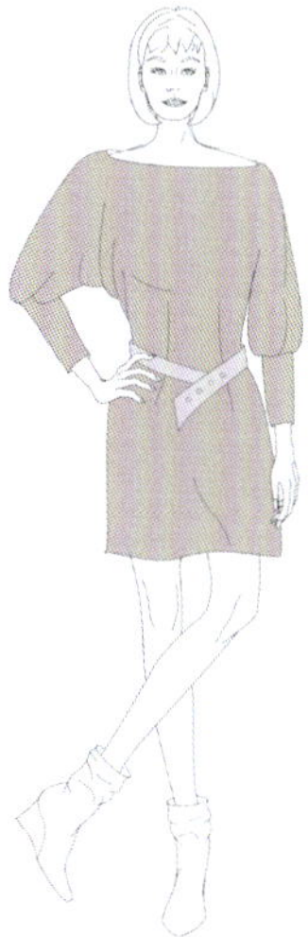

Bild 3A

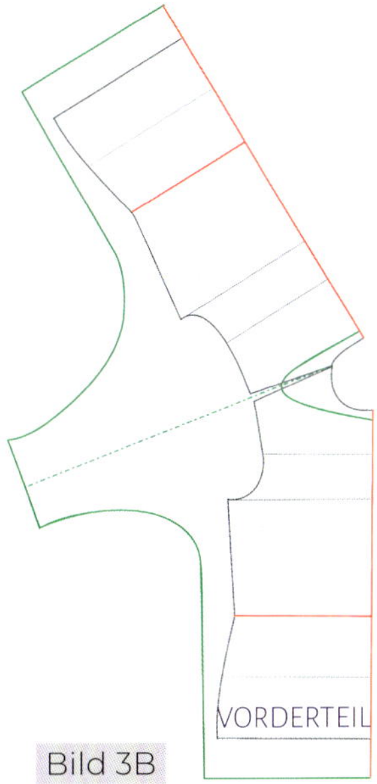

Bild 3B

Bei dieser leichten ungefütterten Jacke, figurnah mit Wiener Nähten und an der vorderen Mitte geknöpft, müssen die Teilungsnähte beachtet werden. Der hintere Schulterabnäher und der Brustabnäher werden in den Armausschnitt verlegt und gehen fließend in den Taillenabnäher über.

Für die Abwandlung in dieses Modell muss der komplette Grundschnitt mit Brust-, Schulter- und Taillenabnähern verwendet werden.

Bild 4A

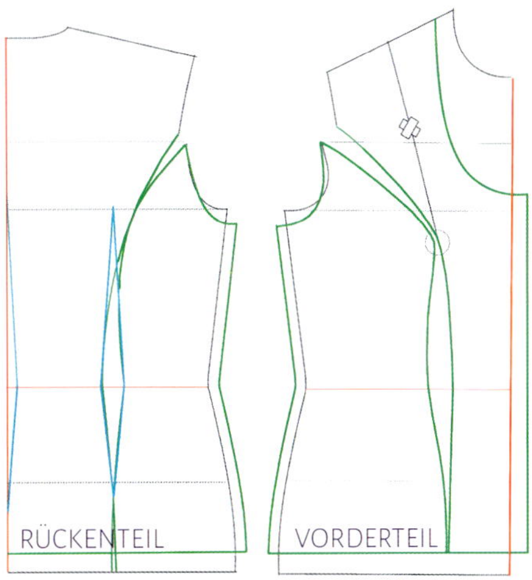

Bild 4A

ÄRMEL

Neben den technischen Details spielen beim Ärmel Aussehen und Bequemlichkeit eine entscheidende Rolle. Form und Maße der Armkugel, also Höhe, Breite und Einhalteweite, müssen exakt den Maßen des Armausschnitts entsprechen. Da der Ärmel zweifellos eines der Elemente ist, die am schwierigsten zu konstruieren und zu nähen sind, nehmen Sie sich die Zeit, alle Erläuterungen gründlich zu lesen, damit Sie die Bedeutung der einzelnen Linien auf dem Schnittmuster verstehen.

Es gibt keinen Ärmelgrundschnitt, daher muss für jedes Oberteil ein Ärmel gemäß dem Armausschnitt konstruiert werden.

In diesem Kapitel wird die Konstruktion eines Ärmelschnitts Schritt für Schritt erläutert. Alles, was Sie sonst noch brauchen, ist ein wenig Geduld!

BESONDERHEITEN des Ärmels

Von einem Ärmel wird oft gesagt, dass er gut sitzt oder sehr bequem ist – dabei denkt man gar nicht daran, dass dies unmittelbar mit zwei entscheidenden Faktoren zusammenhängt: der Konstruktion und dem Einnähen des Ärmels. Während man bei der Konstruktion eines Oberteils von den am Körper abgenommenen Maßen ausgeht und später noch einige Änderungen vornimmt, um das Modell besser anzupassen, geht man beim Ärmel ganz anders vor.

Bei der Konstruktion des Ärmels können die meisten Maße nicht am Körper abgenommen werden (Länge des Armausschnitts, Höhe der Armkugel, Ärmelbreite usw.) – außer natürlich der Ärmellänge und dem Armumfang an verschiedenen Stellen des Armes. Letztere werden übrigens erst bei der Überprüfung der Konstruktion verwendet, nicht zur Konstruktion selbst.

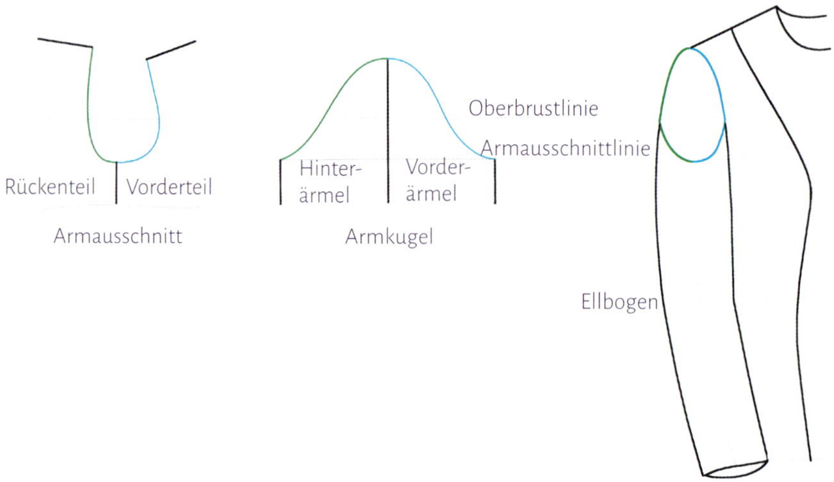

Der gute Sitz und der Tragekomfort eines korrekt eingenähten Ärmels hängen also einzig und allein von den Maßen ab, die nach der sorgfältigen Anpassung des Oberteils an die Figur am Armausschnitt abgenommen werden. Daher ist es ganz logisch, dass dieser Ärmel für kein anderes Modell verwendet werden kann.

Im Gegensatz zu Oberteil, Rock oder Hose, für die es jeweils einen Grundschnitt gibt, existiert für den Ärmel – ebenso wie für den Kragen – also kein Grundschnitt. Der Ärmel muss für jedes neue Modell und jede Stilrichtung neu konstruiert werden.

Notwendige Maße

Wie auf der vorigen Seite beschrieben, wird der Ärmel nach den Maßen des an die Figur angepassten und mit Bewegungszugaben versehenen Oberteils (S. 66, Bild 2) konstruiert. Folgende Maße werden dazu benötigt: Armausschnitthöhe (Bild 1, in Blau), hintere Armausschnittlänge (Bild 1, in Rot), vordere Armausschnittlänge (Bild 1, in Grün) und Armkugelbreite (S. 94, Bild 3).

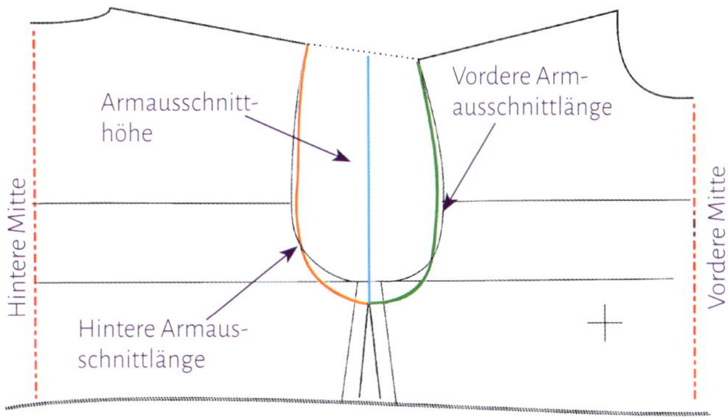

Bild 1

Armausschnitthöhe

Zur Ermittlung der Armausschnitthöhe das Rückenteil und das Vorderteil genau nebeneinanderlegen (Oberbrust- und Armausschnittlinien exakt auf einer Höhe, siehe Bild 1). Die äußeren Schulterpunkte durch eine Linie verbinden (schwarz gestrichelte Linie), dann vom unteren Ansatz des Armausschnitts eine Senkrechte bis zu dieser Linie ziehen (Bild 1, in Blau). Die Länge dieser Linie abmessen – dies ist die Armausschnitthöhe, die zur Berechnung der Höhe der Armkugel benötigt wird.

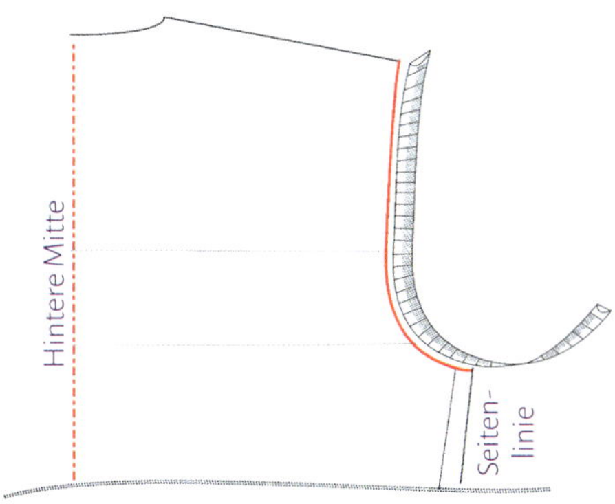

Bild 2

Hintere und vordere Armausschnittlänge

Mit einem Maßband, einem flexiblen Lineal, einer Kordel oder einer Schnur die Armausschnittlänge von Rücken- und Vorderteil separat abmessen; dabei ganz exakt der Rundung folgen. Die Maße notieren; sie dienen später zur Bestimmung der Ärmelbreite für genau dieses Oberteil.

Dieses Maß kann später eventuell noch korrigiert werden, falls es vom Armumfang abweicht (S. 25, Bild 11).

Armkugelbreite

Häufig ist die Bewegungsfreiheit des Armes eingeschränkt, da eine Jacke oder Bluse „kneift" und die Bewegung des Armes nach vorn behindert. Die Erklärung lautet oft, dass die untere Rückenbreite nicht ausreicht. In Wirklichkeit ist die Ursache jedoch meist eine zu geringe Armkugelbreite.

Dieses Maß ist sehr wichtig, denn es ist die korrekte Armkugelbreite, durch die ein Oberteil in Höhe der Oberbrustlinie bequem sitzt.

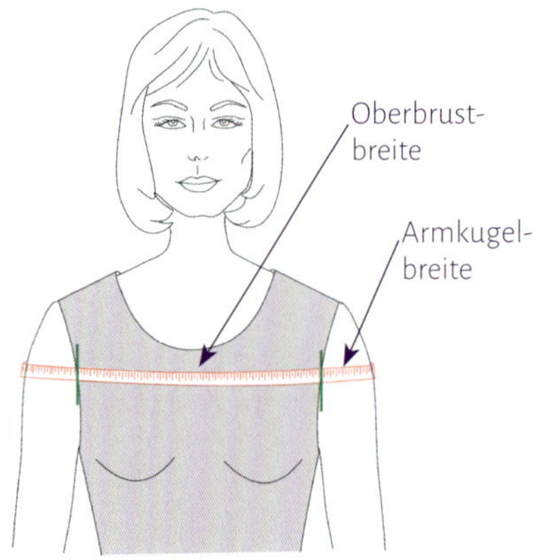

Bild 3

Zur Berechnung der Armkugelbreite zieht man vom Oberkörperumfang in Höhe der Oberbrustlinie (S. 22, Bild 3) die untere Rückenbreite und Oberbrustbreite ab und teilt das Ergebnis durch 2.

Beispiel: untere Rückenbreite = 38 cm (S. 19, Bild 3), Oberbrustbreite = 36 cm (S. 20, Bild 6), Oberkörperumfang = 118 cm. Zieht man die untere Rückenbreite (38 cm) und die Oberbrustbreite (36 cm) vom Oberkörperumfang (118 cm) ab, ergibt dies 118 – (38 + 36) = 44 cm. Das Ergebnis (44 cm) entspricht der Gesamtbreite beider Armkugeln. Teilt man dieses Maß durch 2, erhält man die Breite jeder Armkugel, also 22 cm.

Die Verwendung dieses Maßes bei der Ärmelkonstruktion ermöglicht es, sich zu vergewissern, dass der Ärmel später bequem sitzt. Das Maß kommt bei der Zeichnung des Ärmelschnitts zur Anwendung.

Berechnung der Armkugelhöhe

Die Armkugelhöhe ist sehr wichtig für die Konstruktion des Ärmels. Durch eine zu große, zu kleine oder auf andere Weise nicht in den Armausschnitt passende Armkugel fällt der Ärmel später nicht senkrecht und sitzt nicht gut.

Um eine Armkugelhöhe zu erhalten, die exakt zum jeweiligen Armausschnitt passt, zieht man von der Armausschnitthöhe $1/5$ ab.

Beispiel: Armausschnitthöhe = 22 cm (S. 93, Bild 1). $1/5$ von 22 cm = 22 : 5 = 4,4 cm. Die Armkugelhöhe beträgt also 22 – 4,4 = 17,6 cm.

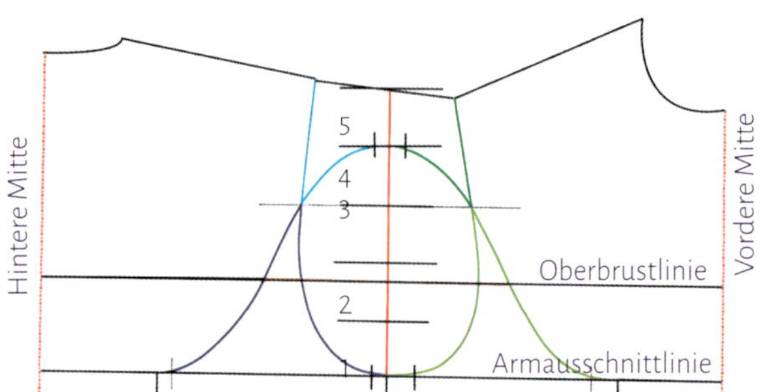

Bild 4

KONSTRUKTION DES ÄRMELS

Vergewissern Sie sich zunächst, ob Ihnen alle Maße vorliegen, die für die Konstruktion des Ärmels benötigt werden:

- Armausschnitthöhe
- hintere Armausschnittlänge
- vordere Armausschnittlänge
- Armkugelbreite
- Oberarmlänge
- Armlänge
- Oberarmumfang

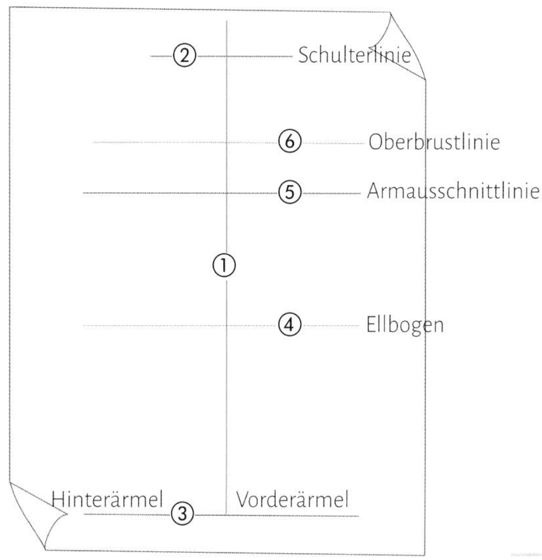

Bild 1

① Auf einem etwa 50 x 70 cm großen Bogen Papier in der Mitte eine senkrechte rote Linie ziehen: Dies ist die Referenzlinie, die den Ärmel in den Hinterärmel und den Vorderärmel teilt. Sie dient auch dazu, nach dem Einnähen den Fall des Ärmels zu überprüfen.

② Etwa 5 cm von der Oberkante des Papierbogens genau rechtwinklig zu der roten Senkrechten eine waagrechte Linie ziehen: Dies ist die Schulterlinie.

③ Ab der Schulterlinie das Maß der Gesamtlänge des Ärmels abtragen und dort eine waagrechte Linie ziehen.

④ Nun wird ab der Schulterlinie das Maß der Oberarmlänge abgetragen und dort eine waagrechte Linie gezogen: Dies ist die Ellbogenlinie.

⑤ Immer noch ab der Schulterlinie die Höhe der Armkugel berechnen (S. 94, Bild 4) und eine waagrechte Linie ziehen: Dies ist die Armausschnittlinie.

⑥ Ab der Armausschnittlinie die Höhe der Oberbrustlinie abmessen und eine waagrechte Linie einzeichnen. Dieses Maß ist das gleiche wie das am Oberteil berechnete Maß (S. 34, Bild 2).

Profitipp

Überprüfen Sie hier unbedingt alle Maße und vergewissern Sie sich, dass alle gezeichneten Linien genau waagrecht sind und zugleich exakt senkrecht zur roten Referenzlinie verlaufen. Von dieser ersten Etappe der Konstruktion hängen die gesamte weitere Schnittzeichnung sowie das Endergebnis ab. Ein Fehler an dieser Stelle würde unweigerlich zu einem falsch konstruierten Ärmel führen.

MASSNEHMEN – ARMKUGEL

Ein korrekt konstruierter Ärmel passt sich perfekt der geschwungenen Form des Armes an. Dazu müssen Form und Größe der Armkugel exakt dem Armausschnitt des Oberteils entsprechen.
Für diese Etappe der Konstruktion müssen Sie sich die nötige Zeit nehmen, damit das Modell später bequem ist und gut sitzt.

ÄRMELBREITE

① Die Ärmelbreite wird durch die Form des Armausschnitts und durch die am Oberteil je nach Stil des Modells zugefügten Weitenzugaben bestimmt. Jedes Mal, wenn Sie an der Form des Armausschnitts oder den Weitenzugaben etwas verändern, muss auch die Ärmelbreite proportional dazu geändert werden.
Die Ärmelbreite wird mithilfe der hinteren und vorderen Armausschnittlänge berechnet. Die Breite des Hinterärmels beträgt ¾ der hinteren Armausschnittlänge, die Breite des Vorderärmels ¾ der vorderen Armausschnittlänge.

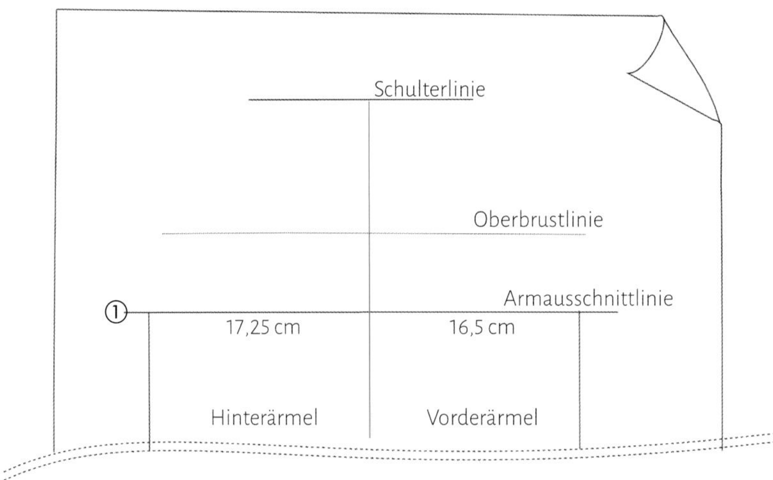

Bild 1

Beispiel: Hintere Armausschnittlänge = 23 cm, vordere Armausschnittlänge = 22 cm. Breite des Hinterärmels = ¾ von 23 cm (23 : 4 = 5,75 cm; 5,75 x 3) = 17,25 cm. Breite des Vorderärmels = ¾ von 22 cm (22 : 4 = 5,5 cm; 5,5 x 3) = 16,5 cm.
Nach der Berechnung die Ergebnisse für Hinter- und Vorderärmel getrennt auf der Armausschnittlinie abtragen, stets ausgehend von der Referenzlinie (Bild 1, in Rot). Ab den Markierungen jeweils eine Senkrechte bis zur Ärmelunterkante ziehen.

ÄRMELBREITE AUF DER OBERBRUSTLINIE

② Die Ärmelbreite an der Oberbrustlinie wird wie bei der Ärmelbreite an der Armausschnittlinie auf Hinterärmel und Vorderärmel verteilt. Dazu die Differenz zwischen der hinteren und vorderen Ärmelbreite berechnen.

Beispiel, ausgehend vom Beispiel auf der vorhergehenden Seite: Breite des Hinterärmels = 17,25 cm, Breite des Vorderärmels = 16,5 cm; 17,25 – 16,5 = 0,75 cm. Diese Differenz zwischen der Breite des Hinterärmels und des Vorderärmels muss an der hinteren Ärmelpartie hinzugefügt werden.

Beträgt die Armkugelbreite 22 cm, fügt man also die berechnete Differenz (0,75 cm) zur Breite des Hinterärmels auf der Oberbrustlinie hinzu und zieht sie von der Breite des Vorderärmels auf der Oberbrustlinie ab. Am Hinterärmel ergeben sich damit ([22 : 2] + 0,75) = 11,75 cm, am Vorderärmel ([22 : 2] – 0,75) = 10,25 cm auf der Oberbrustlinie.

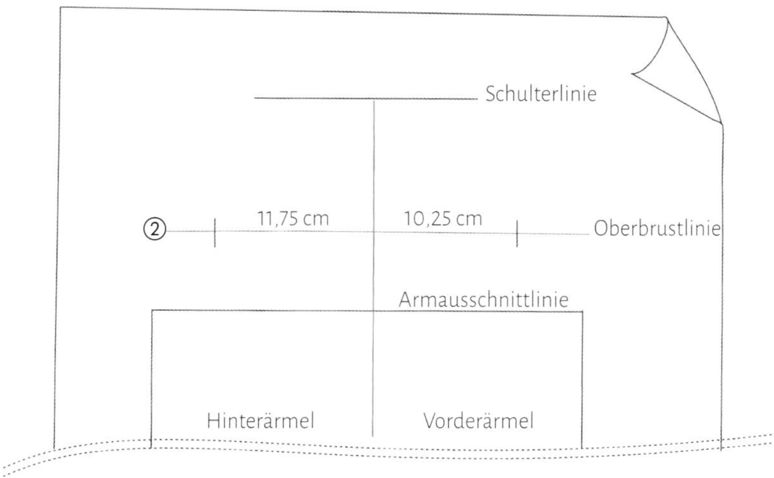

Bild 2

Orientieren Sie sich bei den Berechnungen an diesem Beispiel und setzen Sie die Maße Ihres Schnittmusters ein. Dann tragen Sie die Ergebnisse für Hinterärmel und Vorderärmel getrennt auf der Oberbrustlinie ein, stets ausgehend von der Referenzlinie (Bild 2, in Rot), und markieren Sie diese jeweils mit einer kurzen senkrechten Linie wie auf Bild 2.

Profitipp

Der Ärmel hat keine Mittellinie: Hinterärmel und Vorderärmel sind nie genau gleich. Der Unterschied in der Breite liegt stets zwischen 1 und 2 cm. Ist er kleiner als 1 oder größer als 2 cm, muss die Länge des hinteren und vorderen Armausschnitts kontrolliert werden.

ABFLACHUNGEN DER ARMKUGEL

Die Armkugel wird – wie auch andere Partien eines Kleidungsstücks – mit sogenannten Abflachungen konstruiert. In der Regel wird diese kleine flache Partie allein durch die jeweilige Figur (mit ihren mehr oder weniger ausgeprägten Rundungen) und die Weitenzugaben des Modells (S. 16, Bild 3) bestimmt.

Beispiel: Bei einer Weitenzugabe von 3 cm am Oberteil ist das beste Maß für die Abflachung oben an der Kurve der Armkugel 1,5 cm, bei einer Weitenzugabe von 5 cm wären es 2,5 cm.

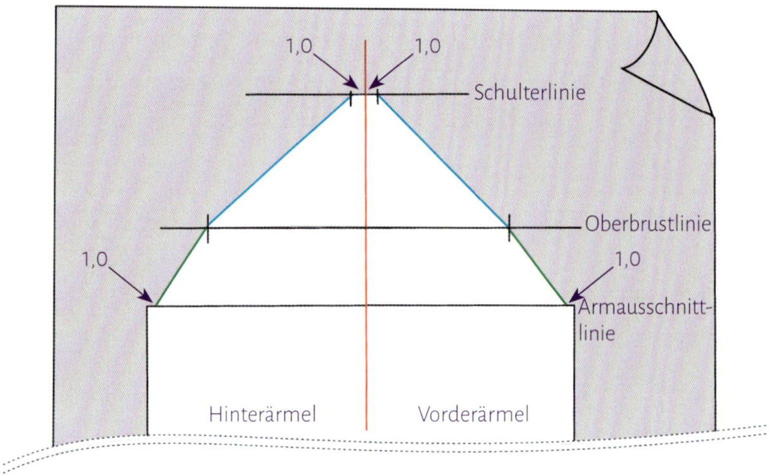

Bild 3

Bei der Konstruktion des Grundschnitts (der bei der Anprobe noch angepasst wird) sind die Weitenzugaben minimal, damit der Armausschnitt nicht zu weit absteht und die Armkugel nicht zu stark abgeflacht wird. Für die Abflachungen zum einen an der breitesten Stelle der Armkugel (auf der Armausschnittlinie, Bild 3) beidseits 1 cm zugeben, zum anderen an der Spitze der Armkugel auf der Schulterlinie beidseits der roten Linie je 1 cm zugeben (Bild 3). Die markierten Punkte durch gerade Linien verbinden wie auf Bild 3.

FORM DER ARMKUGEL

Zur Ausformung einer Armkugel, die perfekt in den Armausschnitt passt, gibt es ebenso viele Methoden wie Modedesigner. Jeder Schnittentwickler hat seine eigene Technik, um das beste Ergebnis zu erzielen. Die hier vorgestellte Methode ist von Prinzip und Durchführung her die einfachste. Um die abgerundete Form der Armkugel zu zeichnen, orientieren Sie sich an mehreren Punkten. Da die Markierungen der Breite und der Abflachungen nicht ausreichen, müssen Sie zusätzliche Hilfspunkte einzeichnen.

Dazu die obere Partie der Armkugel (zwischen Schulterlinie und Oberbrustlinie, Bild 4, blaue Linien) durch 2 teilen und jeweils eine kurze Senkrechte einzeichnen, und zwar am Hinterärmel 1,8 cm lang, am Vorderärmel 1,5 cm (Bild 4).

Anschließend die untere Partie der Armkugel (zwischen Oberbrust- und Armausschnittlinie, Bild 4, grüne Linien) durch 3 teilen. In Höhe des ersten Drittels ab der Armausschnittlinie kurze Senkrechten von 0,5 cm (Hinterärmel) und 0,8 cm (Vorderärmel) einzeichnen.

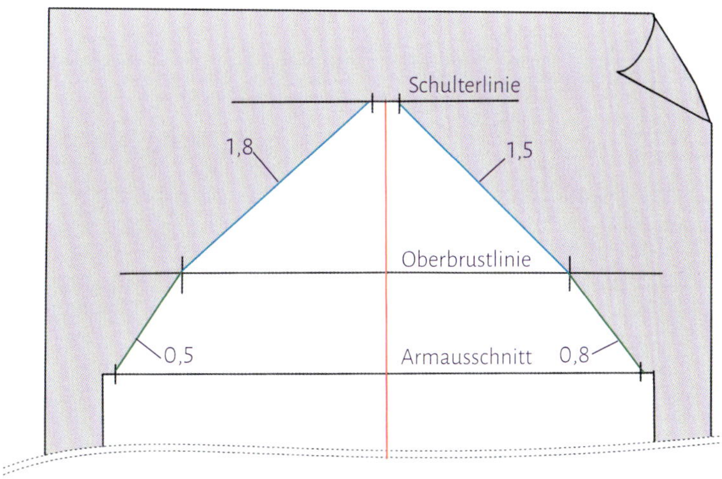

Bild 4

Profitipp

Die Längenangaben für die Hilfslinien sind Näherungswerte. Die Linien können nach Bedarf bei der Überprüfung der Maße (siehe S. 102) verlängert oder gekürzt werden.

ZEICHNEN DER ARMKUGEL

Um die Armkugel korrekt zu zeichnen, verwendet man ein gebogenes Lineal: das Kurvenlineal. Das hier gezeigte Modell hat verschiedene Rundungen, die nach Bedarf für die gewünschte Form ausgewählt werden können.

Die Armkugel wird in mehreren Schritten gezeichnet. Beginnen Sie an ihrer Spitze, da dies am einfachsten ist. Suchen Sie auf dem Kurvenlineal eine Rundung, mit der Sie am Hinterärmel die Abflachungsmarkierung auf der Schulterlinie, die kurze Hilfslinie und die Breite auf der Oberbrustlinie verbinden können.

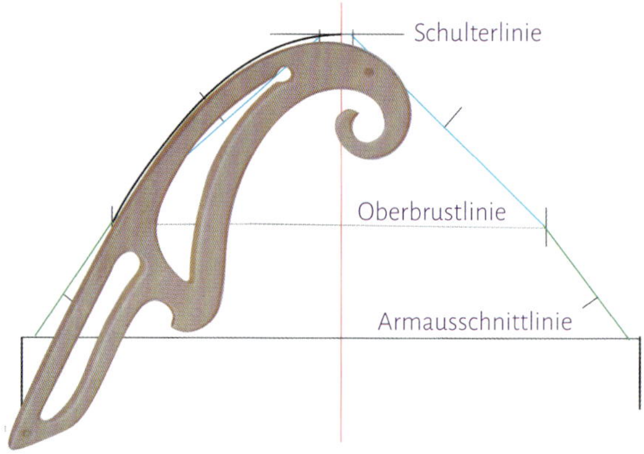

Bild 5

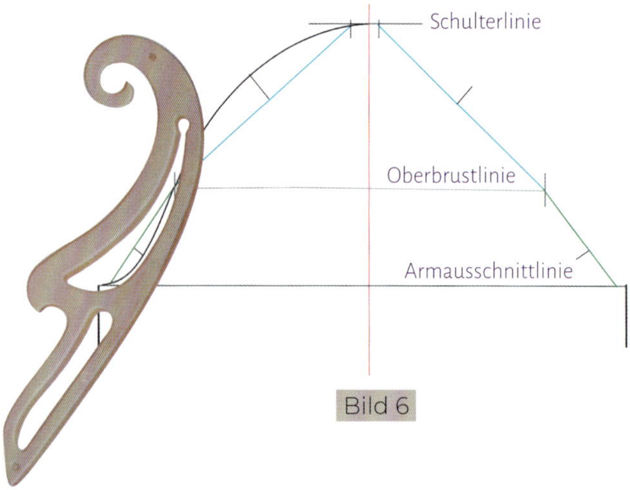

Bild 6

Um die hintere Armkugel fertigzustellen, drehen Sie das Kurvenlineal und verbinden Sie die Breite auf der Oberbrustlinie mit der Abflachung an der breitesten Stelle der Armkugel. Die gesamte Kurve muss schön gleichmäßig verlaufen – ohne Spitzen, Ecken oder Ausbeulungen, vor allem am Übergang der beiden Partien (siehe Bild 9).

Profitipp

Die hier gezeigten Positionen des Kurvenlineals sind als Beispiele zu verstehen, die für die abgebildete Armkugel am besten passen. Je nach Form der Armkugel (Höhe bis zur Spitze oder bis zur Oberbrustlinie, Breite auf der Oberbrust- oder Armausschnittlinie) kann die Position jedoch variieren. Das Lineal muss auf jeden Fall so angelegt werden, dass die Rundung genau entlang der Hilfsmarkierungen verläuft.

Am Vorderärmel die Form der Armkugel auf dieselbe Weise aufzeichnen wie am Hinterärmel. Oben an der Armkugel beginnen, dabei die Abflachung berücksichtigen (Bild 7). Dann die untere Partie der Armkugel zeichnen: Zwischen Oberbrust- und Armausschnittlinie das Kurvenlineal so anlegen, dass seine Rundung genau entlang den Markierungen verläuft (Bild 8).

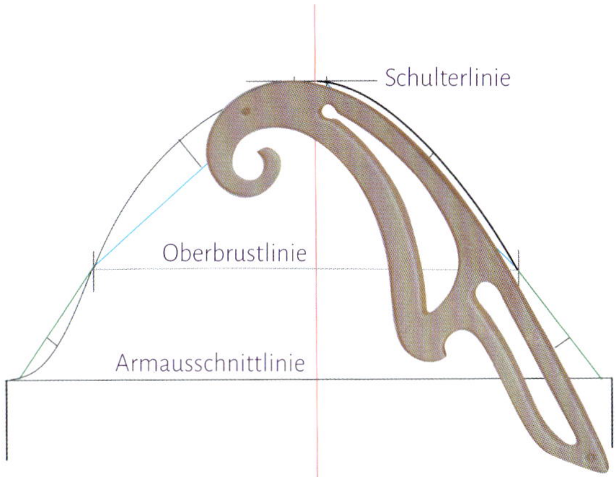

Bild 7

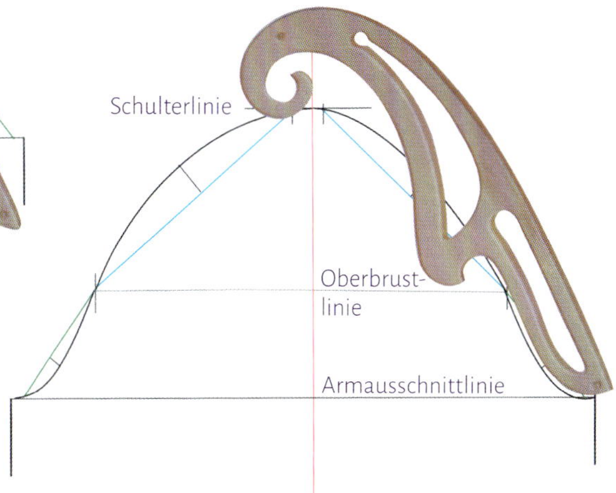

Bild 8

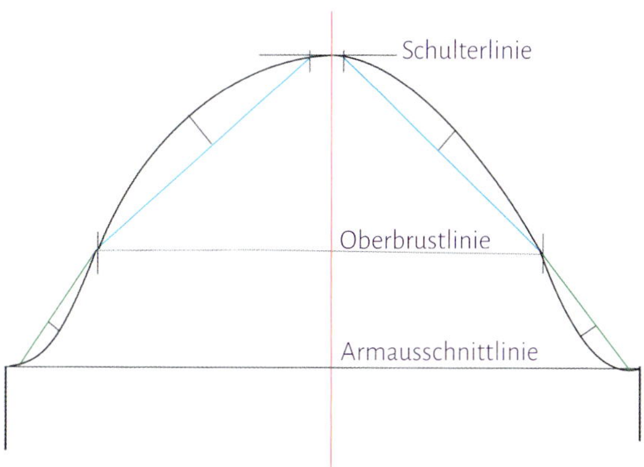

Bild 9

Die anhand der vorläufigen Hilfsmarkierungen gezeichnete Form der Armkugel ist noch nicht die endgültige.

Die Kantenlänge der Armkugel muss exakt der Länge des Armausschnitts entsprechen. Dies müssen Sie also nun überprüfen und gegebenenfalls korrigieren, indem Sie die Kante der Armkugel verlängern oder kürzen.

MASSKONTROLLE AN ARMKUGEL UND ARMAUSSCHNITT

In erster Linie müssen Sie hier die Kantenlänge der Armkugel kontrollieren: Entspricht sie exakt der Länge des Armausschnitts, sodass der Ärmel beim Zusammenfügen genau hineinpasst und sich problemlos einsetzen lässt?

Beachten Sie, dass die Nahtzugabe beim Einsetzen des Ärmels stets zum Ärmel hin umgelegt wird. Die Armkugel muss also ausreichend Weitenzugabe haben, damit sie den Armausschnitt glatt umschließen kann.

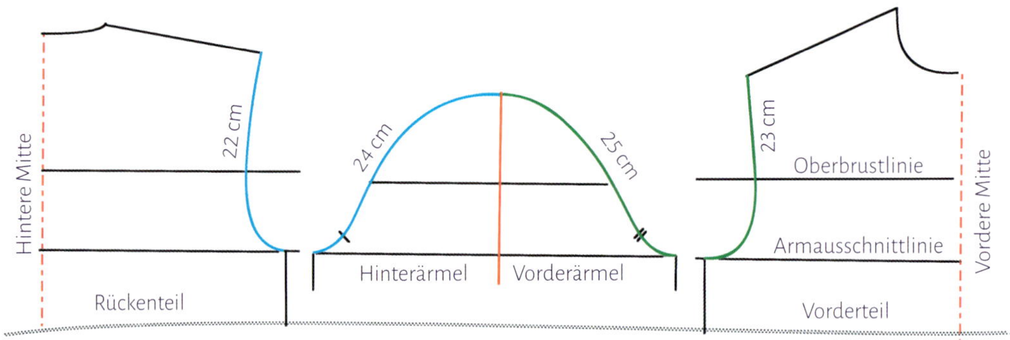

Bild 10

Diese an der Armkugel zugefügte Weitenzugabe wird Einhalteweite genannt. Sie wird durch den Stil des Modells (z. B. eine Jacke mit oder ohne Schulterpolster) sowie Dicke und Qualität des Stoffes bestimmt: Die Mehrweite eines fließenden Materials ist beim Einsetzen leichter „unterzubringen" als die eines steifen Stoffes. Die minimale Einhalteweite, die an der Kante der Armkugel hinzugefügt werden muss, beträgt 2 cm (Bild 11).

Die Längenmaße werden mit einem Maßband oder einem flexiblen Lineal gemessen. Dieser Konstruktionsschritt ist wichtig, da er die Grundlage der eventuell folgenden Korrekturen ist.

Wenn Sie die Kante der Armkugel verlängern oder kürzen, müssen Sie die Höhe der Armkugel, die Breite auf der Oberbrustlinie sowie die Abflachungen auf Armausschnitt- und Schulterlinie beibehalten – diese Elemente dürfen nicht verändert werden.

Die Maße werden nur durch Verschieben der geschwungenen Linien (Bild 11, schwarze, grüne und rote Linien) angepasst, indem die Länge der bei der Konstruktion der Armkugel angebrachten Hilfslinien (S. 99, Bild 4) verändert wird.

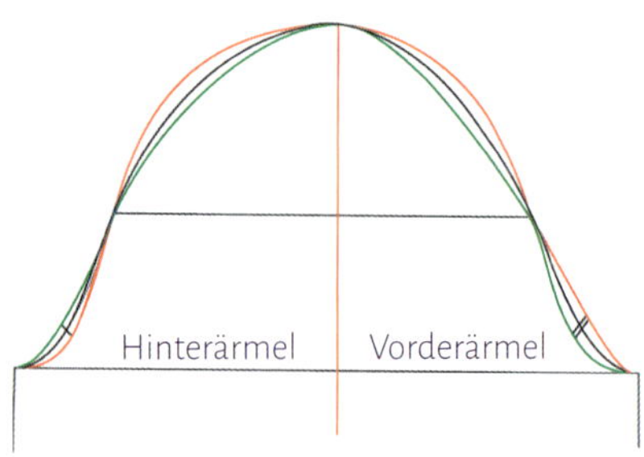

Bild 11

EINHALTEWEITE AN DER ARMKUGEL VERTEILEN

Die minimale Einhalteweite, die an der Armkugel angefügt wird, beträgt 2 cm. Dieses Maß wird bei der Konstruktion des Grundschnitts verwendet.

Beispiel: Wenn die hintere Armausschnittlänge 22 cm beträgt, muss die Länge der hinteren Armkugel 24 cm betragen (Bild 10, blaue Linien). Ebenso auf der Vorderseite: Wenn die vordere Armausschnittlänge 23 cm beträgt (Bild 10, grüne Linie), muss die Länge der vorderen Armkugel 25 cm betragen.

Die je 2 cm Mehrweite, die an der hinteren und vorderen Armkugel zugegeben wurden, müssen gleichmäßig auf die untere und obere Partie verteilt werden: 1 cm zwischen Oberbrust- und Armausschnittlinie des Ärmels und 1 cm zwischen Oberbrustlinie und Schulterlinie (Bild 12).

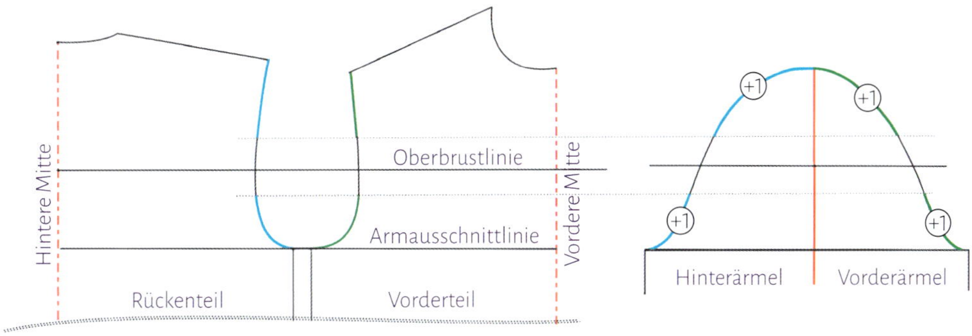

Bild 12

Die kurze gerade Linie von etwa 4 cm Länge (je 2 cm unterhalb und oberhalb der Oberbrustlinie) markiert den Bereich der Armkugel, an dem keine Mehrweite eingehalten wird (Bild 12, in Schwarz). Beim Einsetzen des Ärmels liegen beide Stofflagen (Armausschnitt und Ärmel) an dieser Partie ganz glatt aufeinander.

Profitipp

Die Einhalteweite zwischen Armausschnitt- und Oberbrustlinie beträgt in der Regel 1 cm, kann aber je nach Stoffdicke variieren. Ist dieser Wert zu groß, beult die untere Partie des Ärmels aus, da zu viel Stoff eingehalten werden muss. Es entsteht dadurch ein Kräuseleffekt.

Beträgt die Einhalteweite 3 cm wie z. B. beim zweiteiligen Ärmel, legt man 1 cm an die untere Partie (Armausschnitt- bis Oberbrustlinie), 2 cm an die obere (Oberbrust- bis Schulterlinie).

PASSZEICHEN

Das korrekte Einsetzen des Ärmels, vor allem die Verteilung der an der Armkugel zugegebenen Einhalteweite auf den gesamten Armausschnitt, ist nicht ganz einfach.
Zur Vereinfachung und Orientierung müssen Sie daher an Rückenteil, Vorderteil und Ärmel Passzeichen anbringen.

Profitipp

Die in Bild 13 angegebenen Ziffern sind Beispiele zur Verdeutlichung der beschriebenen Vorgehensweise. Sie können jedoch je nach Ärmelbreite auf der Armausschnittlinie und der Oberbrustlinie sowie der Höhe der Armkugel variieren.

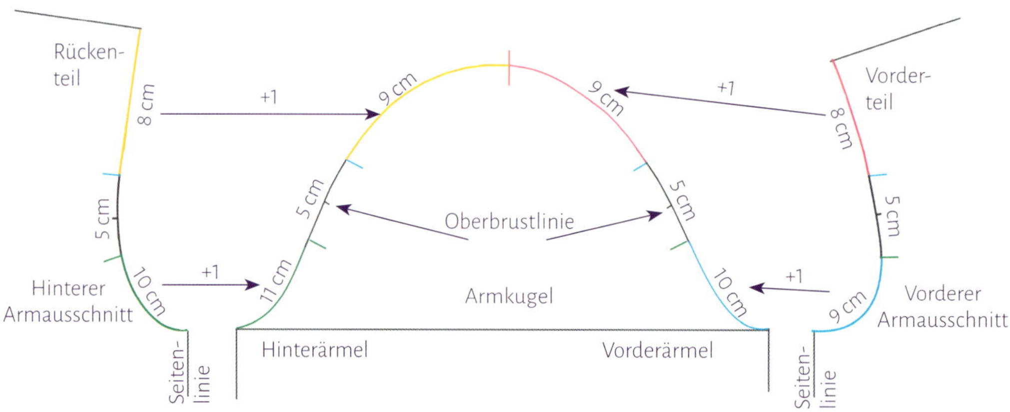

Bild 13

Das erste Passzeichen am hinteren Armausschnitt an der Stelle setzen, an der die geschwungene Linie unter dem Arm am geradesten ist (Bild 13, in Grün).
Dann mithilfe eines flexiblen Lineals oder eines Maßbands den Abstand zwischen der Seitenlinie und diesem Passzeichen abmessen. Zu diesem Maß 1 cm addieren und es an der Armkugel markieren (in Grün).
Ab dem ersten Passzeichen am Armausschnitt 4 bis 5 cm abmessen (Bild 13, in Schwarz) und das nächste Passzeichen setzen. Ebenso das nächste Passzeichen an der Armkugel anbringen. Diese Partie, die der Oberbrustlinie am Körper entspricht, wird ganz flach, also ohne eingehaltene Mehrweite, zusammengefügt.

Die dritte Partie des Ärmels, die bis zum Passzeichen ganz oben an der Armkugel reicht (Bild 13, in Gelb) enthält 1 cm Einhalteweite, die am Armausschnitt verteilt wird.
Die Passzeichen am Vorderärmel und dem vorderen Armausschnitt auf dieselbe Weise anbringen wie am Rückenteil.
Wenn bei der Verteilung der Passzeichen alle Maße an Armkugel und Armausschnitt übereinstimmen, können Sie zum nächsten Schritt der Konstruktion übergehen. Wenn nicht, überprüfen Sie erneut die Länge von Armkugel und Armausschnitt (S. 102, Bild 10).
Vergessen Sie nicht, die Einsetzzeichen oben an der Armkugel anzubringen (siehe S. 17).

ÄRMELABNÄHER

Abgesehen vom guten Sitz durch eine korrekte Konstruktion und exaktes Zusammennähen muss der Ärmel eine leicht gebogene Form erhalten, sowohl aus ästhetischen Gründen als auch, um bequeme Armbewegungen zu ermöglichen.
Dies wird durch einen in Ellbogenhöhe angebrachten Abnäher erreicht. Bei der Grundkonstruktion des Ärmels wird er auf der waagrechten Ellbogenlinie eingezeichnet, doch wie alle Abnäher kann er verlegt werden, z. B. senkrecht in den Schlitz eines unten geknöpften Ärmels.

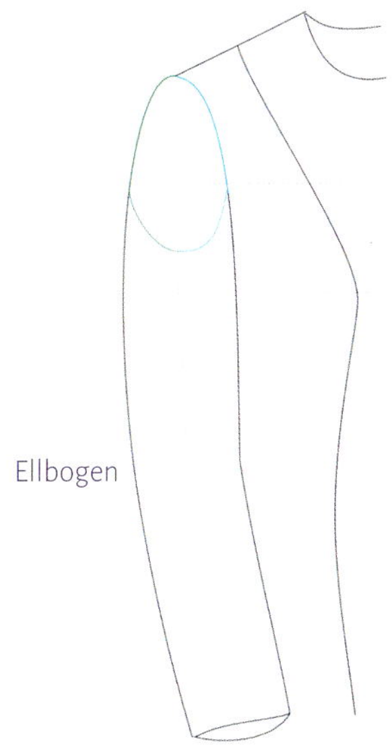

Profitipp

Dieser Abnäher wird nur bei Ärmeln benötigt, die unten mehr oder weniger eng sind. Bei weiten Ärmeln ist er natürlich überflüssig.

KONSTRUKTION DES ABNÄHERS

Für die weitere Konstruktion des Abnähers zieht man an der bereits festgelegten Ärmelbreite auf der Armausschnittlinie (S. 96, Bild 1) beidseits eine Senkrechte bis zur Linie der vorgesehenen Armellänge (S. 93, Bild 1).
In dieser Phase der Konstruktion stellt das Schnittmuster einen geraden und ziemlich weiten Ärmel dar. Um ihm eine schmalere Form zu verleihen, muss seine Weite zum Saum hin verringert und für den Tragekomfort der Abnäher in Ellbogenhöhe angebracht werden.

Um den senkrechten Fall des Ärmels nicht zu beeinträchtigen, zur Festlegung der gewünschten Saumweite des Ärmels (Bild 1, in Blau) von der vorläufigen Saumweite des Ärmels ab den äußeren Punkten beidseits das gleiche Maß abziehen (Bild 1, schwarze Abschnitte auf der Saumlinie des Ärmels).
Beispiel: Gesamte Saumweite des Ärmels = 33 cm (dies ist die auf der Armausschnittlinie festgelegte und dann auf die Saumlinie übertragene Ärmelbreite). Gewünschte Saumweite: 22 cm. Die Differenz zwischen den beiden Werten beträgt 11 cm (33 – 22 = 11 cm). Diese muss durch 2 geteilt werden (11 : 2 = 5,5 cm) – so erhält man das Maß, das beidseits auf der Saumlinie des Ärmels abgetragen werden muss.
Berechnen Sie die gewünschte Saumweite Ihres Ärmels wie oben beschrieben und ziehen Sie dann gerade Linien von der Armausschnittlinie zur neuen Saumlinie (Bild 1, grüne Linien).

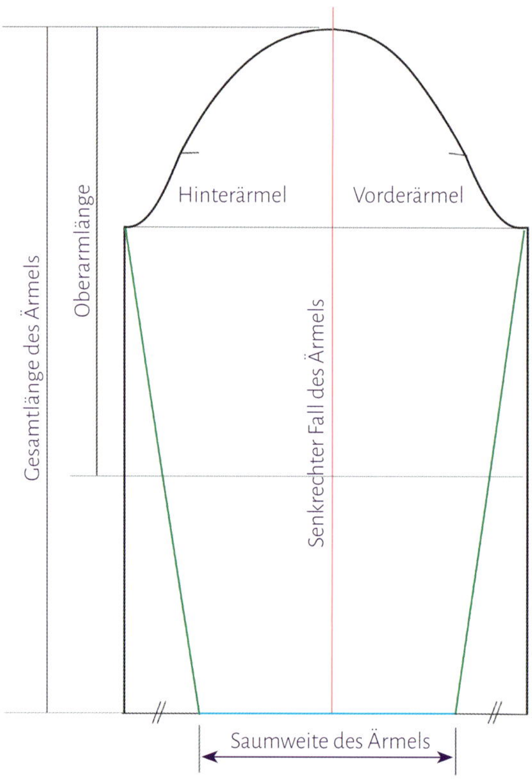

Bild 1

HILFSMARKIERUNGEN FÜR DEN ÄRMELABNÄHER

Um den Ärmelabnäher auf dem Schnittmuster einzeichnen zu können, müssen Sie verschiedene Punkte markieren, von denen einer der wichtigsten die Position des Ellbogens ist.

① Dazu die Breite des Hinterärmels durch 2 teilen und eine Senkrechte bis zur Ellbogenlinie ziehen. Der Schnittpunkt der beiden Linien entspricht dem Ellbogen (Bild 2, rotes Kreuz).

② Am Hinterärmel die Ellbogenlinie um 1,5 cm nach außen verlängern und eine Markierung einzeichnen. Am Vorderärmel auf der Ellbogenlinie dasselbe Maß von der Ärmelbreite nach innen abtragen. Durch diese Markierungen wird die untere Partie des Ärmels nach vorn abgewinkelt, wie es der gebeugten Form des Armes entspricht. Mit jedem der folgenden Schritte werden Sie diese Abwandlung des Schnittmusters besser verstehen.

③ Je 2 cm ober- und unterhalb der Ellbogenlinien an beiden Seitenlinien des Ärmels (Hinterärmel und Vorderärmel) eine kurze waagrechte Linie einzeichnen (Bild 2, gestrichelte Linien). Diese dienen zur Markierung der Abflachungen an den geschwungenen Linien des Ärmels.

④ Ab dem äußeren Ende des Ärmelsaums am Hinterärmel eine senkrechte Linie einzeichnen. Mithilfe dieser Markierung wird anschließend der Inhalt des Ärmelabnähers am Ärmelsaum abgetragen.

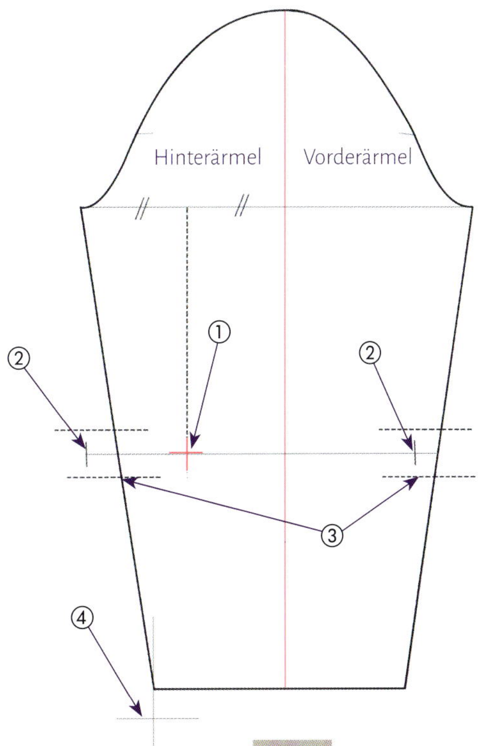

Bild 2

VORDERE ÄRMELNAHT

Vor dem Anbringen des Ellbogenabnähers legen Sie die Form des Ärmels fest. Die endgültigen Linien des Ärmels werden dann anhand der zuvor gesetzten Markierungen gezeichnet.

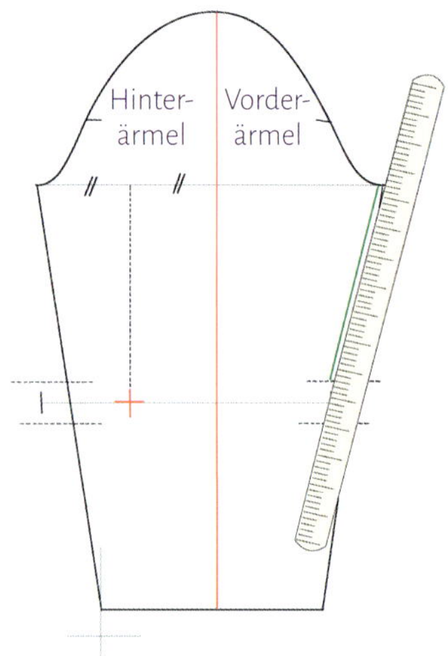

Bild 3

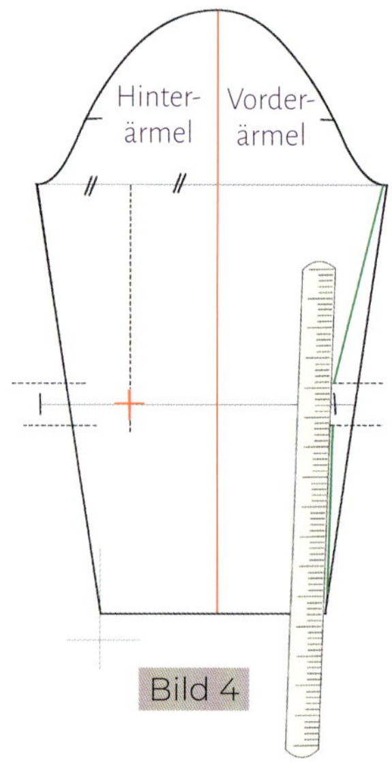

Bild 4

Mithilfe eines Lineals das Ende der Armausschnittlinie am Vorderärmel mit der auf der Ellbogenlinie eingezeichneten Markierung verbinden; diese Gerade jedoch nur bis zu der gestrichelten Hilfslinie ziehen, damit die Abflachung am Ellbogen entsteht (Bild 3).

An der unteren Partie des Ärmels ebenso verfahren: Das Ende des Saumes am Vorderärmel mit der Markierung auf der Ellbogenlinie verbinden aufgrund der Abflachung am Ellbogen die Gerade jedoch nur bis zur gestrichelten Linie ziehen (Bild 4).

Zuletzt wird mithilfe eines Kurvenlineals die Partie zwischen diesen beiden Geraden gezeichnet, die der Abflachung entspricht (Bild 5). Diese muss gleichmäßig und ganz leicht geschwungen verlaufen (Bild 6, in Grün).

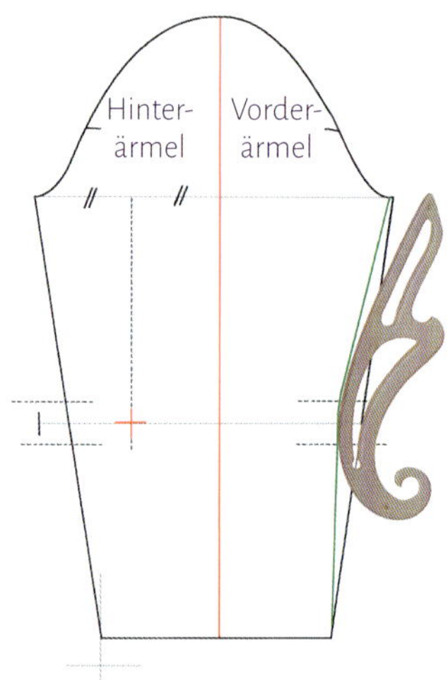

Bild 5

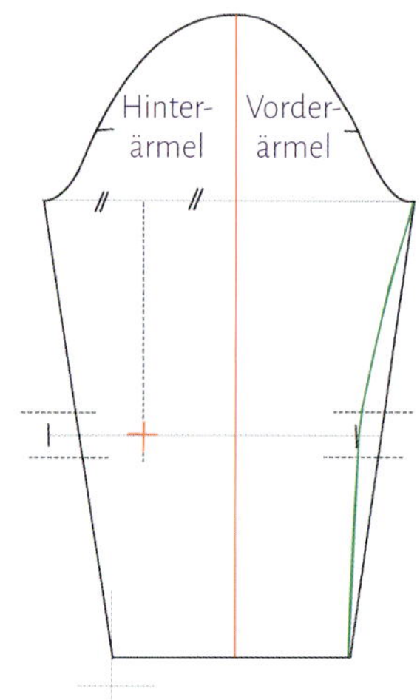

Bild 6

HINTERE ÄRMELNAHT

Am Hinterärmel wird die Ärmelnaht auf dieselbe Weise konstruiert wie am Vorderärmel – mithilfe von Lineal und Kurvenlineal.

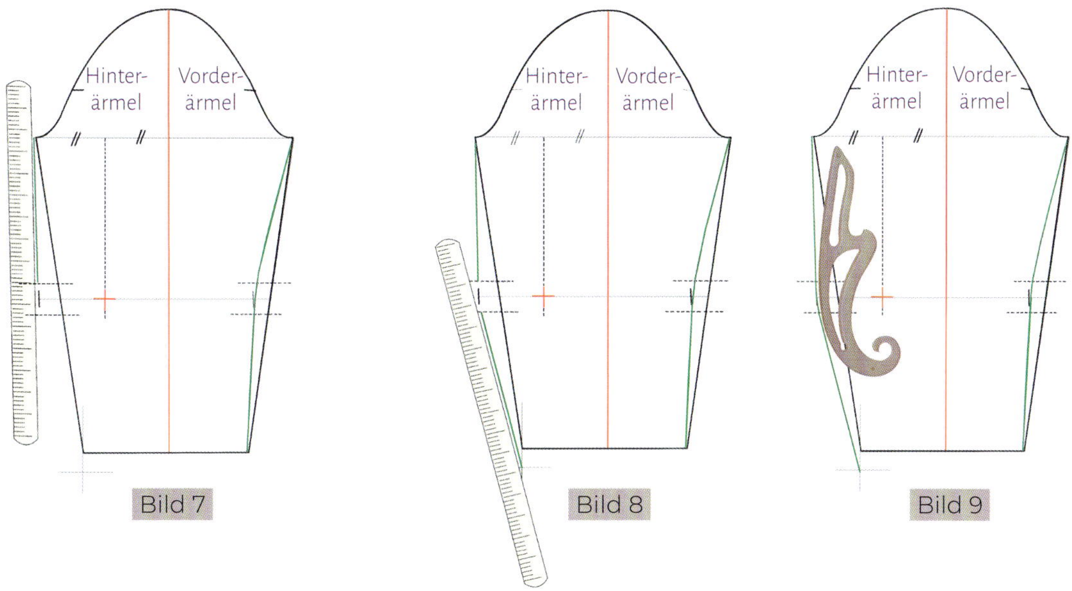

Bild 7 Bild 8 Bild 9

Vom Ende der Armausschnittlinie am Hinterärmel eine Gerade zur Markierung auf der Ellbogenlinie ziehen, jedoch nur bis zur Abflachung zeichnen (Bild 7). Dann ab dem Punkt, der die Saumlinie verlängert (Bild 2, Punkt 4), eine Gerade zur Verbindung mit der Markierung ebenfalls bis zur Abflachung zeichnen (Bild 8). Zuletzt die beiden Geraden mithilfe des Kurvenlineals durch eine leichte Kurve verbinden (Bild 9).

KONSTRUKTION DES ELLBOGENABNÄHERS

Der Abnäherinhalt des Ellbogenabnähers beträgt etwa 3 cm – er ist selten größer und noch seltener geringer. Betrachten Sie die Ellbogenlinie (Bild 10, schwarze Linie) als Abnähermitte und tragen Sie beidseits 1,5 cm ab. Verbinden Sie den Ellbogenpunkt durch Geraden mit diesen Markierungen (Bild 10, in Blau). Damit ist der Abnäher fertig.
Durch das Schließen dieses Abnähers wird die hintere Ärmelnaht leicht verformt und muss daher neu gezeichnet werden.

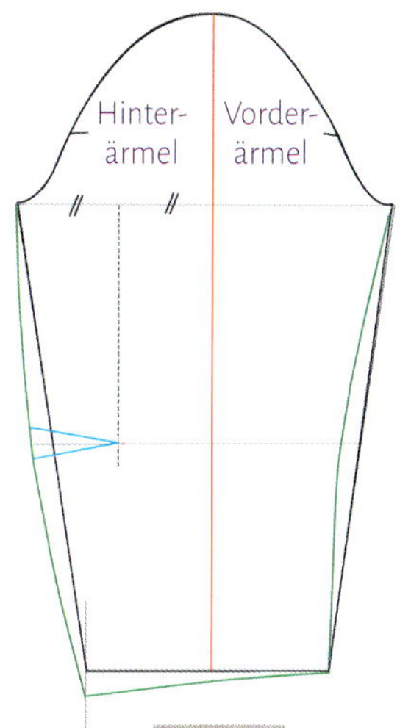

Bild 10

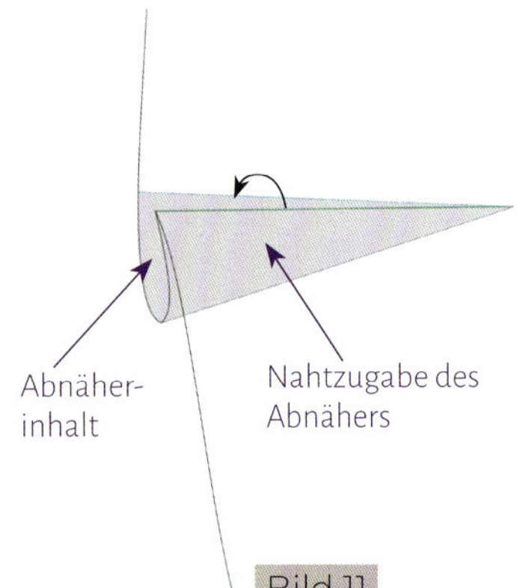

Bild 11

Den unteren Abnäherschenkel genau auf den oberen legen, um den Abnäher zu schließen. Den Abnäherinhalt nach unten umlegen (Bild 11). Nun mithilfe eines Kurvenlineals die Ärmelnaht neu zeichnen. Es entsteht ein kleines Abnäherdach, dessen Form von der Neigung der Ärmelnaht und damit von der Saumweite des Ärmels bestimmt wird.

ANGLEICHEN DES ÄRMELSAUMS

Durch den Ellbogenabnäher verschiebt sich die Saumlinie des Ärmels. Um den Ärmelsaum wieder anzugleichen, zunächst die Ärmelnähte rechtwinklig (90°) zum Saum stellen. Sonst verläuft die Saumlinie nach dem Zusammennähen des Ärmels nicht gerade.
Ein Lineal an die hintere Ärmelnaht anlegen und ab dem Ende des Ärmelsaums eine kurze Senkrechte (2–3 cm) einzeichnen (Bild 12, in Blau). Am Vorderärmel ebenso verfahren (Bild 13, in Blau).
Dann mithilfe eines Kurvenlineals (Bild 14) diese kurzen Linien verbinden. Diese neue Ärmelsaumlinie muss gleichmäßig und beinahe gerade verlaufen.

Profitipp

Wurde auf dem Schnittmuster die Neigung einer senkrechten oder waagrechten Linie verändert, müssen die rechten Winkel kontrolliert und ggf. neu gezeichnet werden, damit nach dem Zusammenfügen beider Kanten keine Zacke nach innen oder außen entsteht.

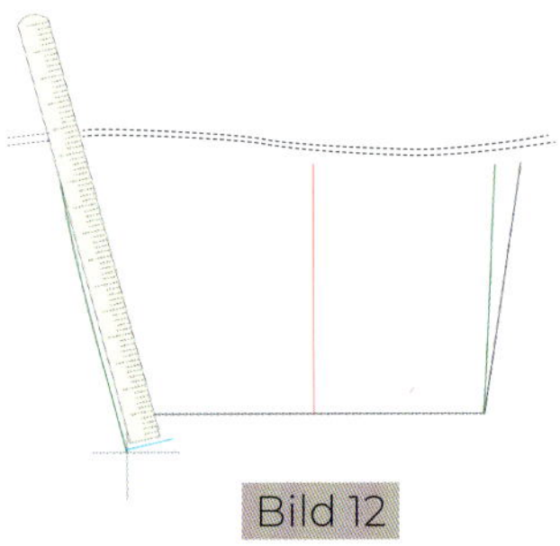

Bild 12

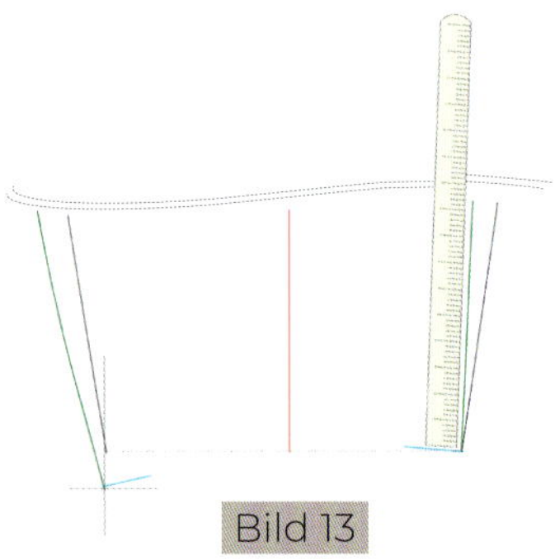

Bild 13

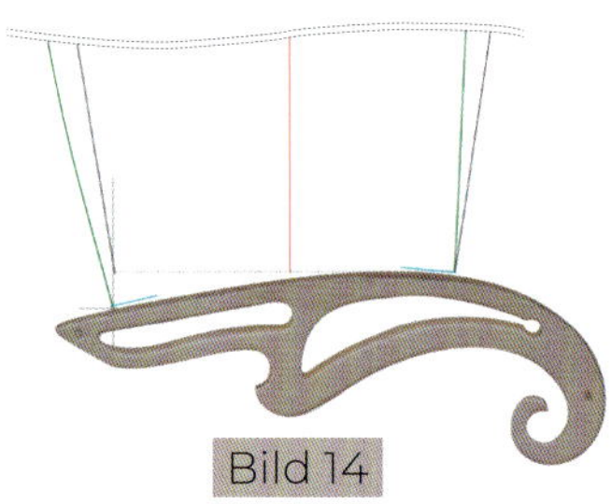

Bild 14

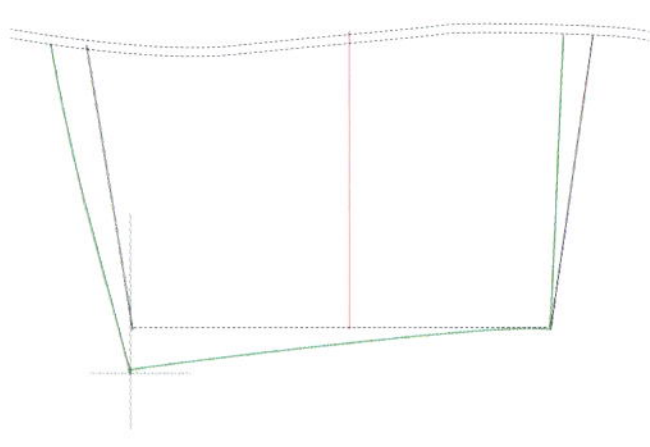

Bild 15

FERTIGER ÄRMEL-grundschnitt

Die Konstruktion des Ärmels für den Grundschnitt des Oberteils ist nun vollständig.

Der fertige Ärmelschnitt muss die notwendigen Angaben für korrektes Zusammenfügen enthalten. Bevor Sie den Papierschnitt auf den Stoff legen und zuschneiden, fügen Sie die 1 cm breite Nahtzugabe hinzu und kontrollieren Sie nochmals genau, ob alle Einsetzzeichen (S. 17) an Hinter- und Vorderärmel sowie alle Passzeichen (S. 17) vorhanden und korrekt platziert sind. Am Ärmel entspricht der Fall (senkrechte rote Linie auf dem Schnittmuster) dem Fadenlauf des Stoffes.

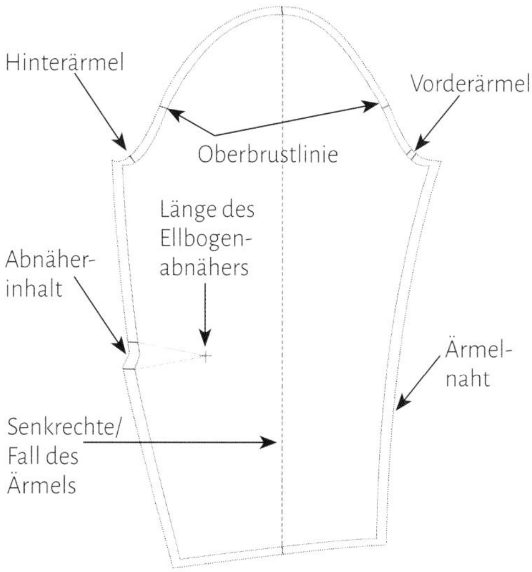

Bild 1

ZUSCHNEIDEN aus Nesselstoff

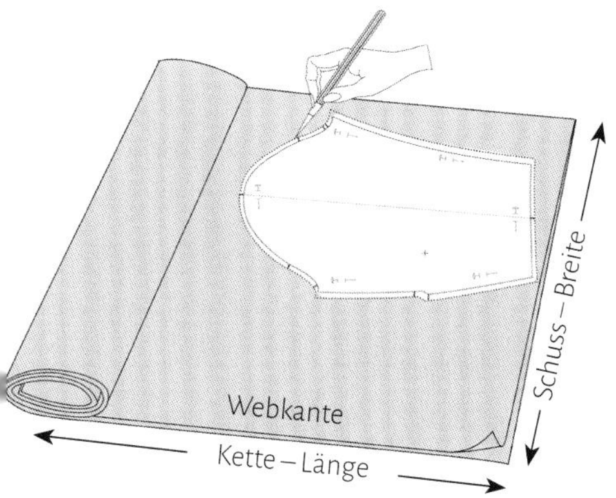

Bild 2

Den Papierschnitt des Ärmels auf doppelt gelegten Nesselstoff legen; dabei den Fadenlauf beachten. Den Schnitt an mehreren Stellen feststecken und den Umriss auf den Stoff zeichnen. Auch alle Knipse des Schnittes auf den Nesselstoff übertragen. Die Länge (Endpunkt) des Ellbogenabnähers wird wie bei den Taillenabnähern (S. 60, Bild 3 und 4) auf dem Stoff markiert. Den Papierschnitt entfernen und beide Stofflagen innerhalb der Umrisslinie an einigen Stellen gut zusammenstecken – so können Sie zwei quasi identische Schnittteile (linken und rechten Ärmel) gleichzeitig zuschneiden.

Die Nahtzugaben an den markierten Pass- und Einsetzzeichen etwa 0,5 cm weit einknipsen.

ZUSAMMENFÜGEN

ZUSAMMENHEFTEN DES ÄRMELS

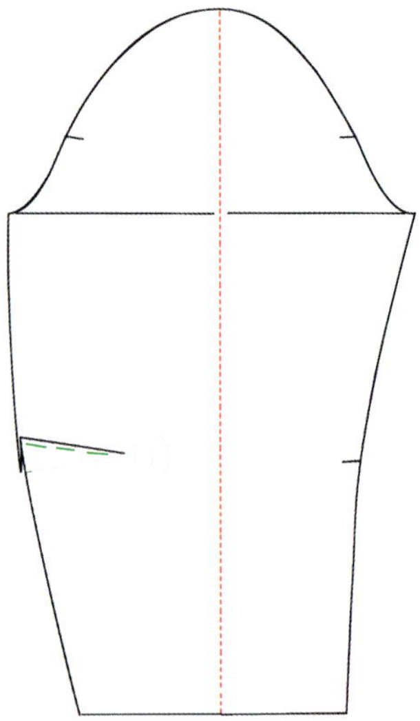

Bild 1

Der Probeärmel aus Nesselstoff für den Oberteilgrundschnitt enthält wenig Bewegungszugaben – außer der Weitenzugabe, die zum Anpassen des Ärmels notwendig ist.

Um bei der Anprobe eine Verletzungsgefahr durch spitze Stecknadeln auszuschließen, vor allem unter dem Arm, müssen die Ärmel mit einer Heftnaht (provisorische von Hand mit doppeltem Faden gefertigte Naht) zusammengenäht werden.

Den Ellbogenabnäher mit Heftstichen schließen (Bild 1, in Grün) und den Abnäherinhalt nach unten legen.

Dann die Ärmelnaht schließen. Damit die Nahtzugabe nicht aufträgt und ohne Bügeln ganz flach liegt, die beiden Nahtzugaben rechts auf links aufeinanderlegen und zusammenheften. Dabei zur Vereinfachung ein ausreichend breites und langes Lineal in den Ärmel schieben (Bild 2).

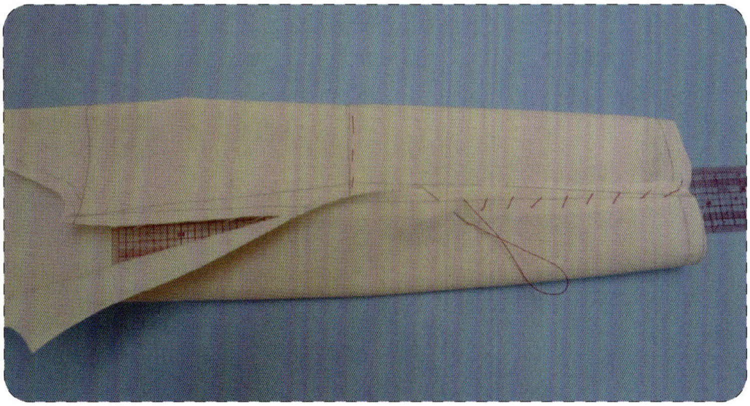

Bild 2

ÄRMEL EINSETZEN: GRUNDREGELN

Wie bereits zu Beginn dieses Kapitels erwähnt, sind die Konstruktion und das Nähen des Ärmels nicht ganz einfach und erfordern größte Genauigkeit. Nachstehend zur Erinnerung die Grundregeln des Ärmeleinsetzens. An der Rundung des Armausschnitts (Bild 3, in Blau) die Einhalteweite der Armkugel (1 cm) verteilen. Etwa 2 cm oberhalb und unterhalb der Oberbrustlinie werden die Kanten von Armkugel und Armausschnitt ganz flach (ohne Mehrweite) zusammengefügt. Die obere Partie der Armkugel enthält 1 cm Mehrweite, die am Armausschnitt verteilt wird (Bild 3, in Grün).

Zum korrekten Einsetzen des Ärmels in den Armausschnitt gibt es mehrere Methoden.

Das Knifflige am Einsetzen des Ärmels ist es, die Einhalteweite der Armkugel gleichmäßig zu verteilen, ohne dass Fältchen entstehen. Dazu kann man z. B. eine doppelte Naht entlang der Armkugel anbringen und durch Ziehen an den Fäden leicht einkräuseln, oder man setzt rings um den Armausschnitt alle 0,5 cm eine Stecknadel, oder man wendet eine andere mehr oder weniger effiziente und mehr oder weniger aufwändige Technik an. Jede Methode ist geeignet, wenn sie zu einem korrekt fallenden, gut sitzenden Ärmel führt.

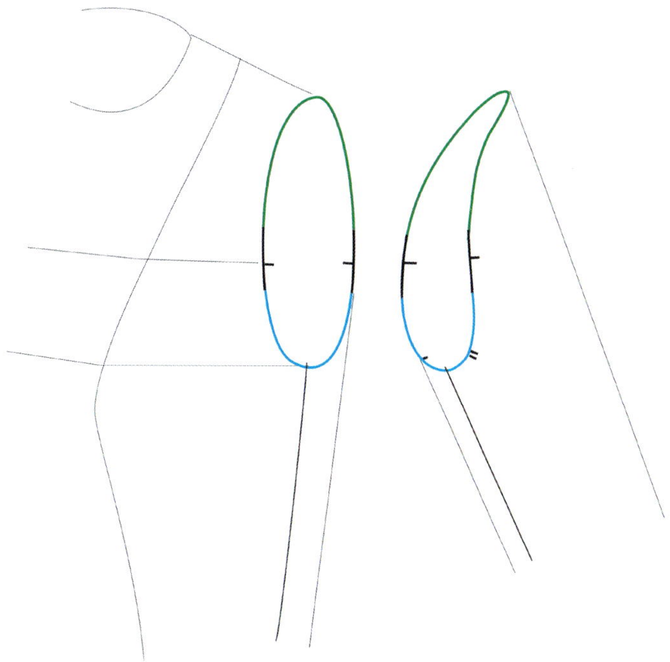

Bild 3

Auf den folgenden Seiten stellen wir Ihnen eine relativ einfache und schnelle Methode zum Einsetzen der Ärmel vor. Wenn Sie sich genau an die Erläuterungen halten, kann diese etwas komplizierte Arbeit beim ersten Versuch gelingen. Nehmen Sie sich die nötige Zeit und arbeiten Sie ganz in Ruhe, ohne einen Schritt zu überspringen.

ÄRMEL EINSETZEN: ANLEITUNG

Zunächst die Armkugel in den Armausschnitt schieben und mit einigen Stecknadeln fixieren. Aufgrund der Verletzungsgefahr bei der Anprobe erfolgt das eigentliche Zusammenfügen mit Heftstichen (von Hand), nicht mit Stecknadeln.

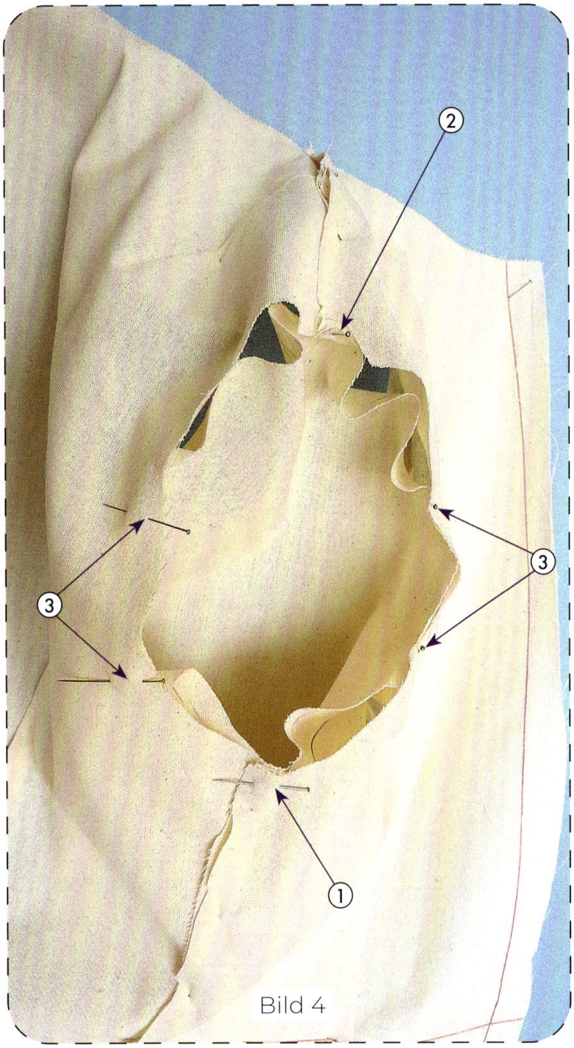

Bild 4

① Den Ärmel so in den Armausschnitt schieben, dass die Arbeit auf links liegt (Bild 4). Man steckt also rechts auf rechts zusammen. Die Seitennaht des Oberteils und die Ärmelnaht exakt aufeinanderlegen und feststecken.

② Nun den Knips (Einsetzzeichen) oben an der Armkugel exakt auf der Schulternaht feststecken.

③ Die beiden Passzeichen (an Armausschnitt und Armkugel) zur Markierung der Oberbrustlinie aufeinanderlegen, die Kanten glattstreichen, etwa 2 cm unter- und oberhalb des Passzeichens eine Nadel stecken.

Für eine stabile Naht den Faden doppelt nehmen und die Heftnaht unten am Armausschnitt auf der Seite der Armkugel beginnen; dabei die Nahtzugabe beachten.

Bild 5

Entlang der Rundung des Armausschnitts ist 1 cm Einhalteweite zu verteilen: Dazu die beiden Kanten (Armausschnitt und -kugel) zwischen den Stecknadeln leicht auseinanderziehen. Da die Kanten geschwungen zugeschnitten sind, dehnen sie sich leicht. Da die Abschnitte jeweils ganz klein sind, können Sie zwischen den Fingern beide Stofflagen gut in dieser gedehnten Position halten und zugleich ziemlich dichte Heftstiche (etwa alle 3 mm) anbringen.
Die Partie zwischen Oberbrustlinie und Spitze der Armkugel ist hingegen nicht ganz so einfach zu nähen, da die Kante des Armausschnitts sich nicht leicht dehnt. Um die Einhalteweite dennoch gleichmäßig zu verteilen, müssen Sie alle 4–5 mm einen Heftstich setzen.

ANPROBE UND KORREKTUR

Am zusammengehefteten Ärmel wird als Erstes kontrolliert, ob Ärmel- und Seitennaht des Oberteils übereinstimmen. Sie müssen vom Armausschnitt bis zur Taille exakt auf einer Linie liegen. An einer Schneiderbüste oder auf einem Tisch die Ärmelpartie unterhalb des Ellbogens nach oben umschlagen (Bild 6).
Wenn beide Nähte genau übereinstimmen, gehen Sie zum nächsten Schritt über. Wenn nicht, gibt es zwei mögliche Ursachen: einen Konstruktionsfehler oder – seltener – einen Fehler beim Zusammennähen. Auf jeden Fall ist an irgendeinem Punkt ein Fehler aufgetreten.
In diesem Fall auf dem Schnittmuster die Breite von Hinter- und Vorderärmel auf der Armausschnittlinie kontrollieren (S. 96, Bild 1), dann die Saumweite überprüfen (S. 106, Bild 1) und je nachdem, wo der Fehler liegt, die nötigen Korrekturen durchführen.
Stimmt die Konstruktion, kann es sein, dass beim Zusammenfügen die Einhalteweite nicht korrekt verteilt wurde und korrigiert werden muss.

Bild 6

FALL DES ÄRMELS

Das Wichtigste bei der Anfertigung eines Kleidungsstücks ist der Fall des Stoffes, denn er ist entscheidend dafür, dass ein Modell bequem ist und gut aussieht. Durch einen Konstruktionsfehler (Missachtung der parallelen und senkrecht zueinanderstehenden Linien) oder einen Fehler beim Zusammennähen (Missachtung der Knipse) kann es leicht passieren, dass der Stoff sich verzieht.

Das Nesselmodell anziehen und vorn mit einigen Stecknadeln schließen; dabei die waagrechten Konstruktionslinien des linken und rechten Vorderteils exakt angleichen (S. 81, Bild 2).

Wie bei der vorderen und hinteren Mitte des Oberteils muss die Relevanzlinie für den Fall des Ärmels exakt senkrecht sein. Sie muss von der Schulternaht (Bild 7) genau parallel zur Seitenlinie verlaufen (Bild 8).

In der Regel müssen die am Ärmel eingezeichnete Oberbrust- und Armausschnittlinie nach dem Zusammenfügen auf der gleichen Höhe sein wie am Vorder- und Rückenteil. Eine geringfügige Abweichung von 1–2 cm kann bei den beiden Oberbrustlinien (Rumpf und Armausschnitt) toleriert werden. Die beiden Armausschnittlinien müssen hingegen unbedingt auf derselben Höhe liegen.

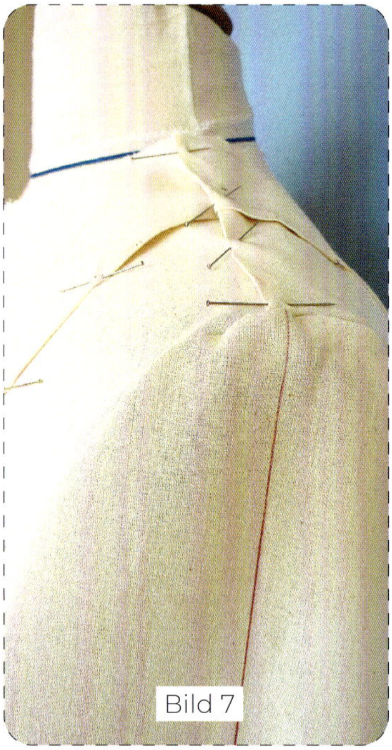

Bild 7

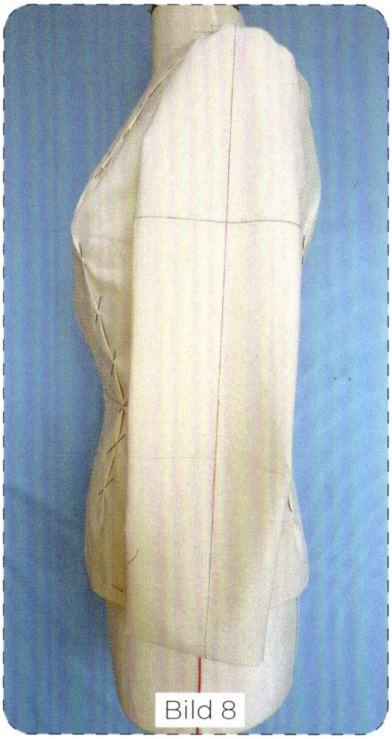

Bild 8

DER HÄUFIGSTE FEHLER

Eine gut konstruierte Armkugel liegt glatt an und darf am Armausschnitt weder Fältchen bilden noch diesen verziehen (Bild 9). Die Einhalteweite der oberen Armkugelpartie muss die gesamte Nahtzugabe der Armausschnittnaht bedecken.
Wenn eine Partie des Ärmels (Hinter- oder Vorderärmel) vom Rumpf absteht, nicht glatt am Armausschnitt anliegt und Fältchen bildet (Bild 10), bedeutet dies entweder, dass die Mehrweite nicht gleichmäßig verteilt wurde (z. B. durch falsch platzierte Knipse; S. 104, Bild 13) oder dass die Mehrweite an der Armkugel zwischen Oberbrust- und Armausschnittlinie nicht ausreicht (S. 102, Bild 10) und vergrößert werden muss. Meist tritt dieses Problem bei einer Figur mit ausgeprägten Schultern oder starkem Oberarmumfang auf.

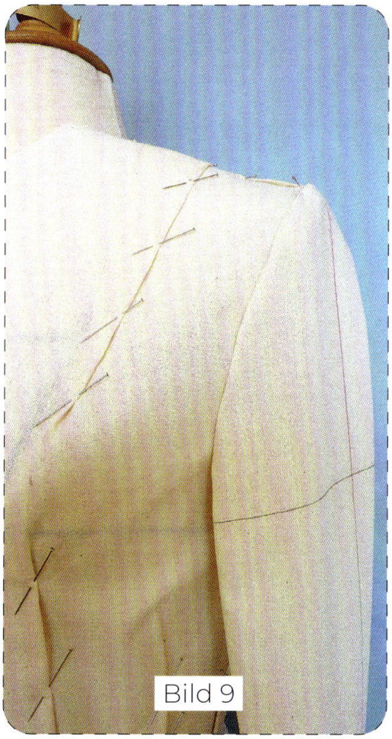
Bild 9

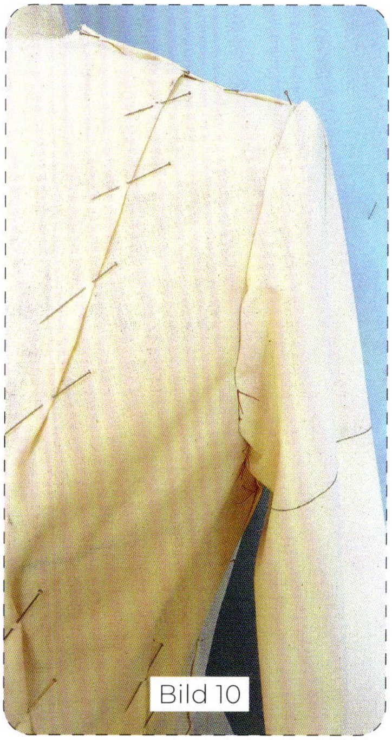
Bild 10

Profitipp

Die Nahtzugabe der Einsetznaht am Armausschnitt wird zum Ärmel hin umgelegt.

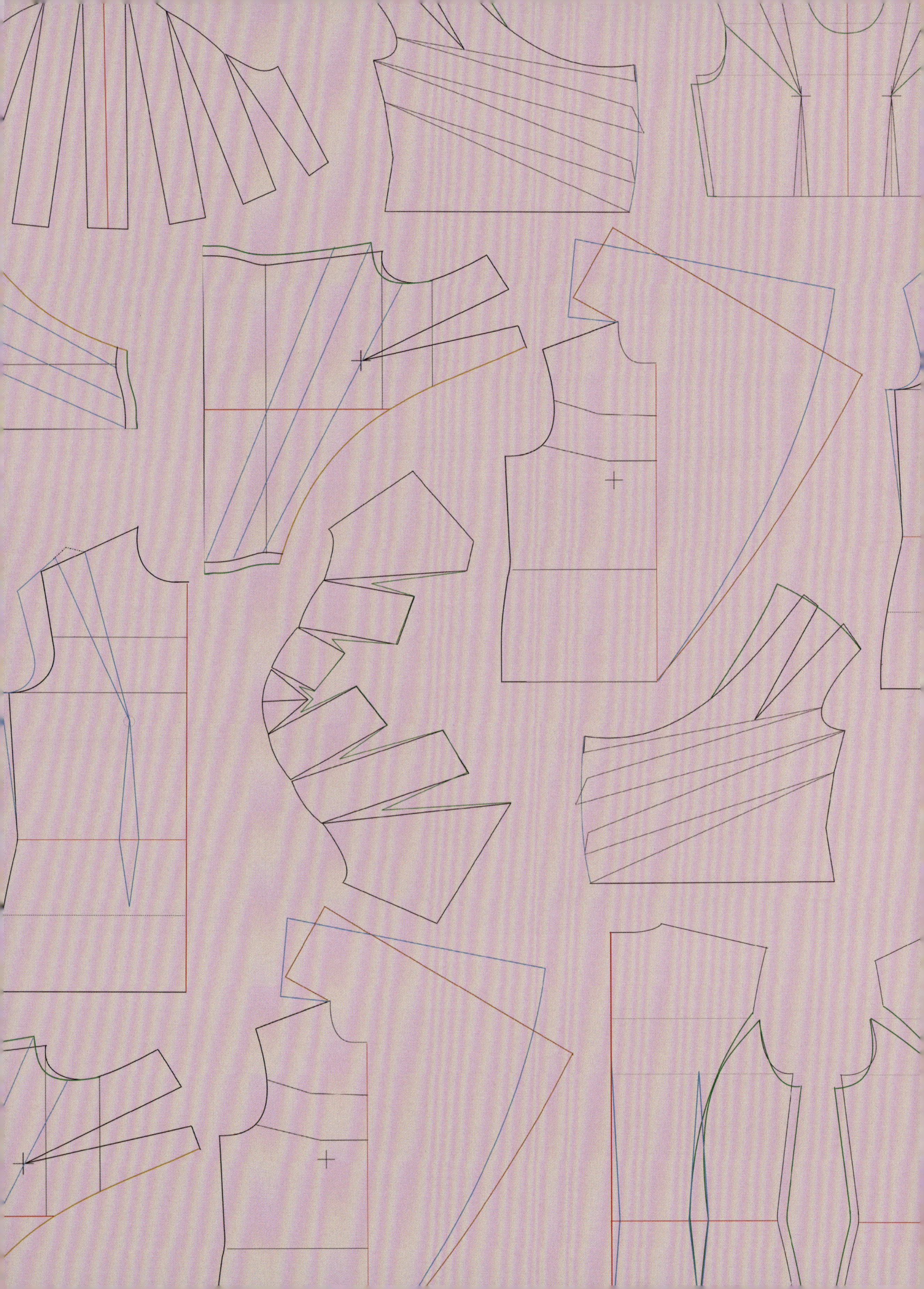

ROCK

Die Konstruktion des Rockgrundschnitts ist nicht so kompliziert wie der Oberteilgrundschnitt, denn er bildet quasi die senkrechte Verlängerung des Oberteilschnitts von der Hüftlinie abwärts. Da der Rock in der Taille gut sitzen soll, müssen an der Taillenlinie dennoch einige Veränderungen vorgenommen werden, vor allem an den Abnähern. Dabei muss der senkrechte Fall des Stoffes beachtet werden.

Sie sollten daher nicht der Versuchung nachgeben, den Rockgrundschnitt auf der Basis des Oberteilgrundschnitts zu konstruieren. Die Konstruktion des Rockgrundschnitts und seine Anpassung an die Figur müssen unabhängig vom Oberteilgrundschnitt durchgeführt werden.

Vor Beginn

Zunächst am Körper Maß nehmen, um die für die Konstruktion des Rockes notwendigen Maße zu erhalten (siehe S. 26): Brustpunktabstand, Taillenumfang und Hüftumfang.

Der Rockgrundschnitt wird stets ab der Taillenlinie gezeichnet. Die Rocklänge des Grundschnitts endet am Knie, bei einer Gesamtlänge von 55–60 cm, je nach individueller Körpergröße.

Bei der Anprobe ist es schwierig, den korrekten Fall eines längeren Rockes zu beurteilen: Die senkrechte Linie kann durch die Form der Beine verzogen werden. Die endgültige Rocklänge wird daher erst bei der Abwandlung des Grundschnitts zum fertigen Modellschnitt festgelegt (siehe S. 183–185).

Von der Hüftlinie bis zum Knie wird das Schnittmuster genau senkrecht gezeichnet.

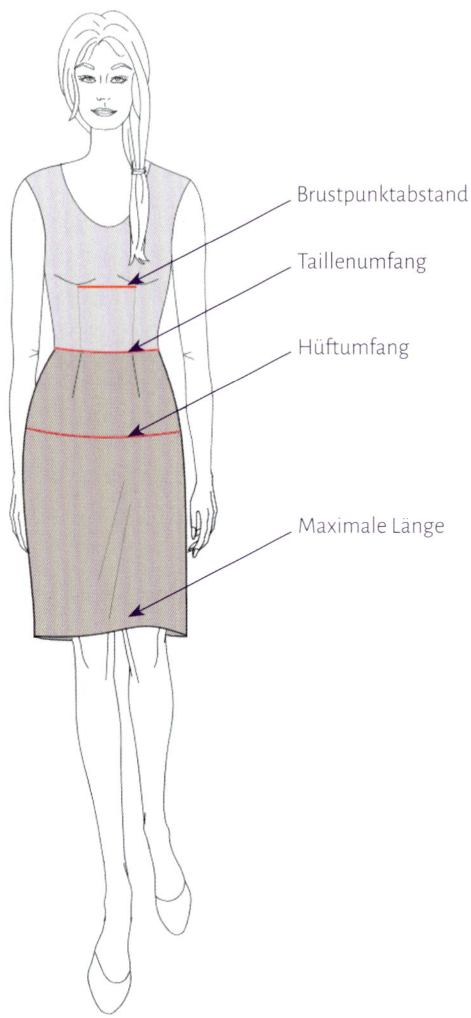

KONSTRUKTION DES ROCKES

Das Schnittmuster besteht aus zwei Teilen: dem halben Rückenteil und dem halben Vorderteil des geraden Rockes (siehe S. 15).

Ob man bei der Konstruktion mit dem Vorder- oder dem Rückenteil beginnt, ist gleichgültig, anders als beim Oberteil, bei dem die Berechnungen für das Rückenteil auf das Vorderteil übertragen werden.

Der einzige Unterschied zwischen Rücken- und Vorderteil des Rockes ist die Breite, doch es spielt keine Rolle, welches Teil zuerst gezeichnet wird.

Bei der hier gezeigten Konstruktion des Grundschnitts für einen geraden Rock beginnen Sie mit dem Rückenteil.

GRUNDGERÜST RÜCKENTEIL

Einen Bogen Papier von etwa 60 x 100 cm waagrecht hinlegen.

① Auf der linken Seite des Bogens 3–5 cm vom Rand entfernt eine senkrechte Linie von 55–60 cm Länge aufzeichnen – in Rot, da es sich um eine Referenzlinie handelt: Dies ist die hintere Mitte.

② Oben auf dem Bogen 3–5 cm vom Rand entfernt ebenfalls in Rot eine waagrechte Linie ziehen: Dies ist die zweite Referenzlinie, die Taillenlinie.

③ Unten an der hinteren Mitte rechtwinklig zu dieser eine Waagrechte zeichnen: Dies ist der Rocksaum.

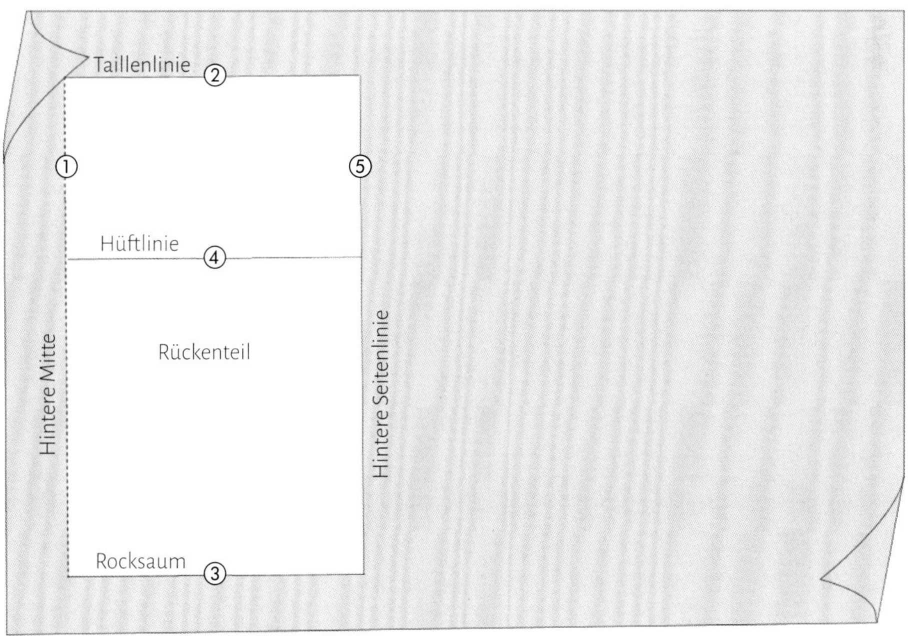

Bild 1

④ Ab der Taillenlinie auf der hinteren Mitte das Maß der Hüfttiefe abtragen (S. 23, Bild 7) und dort eine Waagrechte einzeichnen: Dies ist die Hüftlinie.
⑤ Um den Umriss des halben Rückenteils zu schließen, auf der Taillenlinie ab der hinteren Mitte ¼ des Hüftumfangs minus 1 cm abtragen – zur Position der Seitenlinie siehe S. 16, Bild 1 und 2. Ab diesem Punkt eine Senkrechte bis zum Rocksaum ziehen: Dies ist die hintere Seitenlinie.

Gut zu wissen

Einige Methoden empfehlen, Rücken- und Vorderteil des Rockgrundschnitts von derselben Seitenlinie aus zu konstruieren – siehe Bild A.

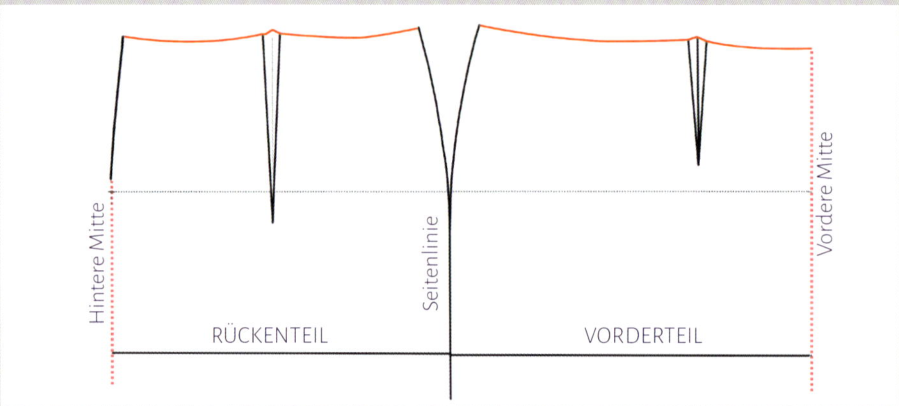

Bild A

Ohne die Richtigkeit dieser Methoden anzweifeln zu wollen, muss man jedoch den eigentlichen Zweck des Grundschnitts bedenken. An ihm werden entweder die Abwandlungen zum jeweils gewünschten Modell vorgenommen oder bei der Anprobe die Anpassungen an eine spezifische Körperform durchgeführt. In beiden Fällen ist es früher oder später notwendig, das Rückenteil vom Vorderteil zu trennen. Wurden beide von derselben Seitenlinie aus gezeichnet, muss man beide Schnittteile nochmals getrennt abpausen – ein zusätzlicher Schritt, der unnötig Zeit kostet.
Daher ist unbedingt zu empfehlen, Rücken- und Vorderteil getrennt auf dem Schnittmusterbogen zu konstruieren und ausreichend Platz zwischen ihnen zu lassen, um Abwandlungen, Nahtzugaben und Weitenzugaben hinzufügen zu können, ohne die Schnittteile noch einmal neu zeichnen zu müssen.

GRUNDGERÜST VORDERTEIL

In etwa 5 cm Abstand eine Parallele zur hinteren Seitenlinie ziehen: Dies ist die vordere Seitenlinie. Dann ab dieser Linie alle waagrechten Linien des Rückenteils verlängern: Taillenlinie (in Rot), Hüftlinie und Saumlinie des Rockes. Nun die vordere Mitte konstruieren: Auf der Taillenlinie ab der vorderen Seitenlinie ¼ des Hüftumfangs plus 1 cm abtragen. Ab diesem Punkt eine Senkrechte bis zum Rocksaum zeichnen, und zwar in Rot, da dies eine Referenzlinie ist.

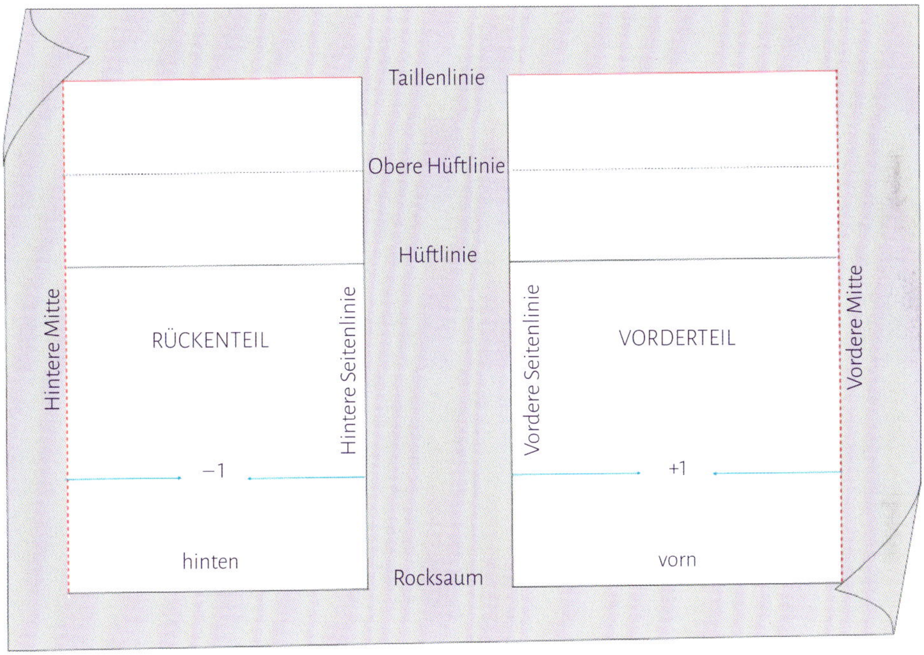

Bild 2

Profitipp

Vor dem nächsten Konstruktionsschritt müssen Sie kontrollieren, ob alle Maße stimmen und die senkrechten sowie waagrechten Konstruktionslinien exakt eingezeichnet sind.

EINZEICHNEN DER TAILLENABNÄHER

Beim Einzeichnen der Taillenabnäher muss die Reihenfolge beachtet werden. Diese Phase der Schnittkonstruktion ist sehr wichtig für ein korrektes Gesamtergebnis.

① Der erste Abnäher wird am Maßpunkt des Brustpunktabstands platziert. Seine Länge beträgt 9 cm.

② Der nächste Abnäher wird zuerst an der vorderen Seitenlinie eingezeichnet, dann mit dem gleichen Abnäherinhalt an der hinteren Seitenlinie. Seine Länge hängt von der individuellen Figur ab; in der Regel endet er etwa in Höhe der oberen Hüftlinie.

③ Der Rock erhält einen Abnäher an der hinteren Mitte. Im Gegensatz zum Oberteil, an dem er entfallen kann, ist er am Rock obligatorisch. Am Grundschnitt beträgt sein Abnäherinhalt 1 cm; dieser kann jedoch bei der Anprobe nach Bedarf vergrößert werden.

④ Die Mitte des Hauptabnähers am Rückenteil wird genau mittig zwischen dem seitlichen hinteren Taillenabnäher und dem Abnäher an der hinteren Mitte eingezeichnet. Seine Länge beträgt 11 cm.

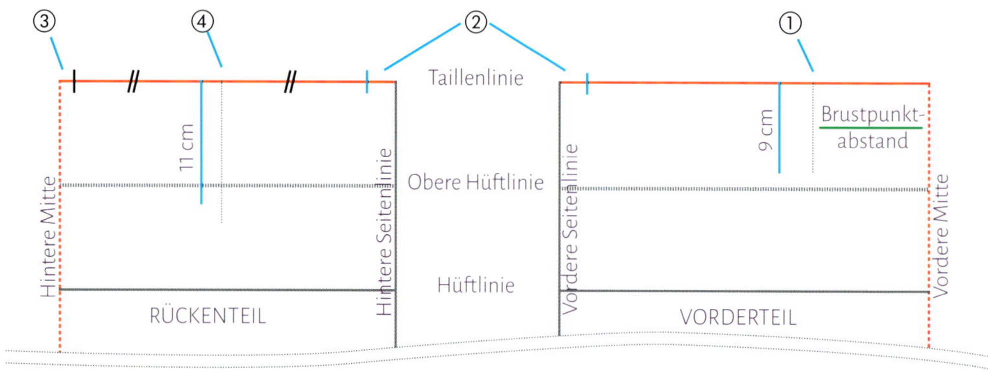

Bild 3

TAILLENABNÄHER: ABNÄHERINHALTE

Damit der Stoff schön am Körper anliegt, muss die überschüssige Weite an der Taille reduziert werden. Dabei müssen die Abnäherinhalte gleichmäßig rings um die Taille verteilt werden, um den Fall des Stoffes nicht zu beeinträchtigen. Oder anders ausgedrückt: An jeder Rockbahn (je zwei halbe Rücken- und Vorderteile) muss die gleiche Stoffmenge von den Abnähern aufgenommen werden.
Dazu müssen Sie zunächst den Taillenausfall, also die Differenz zwischen Taillen- und Hüftumfang, kennen. Das Ergebnis teilen Sie durch 4 (siehe S. 56 und 57, „Taillenabnäher: Berechnung des Abnäherinhalts“).

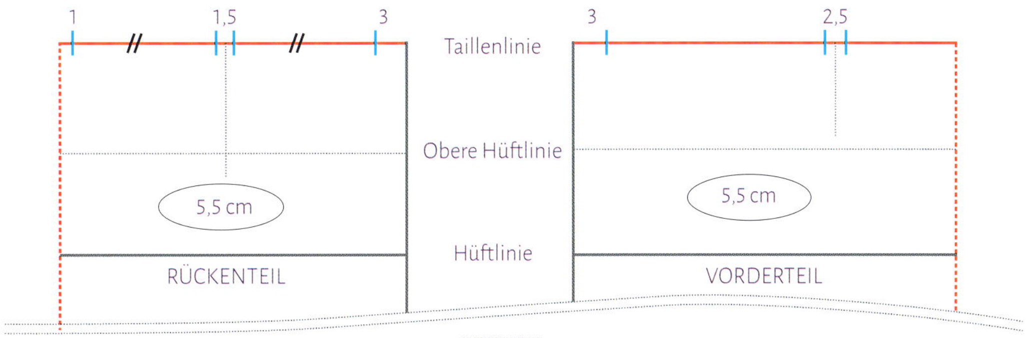

Bild 4

Beispiel: (Hüftumfang [92] – Taillenumfang [70]) : 4 = 5,5 cm.
Insgesamt müssen die Abnäher an der Taille 22 cm Stoff aufnehmen, nämlich die Differenz zwischen Hüftumfang (92 cm) und Taillenumfang (70 cm). Also werden auf jede Rockbahn 5,5 cm verteilt (Bild 4).
Für das gezeigte Beispiel bedeutet dies, dass an jeder der beiden Rockbahnen des Grundschnitts für den geraden Rock Abnäher mit einem Inhalt von 5,5 cm konstruiert werden müssen. Dabei dürfen die maximalen Abnäherinhalte jedes Abnähers (S. 55, Bild 2) nicht überschritten werden.
Hier die Verteilung der Abnäher des auf Bild 4 gezeigten Beispiels sowie zur Erinnerung die maximalen Abnäherinhalte (in Klammern):

- Vorderer Taillenabnäher: 2,5 cm (max. 3 cm)
- Seitliche Taillenabnäher: 3 cm (max. 4 cm)
- Hintere Taillenabnäher: 1,5 cm (max. 2 cm)
- Abnäher an der hinteren Mitte: 1 cm (max. 1 cm)

ZUSÄTZLICHE ABNÄHER

Am gezeigten Beispiel (S. 125, Bild 4) geht keiner der Abnäherinhalte über das Höchstmaß hinaus, doch bei einer sehr großen Differenz zwischen Hüft- und Taillenumfang müssen zusätzliche Abnäher konstruiert werden.

Beispiel: Hüftumfang (94) – Taillenumfang (68) = 26 cm, die aufzunehmen sind.

26 : 4 = 6,5 cm. An jeder Bahn – oder anders ausgedrückt: an jedem halben Rückenteil und jedem halben Vorderteil – müssen 6,5 cm Weite reduziert werden.

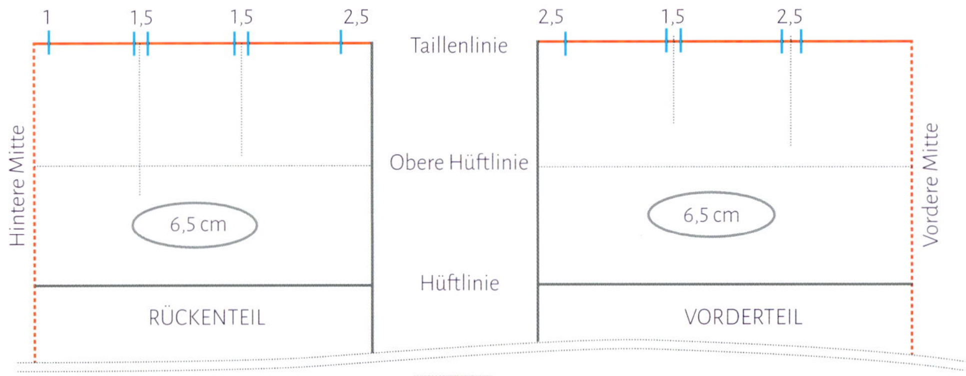

Bild 5

Abnäherinhalt der Zusatzabnäher

Zuerst muss der Inhalt jedes Abnähers bestimmt werden.

Am Vorderteil des gezeigten Beispiels: Vorderer Haupt-Taillenabnäher = 2,5 cm, seitlicher Taillenabnäher = 2,5 cm und Zusatzabnäher = 1,5 cm. Gesamtinhalt der Abnäher = 6,5 cm.

Das Rückenteil erhält den Abnäher an der hinteren Mitte = 1 cm, den hinteren Haupt-Taillenabnäher = 1,5 cm, den Zusatzabnäher = 1,5 cm und den seitlichen Taillenabnäher = 2,5 cm. Gesamtinhalt der Abnäher = 6,5 cm.

Einzeichnen der Zusatzabnäher

Vorderteil

Für den ersten Abnäher wird ab der vorderen Mitte das Maß des Brustpunktabstands abgetragen. Die Abnähermitte mit einer Länge von 9 cm einzeichnen. Den Abnäherinhalt von 2,5 cm zu gleichen Teilen beidseits der Abnähermitte markieren, also auf jeder Seite 1,25 cm.

Der zweite Abnäher wird an der Seitennaht des Rockes eingezeichnet. Für den Abnäherinhalt ab der Seitenlinie 2,5 cm abtragen (Bild 6, in Blau).

Der dritte Abnäher ist ein Zusatzabnäher. Er wird mittig zwischen den Abnäherschenkeln des vorderen Taillenabnähers und des seitlichen Abnähers eingezeichnet. Dazu den Abstand zwischen den beiden Abnäherschenkeln messen, durch 2 teilen und markieren. Ab diesem Punkt eine Senkrechte – die Abnähermitte – einzeichnen. Dann den Abnäherinhalt von 1,5 cm zu gleichen Teilen beidseits der Mitte verteilen, also 0,75 cm pro Seite. Die zusätzlichen Abnäher sind 2–3 cm kürzer als die Hauptabnäher (S. 58, Bild 5).

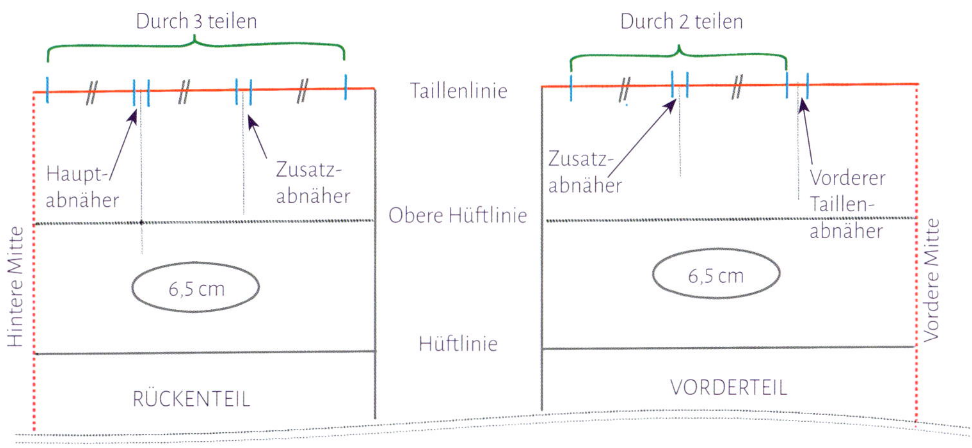

Bild 6

Rückenteil

Zuerst die Abnäherinhalte des Abnähers an der hinteren Mitte (1 cm) und der seitlichen Abnäher (2,5 cm) markieren. Dann den Abstand zwischen den Schenkeln dieser beiden Abnäher messen. Diesen Abstand durch 3 teilen und an den entsprechenden Punkten jeweils eine Senkrechte ziehen, die Abnähermitte.

Die Abnähermitte des Hauptabnähers ist 11 cm lang. In der Regel ist der Zusatzabnäher 2–3 cm kürzer (je nach Körperform) als der Hauptabnäher. Den Abnäherinhalt von 1,5 cm zu gleichen Teilen beidseits der Mitte des Zusatzabnähers verteilen, also 0,75 cm pro Seite.

EINZEICHNEN DER ABNÄHERFORMEN

Mithilfe eines Lineals die Abnäherschenkel des vorderen Taillenabnähers (Bild 1) und des hinteren Taillenabnähers (Bild 2) einzeichnen: Die Abnäherspitze durch gerade Linien mit den Markierungen des Abnäherinhalts auf der Taillenlinie beidseits der Abnähermitte verbinden.

Die Linie des vorderen seitlichen Taillenabnähers wird in Höhe der oberen Hüftlinie leicht abgerundet. Dazu ein Kurvenlineal anlegen wie auf Bild 1 gezeigt. Damit anschließend der hintere seitliche Abnäher exakt die gleiche Form erhält, auf dem Kurvenlineal in Höhe von Taillen- und oberer Hüftlinie Markierungen anbringen (Bild 1, in Rot). Dann das Lineal wenden und die Markierungen auf die entsprechenden Linien am Rückenteil legen. Die hintere Abnäherlinie einzeichnen, dabei auf den korrekten Abnäherinhalt achten.

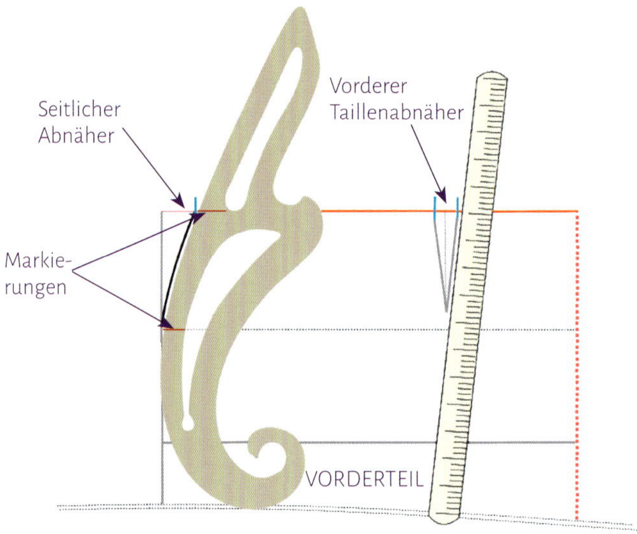

Bild 1

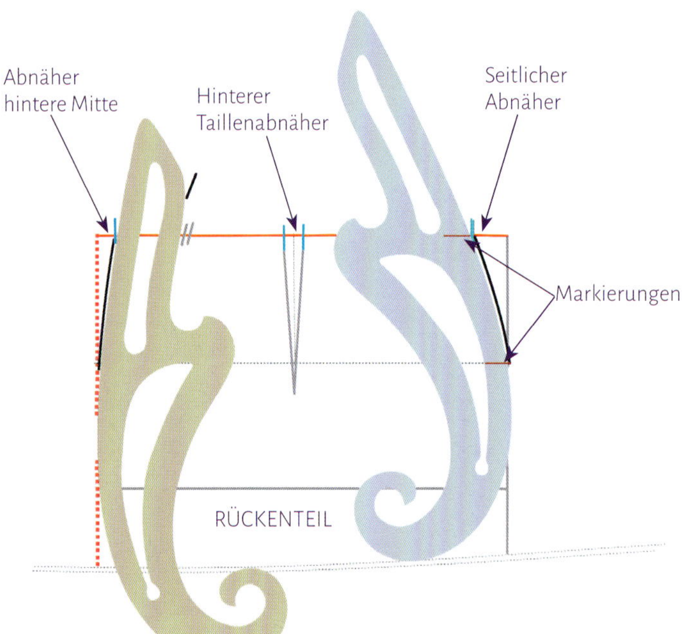

Bild 2

Die Schenkel des Abnähers an der hinteren Mitte sind fast gerade. Damit jedoch an ihrem Ende keine Spitze entsteht, die gerade Partie des Kurvenlineals anlegen wie auf Bild 2.

DIE TAILLENLINIEN

VORDERE TAILLENLINIE

Durch das Zulegen der Abnäher verformt sich die Taillenlinie des Schnittmusters. Um sie wieder anzugleichen und der Körperform anzupassen, die Taillenlinie an der vorderen Mitte um 1,5 cm absenken (Bild 1). Den Abnäher zulegen, seinen Inhalt zur vorderen Mitte umlegen und in dieser Position feststecken.

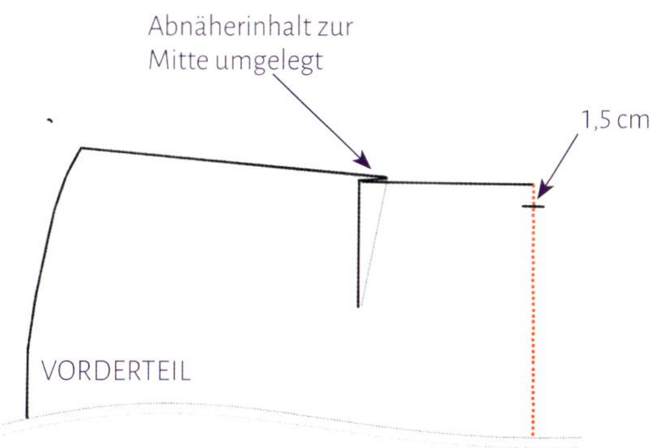

Bild 1

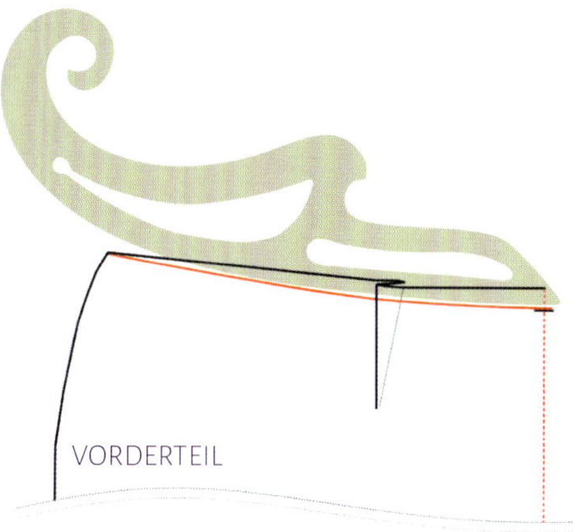

Bild 2

Ein Kurvenlineal anlegen wie auf Bild 2 und die Taillenlinie nachzeichnen.

Dabei darauf achten, das die Taillenlinie am Kreuzungspunkt mit der vorderen Mitte einen rechten Winkel bildet (Bild 3), damit weder eine Zacke noch eine Einkerbung entsteht, wenn das Schnittteil im Stoffbruch zugeschnitten wird.

Aus demselben Grund muss die Taillenlinie auch exakt rechtwinklig auf die Seitenlinie treffen, sodass beim Zusammenähen von Vorder- und Rückenteil eine gleichmäßige Linie entsteht.

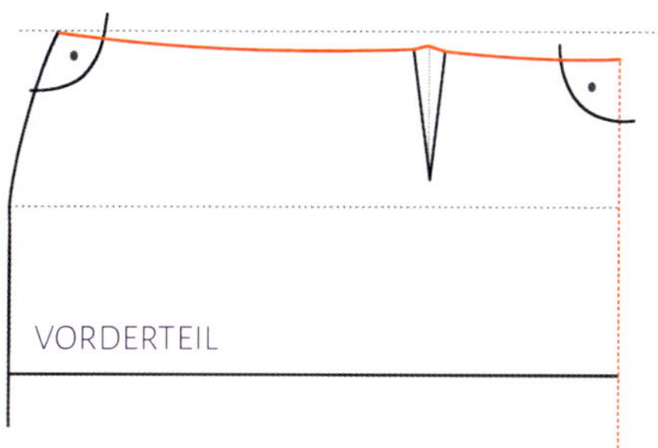

Bild 3

Profitipp

Wenn die Konstruktion an der Taille des halben Rücken- oder Vorderteils mehrere Abnäher beinhaltet, müssen alle Abnäher zugelegt und festgesteckt werden, damit man die Taillenlinie neu zeichnen kann.

HINTERE TAILLENLINIE

Die hintere Taillenlinie wird nach demselben Prinzip nachgezeichnet wie die vordere. Um sie anzugleichen und an die Körperform anzupassen, wird sie an der hinteren Mitte um 0,5 cm abgesenkt (Bild 1). Den Abnäher schließen, seinen Inhalt zur vorderen Mitte umlegen und in dieser Position feststecken.
Ein Kurvenlineal anlegen wie auf Bild 2 und die Taillenlinie nachzeichnen.
Wie am Vorderteil auch hier kontrollieren, ob die Taillenlinie exakt rechtwinklig auf die hintere Mitte und auf die Seitenlinie trifft (Bild 3).

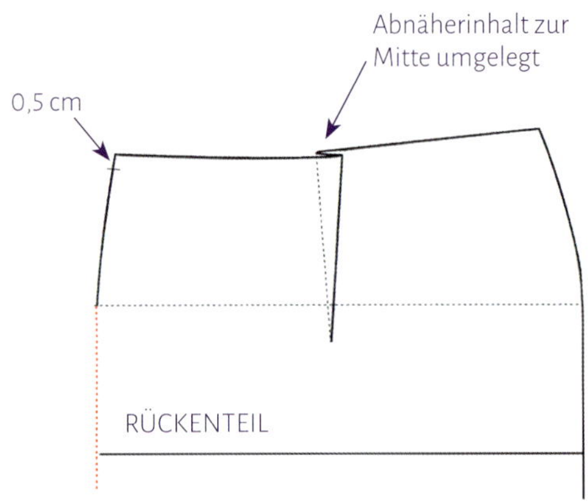

Bild 1

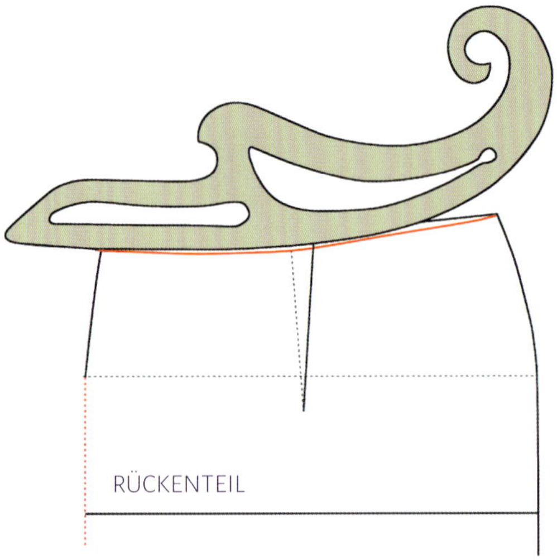

Bild 2

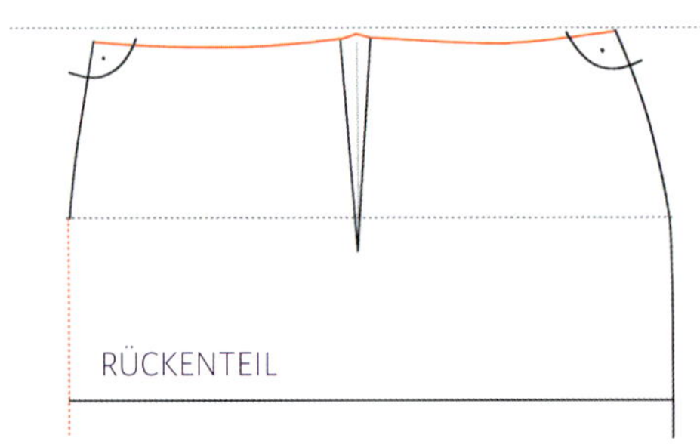

Bild 3

FERTIGER ROCKGRUNDSCHNITT

Am fertigen Grundschnitt des geraden Rockes die Nahtzugaben hinzufügen. In der Regel genügt 1 cm, doch am Probeschnitt (Nesselmodell), an dem eventuell noch Korrekturen notwendig sind, eine etwas breitere Nahtzugabe vorsehen.
An den Seiten von Vorder- und Rückenteil 2 cm anfügen.
Damit der Rock angezogen werden kann, muss die Länge der Öffnung etwas über die Hüftlinie hinausgehen (1–2 cm genügen). Um das Einnähen des Reißverschlusses zu erleichtern, an der gesamten Schlitzlänge 2 cm zugeben.
Passzeichen nicht vergessen.

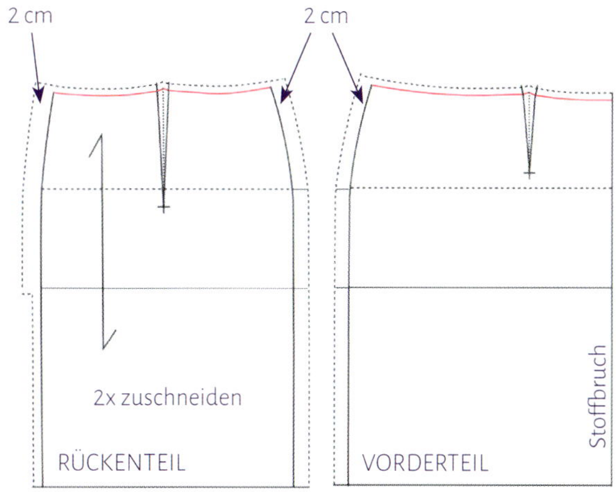

Bild 1

ZUSCHNEIDEN

Den Proberock können Sie aus beliebigem unifarbenen Webstoff zuschneiden, der sich nicht dehnt und der genügend Stand hat. Mit am besten geeignet ist Nesselstoff, wie er auch zum Drapieren verwendet wird.
Das Vorderteil wird im Stoffbruch zugeschnitten: Den Papierschnitt des halben Vorderteils genau an den Umbruch legen. Nun das Rückenteil auf den Nesselstoff legen (Fadenlauf beachten!). Den Papierschnitt an einigen Stellen feststecken, dann die Umrisse auf den Stoff zeichnen und alle Passzeichen übertragen.
Den Papierschnitt entfernen und beide Stofflagen zusammenstecken, damit sie nicht verrutschen. Nun die Teile zuschneiden.
Der Probeschnitt muss folgende Konstruktionslinien enthalten: vordere Mitte und Hüftlinie.

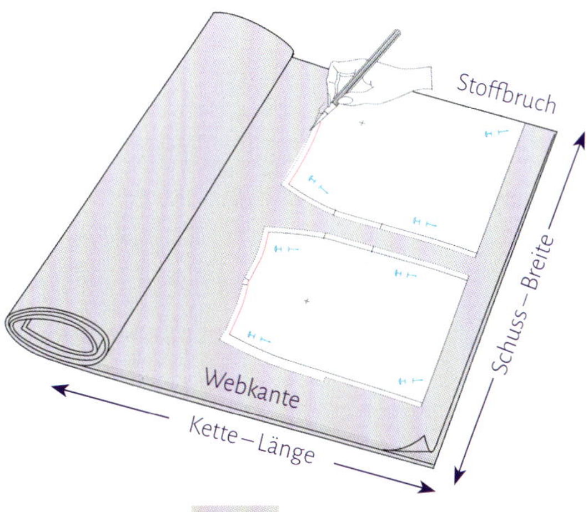

Bild 2

ZUSAMMENFÜGEN DES ROCKES

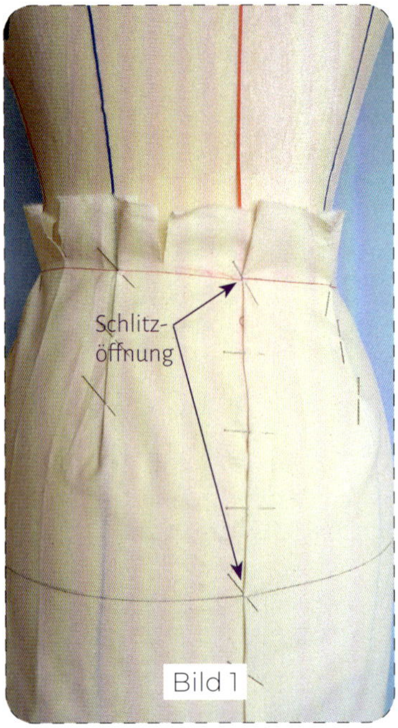

Bild 1

Die Abnäher zulegen wie auf S. 72 (Bild 1) beschrieben, dann die Seiten zusammenstecken und die Nahtzugaben zum Rückenteil umlegen. Die hintere Mitte bis zur Schlitzöffnung zusammenstecken. Damit dies leichter geht, innen ein Lineal unterlegen wie beim Zusammenfügen des Ärmels (S. 112, Bild 2).

Gut zu wissen

Wenn ein Rock mit einem Reißverschluss gearbeitet wird, ob nahtverdeckt oder nicht, platziert man diesen meist in der hinteren Mittelnaht.
Selten wird der Reißverschluss in der Seitennaht angebracht, weil die im Fadenlauf am Reißverschlussband befestigten Spiralen (Zahnkanten) die abgerundete Hüftpartie verziehen könnten.
Die Schlitzöffnung muss etwas über die Hüftlinie hinausgehen, damit man den Rock leichter anziehen kann.

ANPROBE

Den Rock anziehen, den Schlitz an der hinteren Mitte mit einigen Stecknadeln schließen; dabei beachten, dass die aufgezeichnete Hüftlinie beider Rückenteile genau auf einer Höhe ist.
Zunächst kontrollieren, ob der Rock in der **Taille ringsum schön anliegt**. Ist die Taillenweite zu locker oder zu eng, muss sie angepasst werden. Dazu alle Abnäherinhalte um denselben Betrag vergrößern oder verkleinern, um die Proportionen des Schnittmusters zu wahren.

Bild 2

POSITION DER ABNÄHER

Nach dem Anpassen der Taillenweite die **Position der Abnäher** kontrollieren und prüfen, ob der Stoff beidseits jedes Abnähers nicht verzogen ist.

Liegt der Stoff an diesen Stellen nicht glatt (siehe Bild 3), bedeutet dies, dass der Abnäher zu kurz und sein Inhalt zu groß ist. Der Abnäher muss also gekürzt und die überschüssige Weite in den seitlichen Abnäher oder einen Zusatzabnäher verlegt werden. Jeder einzelne Abnäher rings um die Taille muss überprüft und bei Bedarf korrigiert werden.

Überprüfen Sie auch die Position jedes Abnähers. Je nach individueller Statur können Sie die ursprüngliche Verteilung anpassen. Dies kann besonders bei korpulenteren Figuren notwendig sein.

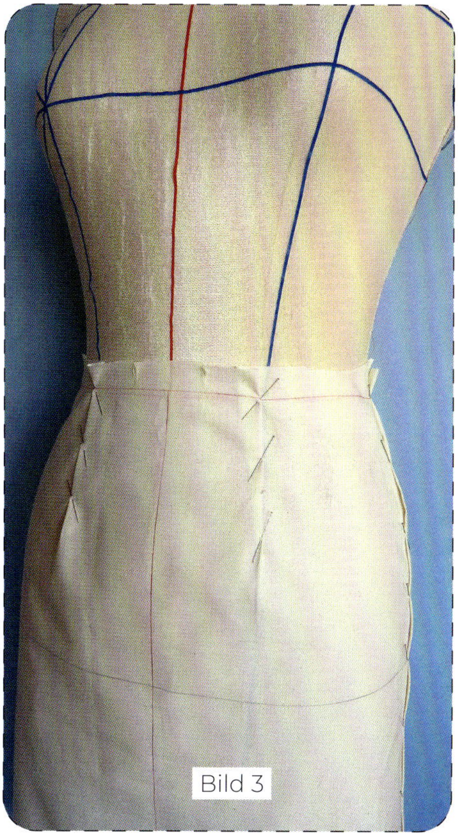

Bild 3

FALL DES ROCKES

Nach der Anpassung von Länge und Inhalt der Taillenabnäher wird kontrolliert, ob dadurch der Fall des Rockes nicht beeinträchtigt wurde. Zu erreichen, dass der Rock gut fällt, ist einer der wichtigsten Aspekte bei der Anprobe. Dabei geht es nicht allein um die Optik, sondern auch um den Tragekomfort.

Für den korrekten Fall des Rockes sind drei Elemente maßgeblich: die vordere Mitte, die hintere Mitte und die Seitennähte. Diese Linien müssen ab der Hüftlinie unter allen Umständen exakt senkrecht und parallel verlaufen.

Der Fall des Rockes wird in der Regel durch Verlegen der Seitennähte korrigiert.

Bei Bedarf also die Stecknadeln bis zur Hüftlinie entfernen, eine exakt senkrechte Linie konstruieren und die Seiten an dieser neuen Linie wieder zusammenstecken.

KONSTRUKTIONSFEHLER

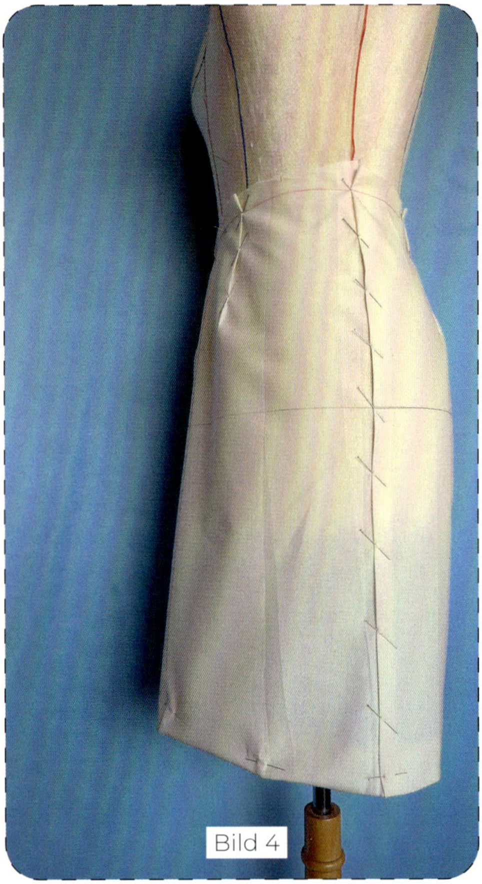

Bild 4

Vorn hochrutschender Rock

Dieser Fehler tritt am häufigsten auf. Ursache ist, dass der Betrag, um den die Taille abgesenkt wurde (S. 129), unzureichend an die individuelle Figur angepasst ist.

Wenn Sie den Rock von der Seite betrachten, können sie gut erkennen, ob das Vorderteil genau senkrecht oder etwas schräg fällt. Für einen exakt senkrechten Fall die Taillenlinie an der vorderen Mitte anheben oder absenken. Die Position der neuen Linie markieren, damit Sie die Korrektur auf den Papier-Grundschnitt übertragen können.

Hinten hochrutschender Rock

Wenn die hintere Mitte des Rockes nicht senkrecht fällt, korrigieren Sie dies auf dieselbe Weise wie am Vorderteil.

Die Ursache dieses Fehlers, bei dem die hintere Mitte mehr oder weniger schräg fällt, ist in diesem Fall allerdings die Gesäßrundung. Da die Absenkung der Taillenlinie am Rückenteil minimal ist, nur 0,5 cm (S. 130), muss man sie über die Taillen-Konstruktionslinie hinaus anheben. Dies ist insbesondere bei starker Figur (große Größen) der Fall. Die Position der neuen Linie markieren, damit Sie die Korrektur auf den Papier-Grundschnitt übertragen können.

Profitipp

Wenn der Rock vorn oder hinten hochrutscht, darf dieser Fehler niemals durch Verändern der Saumlinie korrigiert werden. Diese Linie muss stets exakt waagrecht gezeichnet werden.

ANPASSEN DES ROCKES IN DER TAILLE

Es ist sehr wichtig, die Taillenlinie so anzupassen, dass sie exakt der jeweiligen Körperform entspricht. Dies gilt besonders bei ausgeprägten Rundungen, z. B. im Bauchbereich. Wird diese Linie auf dem Schnittmuster nicht korrekt gezeichnet, kann dies den senkrechten Fall des Rockes beeinträchtigen. Die Anpassung der Taillenlinie muss auf jeden Fall erfolgen, wenn die Abnäherinhalte verändert wurden, da sie dadurch von ihrer ursprünglichen Form auf dem Schnittmuster abweicht. Zur Korrektur am Nesselmodell ein Maßband, eine Schnur oder Kordel anlegen, um den neuen Verlauf der Taillenlinie auf dem Stoff zu markieren. Daran entlang die neue Taillenlinie aufzeichnen.

Bild 5

ÜBERTRAGEN DER KORREKTUREN AUF DEN PAPIERSCHNITT

Die auf dem Stoff angebrachten Korrekturen müssen auf den Papierschnitt übertragen werden. Damit sie gut zu erkennen sind, verwendet man dazu einen Farbstift. Zuerst die Stecknadeln entfernen, um Vorder- und Rückenteil zu trennen. Auch die Stecknadeln, mit denen die Abnäher geschlossen sind, entfernen.

Das Rückenteil aus Nessel so auf den Papierschnitt legen, dass die vordere Mitte beider Teile genau aufeinanderliegt. Auch die waagrechten Konstruktionslinien – Taillen- und Hüftlinie – müssen genau übereinstimmen: An allen Kreuzungspunkten der waagrechten Linien mit der vorderen Mitte feststecken. Am Vorderteil ebenso verfahren.

Vor dem nächsten Schritt nochmals genau kontrollieren, ob die Nesselteile wirklich ganz flach auf dem Papierschnitt liegen, da dies entscheidend für das Endergebnis ist.

Nun die zuvor am Stoff vorgenommenen Korrekturen auf den Papierschnitt übertragen: Inhalt und Position der Abnäher sowie Position und Verlauf von Seiten- und Taillenlinie.

Jede einzelne Markierung auf dem Stoff muss auch auf dem Papier eingezeichnet werden. Der korrigierte Papierschnitt und der Probeschnitt aus Nesselstoff müssen identisch sein.

Profitipp

Man kann den Nesselstoff vor dem Zuschneiden bügeln, doch niemals nach der Anprobe, da sich durch Wärme und Dampf Form und Proportionen verändern können.

HOSE

Die Konstruktion eines Hosengrundschnitts nach Standardmaßen ist in der Regel nicht besonders schwierig. Die Konstruktion nach Maß ist hingegen kniffliger – hierzu sind einige Erfahrung sowie zusätzliche Überlegungen notwendig. Die Anpassung an die individuelle Figur erfolgt hier am besten bei der Anprobe direkt am Körper. Figurprobleme und Haltungsabweichungen auf das Schnittmuster zu übertragen, ist nicht einfach und erfordert große Sachkenntnis.

Damit diese komplexe Konstruktion gelingt, müssen Sie sich exakt an die folgende Anleitung halten. Wichtig ist vor allem, dass Sie die Erläuterungen zu jeder einzelnen Linie, jeder Rundung und jedem weiteren Arbeitsschritt wirklich nachvollziehen können. Bei Bedarf können Sie auch die anderen Bücher der Autorin aus der Reihe „Schnittkonstruktion in der Mode“ zu Rate ziehen, etwa den Band „Schnittabwandlungen“.

Vor Beginn

Um den Hosengrundschnitt zu zeichnen, nehmen Sie einen Bogen Papier, der in der Breite dem halben Hüftumfang plus 20 cm, in der Höhe der Beinlänge (ca. 110 cm) plus einer Zugabe von 5–10 cm entspricht. Nun die benötigten Maße abnehmen: Taillenumfang, Hüftumfang, Sitzhöhe, Knietiefe und Seitenlänge (seitliche Taillenlinienhöhe), außerdem die Hilfsmaße zur Überprüfung des Schnittmusters: Oberschenkelumfang, Wadenumfang und Gesamtlänge der Schrittnaht (S. 27–29).

KONSTRUKTION DER HOSE

Im Gegensatz zu anderen Schnittmustern (z. B. dem des Oberteils) können Sie bei der Zeichnung des Hosengrundschnitts mit dem rückwärtigen oder dem vorderen Hosenteil beginnen. Dies hat keinerlei Auswirkungen auf die Konstruktion, da rückwärtiges und vorderes Hosenteil bei den ersten Konstruktionsschritten identisch sind (S. 121, Bild 1). Erst bei der Konstruktion der Schrittnaht treten die Unterschiede auf.

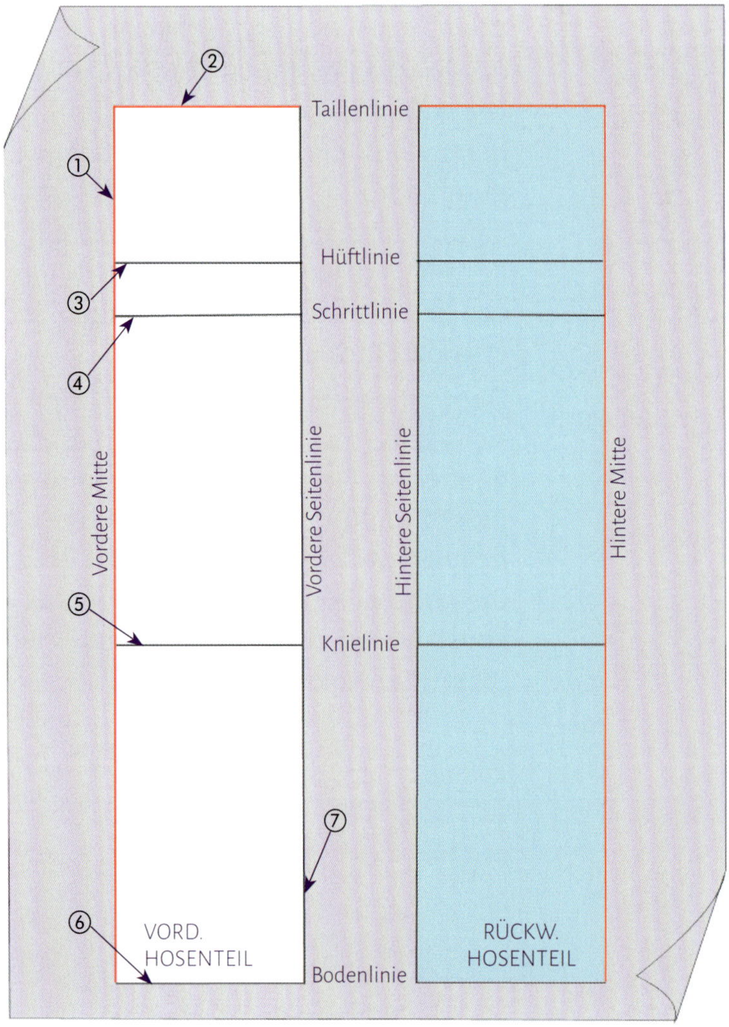

Bild 1

① Etwa 5 cm vom Rand des Bogens entfernt in Rot eine lange senkrechte Linie aufzeichnen: Dies ist die vordere Mitte.
② Etwa 5 cm vom Rand entfernt am oberen Ende der vorderen Mitte rechtwinklig zu ihr in Rot eine waagrechte Linie einzeichnen: Dies ist die Taillenlinie.
③ Ab der Taillenlinie das Maß der Hüfttiefe abtragen und senkrecht zur vorderen Mitte eine Parallele zur Taillenlinie einzeichnen: Dies ist die Hüftlinie.
④ Ab der Taillenlinie das Maß der Sitzhöhe (S. 28) abtragen und senkrecht zur vorderen Mitte eine Parallele zur Taillenlinie einzeichnen: Dies ist die Schrittlinie.
⑤ Immer noch ab der Taillenlinie (die eine Referenzlinie ist) das Maß der Kniehöhe abtragen und senkrecht zur vorderen Mitte eine Parallele zur Taillenlinie einzeichnen: Dies ist die Knielinie.
⑥ Nun die letzte waagrechte Linie aufzeichnen: die Bodenlinie der Hose. Wiederum ab der Taillenlinie das Maß der seitlichen Taillenlinienhöhe (Seitenlänge bis zum Boden) abtragen und ab diesem Punkt eine Waagrechte zeichnen.
⑦ Um das Grundgerüst des halben vorderen Hosenteils fertigzustellen, den Hüftumfang abmessen und das Ergebnis durch 4 teilen (der Hosengrundschnitt besteht aus einem halben vorderen und einem halben rückwärtigen Hosenteil, siehe S. 15, Bild 1). Den erhaltenen Wert ab der vorderen Mitte auf der Taillenlinie abtragen, dann eine Senkrechte bis zur Saumlinie der Hose zeichnen: Dies ist die Seitenlinie der Hose.
Im Abstand von 5–10 cm ab der Seitenlinie dasselbe Grundgerüst gespiegelt noch einmal aufzeichnen (Bild 1, in Blau). Dazu alle waagrechten Linien verlängern und die Linie der hinteren Mitte auf der rechten Seite des Bogens in Rot einzeichnen.

Profitipp

Vor dem nächsten Konstruktionsschritt müssen Sie unbedingt alle eingezeichneten Maße überprüfen, denn von diesem Teil der Konstruktion hängt das Endergebnis ab. Ein Fehler an dieser Stelle würde die gesamte Arbeit ruinieren.

VORDERES HOSENTEIL

BREITE DER VORDEREN SCHRITTNAHT

① Für die Breite der vorderen Schrittnaht, also die Schrittspitze, müssen Sie die Schrittlinie ab der vorderen Mitte um 1/20 des Hüftumfangs minus 1 cm verlängern (Bild 1, kurze grüne Linie).

Beispiel: Hüftumfang = 92 cm; 92 : 20 = 4,6 cm; 4,6 – 1 = 3,6 cm.

Für diese Berechnung denselben Hüftumfang wie für die Zeichnung des Grundgerüsts verwenden, und die Schrittlinie ab der vorderen Mitte nach links um das erhaltene Maß verlängern.

VORDERHOSENBRUCH

② Der Vorderhosenbruch der Hose sitzt genau in der Mitte der Gesamtbreite der Schrittlinie. ¼ des Hüftumfangs und die unter Punkt 1 berechnete Breite der vorderen Schrittnaht (Schrittspitze) addieren, dann das Ergebnis durch 2 teilen. Diese Bruchlinie wird die Referenzlinie und wird daher in Rot eingezeichnet. Die Linien der vorderen und hinteren Mitte, die verwendet wurden, um das Grundgerüst nach Maß zu zeichnen, können in Schwarz nachgezeichnet oder einfach ausradiert werden.

Beispiel: Hüftumfang = 92 cm; 92 : 4 = 23 cm; Breite der vorderen Schrittnaht/ Schrittspitze = 3,6 cm.

Also: 23 + 3,6 = 26,6 cm. Dies ist die Gesamtbreite der Schrittlinie, die man nun durch 2 teilt: 26,6 : 2 = 13,3 cm.

In diesem Beispiel ist die Linie des Vorderhosenbruchs in 13,3 cm Abstand zur vorderen Seitenlinie einzuzeichnen.

Führen Sie die Berechnung wie oben beschrieben, jedoch mit den für Ihr Schnittmuster verwendeten Maßen durch und zeichnen Sie den Vorderhosenbruch ein.

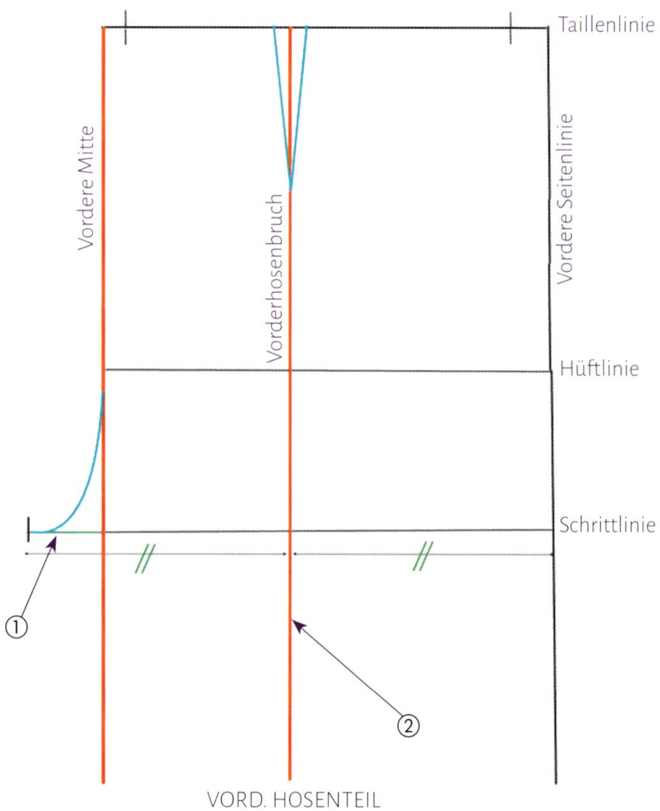

Bild 1

ABNÄHER

Abnäher an der vorderen Mitte

③ Dieser Abnäher wird eher aus technischen Gründen als aus Notwendigkeit angebracht. Er dient dazu, die Kante der im Fadenlauf zugeschnittenen vorderen Mitte etwas abzuschrägen. Je nach Figurtyp, z. B. bei einem etwas fülligeren Bauch, kann die Neigung dieses Abnähers von der senkrechten vorderen Mitte aus nach links oder rechts gezeichnet werden. Ab der vorderen Mitte 1 cm abmessen und ab diesem Punkt eine Gerade zur Hüftlinie ziehen (Bild 2, blaue Linie). Der Abnäherinhalt wird bei der Anprobe angepasst.

Taillenabnäher

④ Zur Bestimmung der Abnäherinhalte der Taillenabnäher an der Hose ebenso verfahren wie bei den Abnähern am Rock (S. 124) oder am Oberteil (S. 54). *Beispiel: Hüftumfang = 92 cm, Taillenumfang = 70 cm. Die Differenz zwischen beiden beträgt 22 cm, die man durch 4 teilt. 22 : 4 = 5,5 cm. Es müssen pro Schnittteil (½ vorderes Hosenteil und ½ rückwärtiges Hosenteil) 5,5 cm Abnäherinhalt verteilt werden. Am gezeigten Beispiel (Bild 2) sind die 5,5 cm gleichmäßig auf den seitlichen Abnäher (2,5 cm), den vorderen Abnäher (2 cm) und den bereits im vorigen Schritt konstruierten Abnäher an der vorderen Mitte (1 cm) zu verteilen.* Die Berechnungen nach den für Ihre Konstruktion verwendeten Maßen durchführen und die Werte auf dem Schnittmuster einzeichnen.

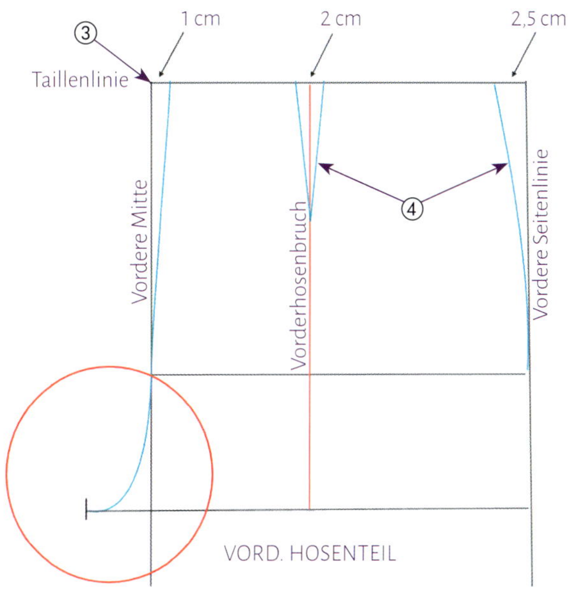

Bild 2

Gut zu wissen

Bei den anderen Grundschnitten wird der vordere Taillenabnäher grundsätzlich nach dem Maß des Brustpunktabstands konstruiert. Bei der Hose wird er jedoch sehr häufig am Vorderhosenbruch (Bügelfalte) angebracht, sodass Abnäher und Bügelfalte an der Hose ein harmonisches Gesamtbild ergeben. Auf die Konstruktion oder den Fall der Hose hat es jedoch keinen Einfluss, ob der Abnäher nach dem Brustpunktabstand oder auf dem Vorderhosenbruch konstruiert wird.

FORM DER VORDEREN SCHRITTNAHT

① Am Ende der Schrittlinie eine Abflachung (siehe S. 16) von 1 cm markieren.

② Auf der Winkelhalbierenden der vorderen Mitte und der Schrittlinie (45°) 1–2 cm abtragen (siehe Kasten auf dieser Seite). Dann mithilfe eines Kurvenlineals eine Kurve einzeichnen (Bild 3, blaue Linie), die folgende Punkte verbindet: den Punkt der Abflachung, den Punkt auf der Winkelhalbierenden und das Ende der Hüftlinie.

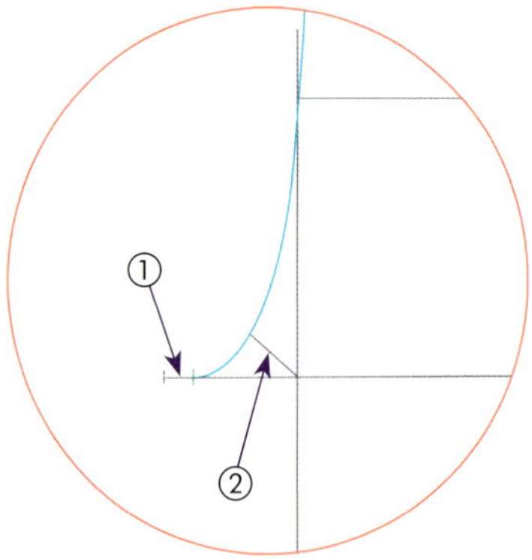

Bild 3

TAILLENLINIE

Durch das Zulegen der Abnäher verformt sich die Taillenlinie. Um sie wieder anzugleichen und an die Körperform anzupassen, die Taillenlinie in der Mitte um 1,5 cm absenken (Bild 4, kurze grüne Linie). Beim Nachzeichnen der Taillenlinie darauf achten, dass die Markierungen (in Grün) im rechten Winkel (90°) zu den durch die Abnäher veränderten Linien (vordere Mitte und Seitenlinie) stehen. Den Abnäher am Vorderhosenbruch zulegen, mit einer Stecknadel fixieren und mithilfe des Kurvenlineals die Taillenlinie des halben vorderen Hosenteils nachzeichnen.

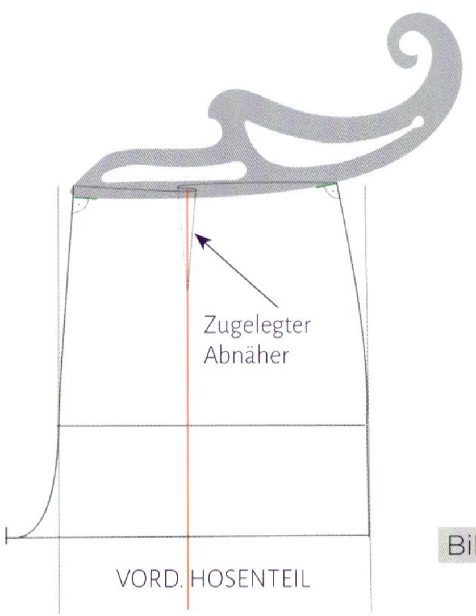

Bild 4

Gut zu wissen

Das auf der Winkelhalbierenden abgetragene Maß ist eine Hilfsmarkierung, die verhindert, dass die hintere Schrittnaht bei der Konstruktion zu stark gekrümmt wird. Die Position der Markierung kann je nach Breite der Schrittlinie variieren, und diese hängt wiederum vom Hüftumfang ab. Wurde die Schrittlinie um bis zu 4 cm verlängert, trägt man auf der Winkelhalbierenden 1–1,5 cm ab, doch dieser Wert erhöht sich proportional zum Maß der Verlängerung der Schrittlinie.

Ist die Schrittnaht zu stark gekrümmt, wird die Hose unbequem, ist sie zu wenig gekrümmt, wirft der Stoff Falten. Eine wirklich korrekt verlaufende, an die Körperform angepasste Schrittnaht erreicht man in aller Regel erst durch die Korrekturen bei der Anprobe (S. 156 f.).

RÜCKWÄRTIGES HOSENTEIL

> **Profitipp**
>
> Der Hinterhosen- und der Vorderhosenbruch haben den gleichen Abstand zur Seitenlinie.

HINTERHOSENBRUCH

① Auf dem rückwärtigen Hosenteil zunächst den Hinterhosenbruch einzeichnen. Dazu ab der Seitenlinie das Maß abtragen, das zur Bestimmung des Vorderhosenbruchs am vorderen Hosenteil berechnet wurde (S. 140, Punkt 2). Im gezeigten Beispiel sind dies 13,3 cm. Dort in Rot eine Senkrechte einzeichnen.

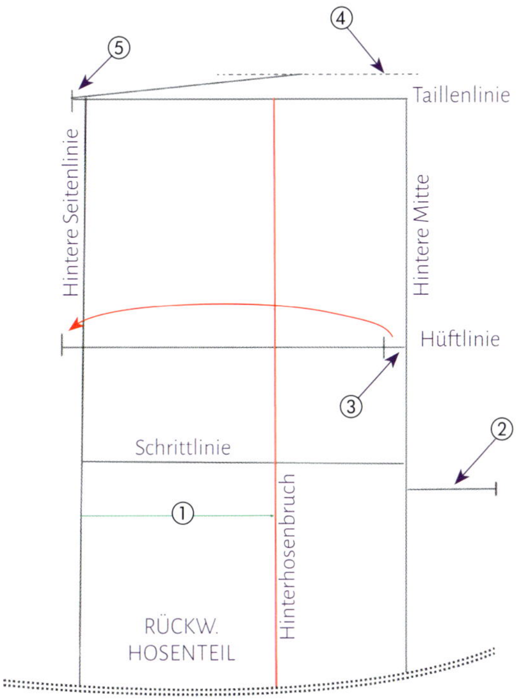

Bild 1

HINTERE SCHRITTNAHT

② Die Schrittlinie um 2 cm absenken, dann ab der hinteren Mitte $^{1}/_{20}$ des Hüftumfangs plus 2 cm abtragen.

Beispiel: Hüftumfang = 92 cm; 92 cm : 20 = 4,6 cm; 4,6 cm + 2 cm = 6,6 cm.

Diese Berechnung mit dem für Ihre Konstruktion verwendeten Hüftumfang durchführen, die Schrittlinie um das erhaltene Maß verlängern und dort eine Markierung anbringen. Die zu dem $^{1}/_{20}$ des Hüftumfangs hinzugefügten 2 cm sind ein Standardwert, der je nach Gesäßform manchmal auf 3 oder 4 cm erhöht werden muss. Das endgültige Maß wird bei der Anprobe der Hose festgelegt.

Die Schrittlinie wurde um 2 cm abgesenkt, doch dieses Maß wird nur selten verändert. Der Unterschied in der Länge der beiden Schrittnähte (hinten und vorn) sorgt für guten Sitz und die nötige Bewegungsfreiheit vorn am Bein. Er ist notwendig, damit das Hosenbein an der Rundung des Oberschenkels anliegt, und erhöht auch den Tragekomfort beim Beugen des Beines.

③ Auf der Hüftlinie ab der hinteren Mitte 2,5 cm abtragen. Die Hüftlinie ab der hinteren Seitenlinie ebenso weit nach außen verlängern (Bild 1, roter Pfeil) und eine Markierung einzeichnen.

④ 2 cm oberhalb der Taillenlinie ab der hinteren Mitte eine kurze waagrechte Parallele einzeichnen. Diese 2 cm sind ein Mindestmaß, das vor allem von der Gesäßform sowie auch der Breite der Schrittnaht/Schrittspitze abhängt. Diese Erhöhung muss auf jeden Fall vorgenommen werden, damit die Taillenlinie beim Bücken oder Hinsetzen nicht zu weit nach unten rutscht. Wie viele andere Maße des Papierschnitts wird auch dieses bei der Anprobe angepasst und korrigiert.

⑤ Nun wird die obere Partie des Schnittmusters (zwischen Schritt- und Taillenlinie) schräg gestellt, um Platz für das Gesäß zu schaffen. Dazu die ursprüngliche Taillenlinie ab der hinteren Seitenlinie um 1,5 cm nach außen verlängern. Dieses Maß hängt von der Gesäßform ab und wird bei der Anprobe endgültig festgelegt. Ab dieser Markierung bis zu der unter Punkt 4 konstruierten Linie eine Gerade ziehen, deren Länge ¼ des Taillenumfangs beträgt.

Profitipp

Die Schrittnaht ermöglicht es, die hintere Mitte der Hose schräg zu stellen, sodass man den hinteren mittleren Abnäher anbringen kann. Dieser sorgt dafür, dass der Stoff von der Schrittspitze zwischen den Beinen bis zur Taillenlinie an der hinteren Mitte schön am Gesäß anliegt.

Das Maß fällt je nach Gesäßform größer oder kleiner aus. Bei durchschnittlich proportionierter Figur wird die hintere Mitte um 2,5–3 cm schräg gestellt.

Nun haben Sie alle notwendigen Markierungen angebracht, um den Verlauf der hinteren Mitte der Hose neu zu bestimmen. Diese neue (gerade) Linie durch Verbinden des Punktes auf der Taillenlinie (Bild 2, Punkt 1) mit Punkt 2 auf der Hüftlinie (grüne Linie) einzeichnen. Anschließend auf der Schrittspitze eine Abflachung markieren, die etwa über ⅓ der Gesamtlänge der Schrittspitze reicht. Mithilfe eines Kurvenlineals das Ende der zuvor eingezeichneten Geraden durch eine leicht geschwungene Linie mit der Markierung der Abflachung verbinden (Bild 2, blaue Linie).

Bild 2 zeigt, wie das Kurvenlineal angelegt werden kann, um die Rundung der Schrittnaht zu zeichnen. Bei Ihrer Konstruktion müssen Sie jedoch die Kurve des Lineals auswählen, die Ihren bei der Konstruktion verwendeten Maßen am besten entspricht. Die Schrittnaht soll eine durchgehende gleichmäßige Linie bilden.

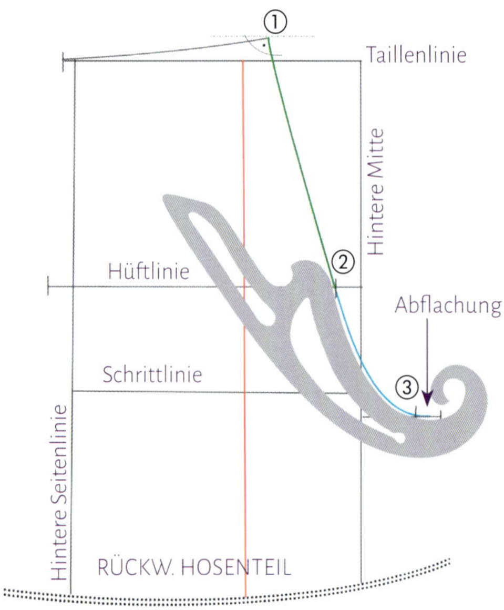

Bild 2

HINTERER ABNÄHER

Je nach Körperform oder Art des Hosenmodells kann am rückwärtigen Hosenteil ein Abnäher konstruiert werden. Dieser ist nicht obligatorisch und muss bei der Konstruktion des Hosengrundschnitts nicht grundsätzlich angebracht werden. Er kann jedoch den Sitz verbessern oder bei der Anprobe das Anpassen der Hose an die Figur erleichtern.

Um den Abnäher zu konstruieren, die Taillenlinie an der hinteren Mitte um das Maß des Abnäherinhalts verlängern. Dann die Form der Schrittnaht bis zur Hüftlinie angleichen (Bild 3, blaue Linie). Der Abnäher wird genau in der Mitte der Taillenlinie angebracht, also zwischen Schrittnaht und Seitenlinie. In der Mitte des halben rückwärtigen Hosenteils senkrecht zur Taillenlinie zunächst die Abnähermitte einzeichnen. Dann den Abnäherinhalt zu gleichen Teilen beidseits der Mitte markieren. Zur Erinnerung: In der Regel beträgt der Inhalt dieses Abnähers maximal 2 cm (S. 55, Bild 2). Nach dem Zulegen des Abnähers nicht vergessen, die Taillenlinie neu zu zeichnen.

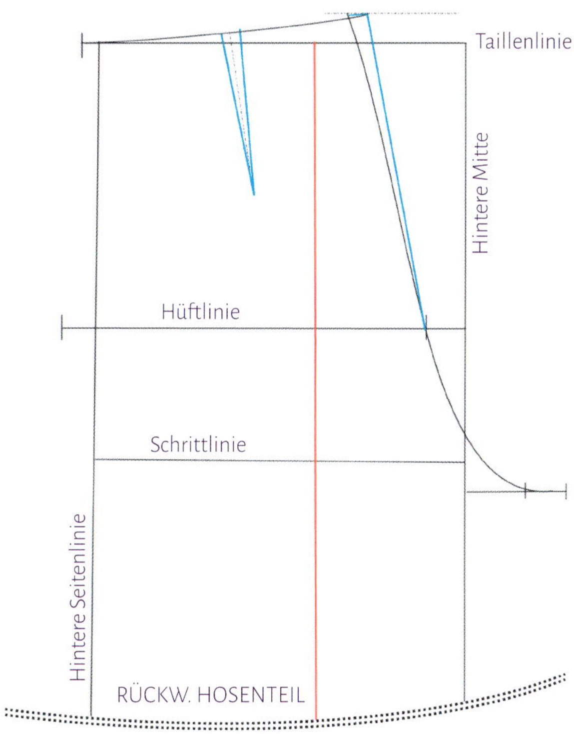

Bild 3

SAUMWEITE DER HOSE

Am Grundschnitt wird die Saumweite der Hose durch senkrechte Linien von der Bodenlinie bis zur Knielinie eingezeichnet. Die Maße der Saumweite können beliebig entweder auf der Knielinie oder der Bodenlinie abgetragen werden.

Zuerst muss die Saumweite festgelegt werden. Sie darf nicht zu eng sein, damit man den Fall der Hose besser beurteilen kann: 40–44 cm ist eine mittlere Saumweite, die sich für alle Figurtypen eignet.

Aufgrund von Form und Proportionen des Körpers ist die Saumweite am rückwärtigen und vorderen Hosenteil unterschiedlich.

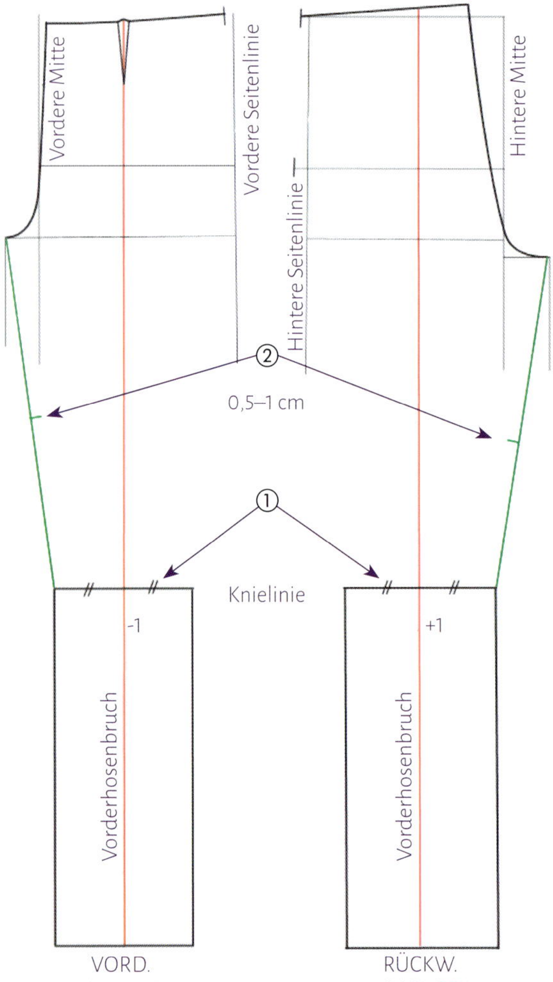

Bild 1

In der Regel ist die hintere Saumweite größer als die vordere. Dies gilt vor allem bei normalen Körperproportionen. Es kommt vor, dass die Seitenlinie nach vorn verlegt wird, besonders bei einem ausgeprägten Bauch oder starken Oberschenkeln. Diese Korrektur wird in diesem Fall bei der Anprobe durchgeführt.

① Die gewählte Saumweite durch 2 teilen. Dann von der vorderen Saumweite 1 cm abziehen und an der hinteren 1 cm anfügen.

Beispiel: Saumweite = 40 cm, 40 : 2 = 20 cm, 20 cm – 1 cm = 19 cm (vordere Saumweite) und 20 cm + 1 cm = 21 cm (hintere Saumweite).

Dann die hintere und vordere Saumweite jeweils zu gleichen Teilen beidseits vom Bruch (Hinter- bzw. Vorderhosenbruch) verteilen.

Berechnung für das vordere Hosenteil des angeführten Beispiels: 19 cm : 2 = 9,5 cm. Dieses Maß rechts und links des Vorderhosenbruchs abtragen. Dann die senkrechten Linien von der Knielinie bis zur Bodenlinie einzeichnen.

Am rückwärtigen Hosenteil ebenso verfahren. 21 cm : 2 = 10,5 cm. Dieses Maß rechts und links des Hinterhosenbruchs abtragen. Dann die senkrechten Linien von der Knielinie bis zur Bodenlinie einzeichnen.

② Den äußersten Punkt der hinteren und vorderen Schrittspitze jeweils durch eine Gerade mit dem äußeren Punkt der Beinweite auf der Knielinie verbinden (Bild 1, grüne Linien). Dann in der Mitte dieser beiden Geraden eine kurze Senkrechte von 0,5–1 cm einzeichnen. Das tatsächliche Maß hängt von der Körperform oder dem Oberschenkelumfang ab (S. 148).

AUFZEICHNEN DER KONTUREN

Die Konstruktion des Hosengrundschnitts wird mit dem Zeichnen der Konturen von rückwärtigem und vorderem Hosenteil abgeschlossen. Die in den bisherigen Schritten markierten Punkte werden mithilfe von Lineal und Kurvenlineal verbunden. Alle Linien müssen glatt und leicht geschwungen verlaufen – ohne sichtbare Brüche. Die auf Bild 2 gezeigten Positionen des Kurvenlineals sind Beispiele und müssen den verwendeten Maßen angepasst werden.

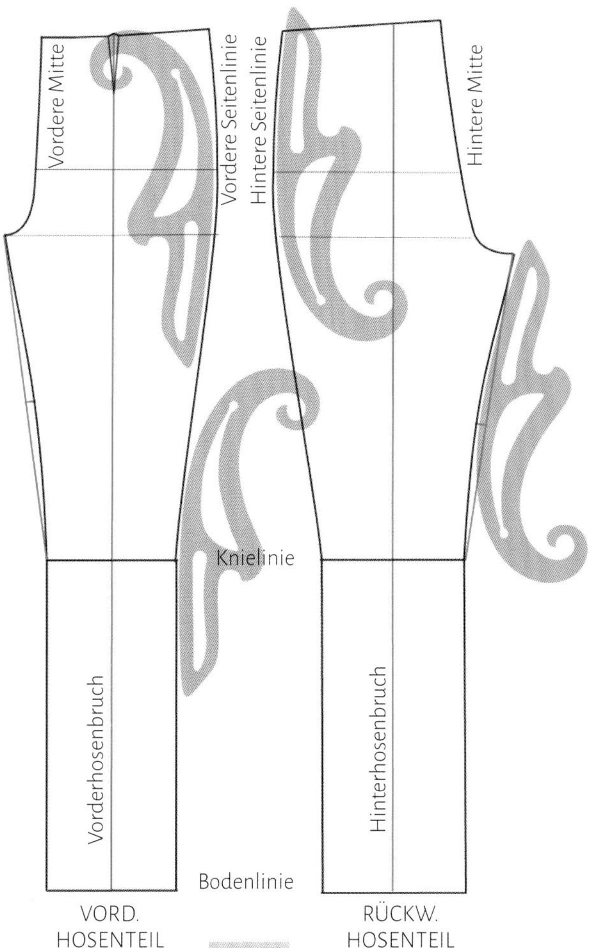

Bild 2

SCHNITT ÜBERPRÜFEN

ANPASSEN AN DAS KÖRPERMASS

Die Konstruktion des Hosengrundschnitts ist nun abgeschlossen. Selbst wenn sie mit größter Sorgfalt durchgeführt wurde, müssen nun die Körpermaße überprüft werden, die bei der Konstruktion nicht berücksichtigt wurden (z. B. der Oberschenkelumfang). Kontrollieren Sie außerdem, ob aneinanderstoßende Kanten auf einer Linie liegen und weder nach innen noch nach außen gewölbt verlaufen.

OBERSCHENKEL-UMFANG

Das am Körper abgenommene Maß des Oberschenkelumfangs (S. 27, Bild 3) ist sehr wichtig, besonders bei starken Oberschenkeln. Die Anpassung der Hose an die Form der Beine wurde bei der Anprobe vorgenommen, doch es muss trotzdem überprüft werden, ob die auf dem Schnittmuster festgelegte Weite dem tatsächlichen Körpermaß entspricht.
Dafür zuerst die stärkste Stelle des Oberschenkels suchen. Die Höhe von der Taillenlinie bis zu dieser Stelle messen und auf dem Schnittmuster einzeichnen (Bild 1, schwarzer Pfeil). In der markierten Höhe auf dem Schnitt die Gesamtweite des Beines (vorderes und rückwärtiges Hosenteil) abmessen.
Die blauen Linien (Bild 1) zeigen exemplarisch, wo auf dem Schnitt der Beinumfang gemessen werden muss.

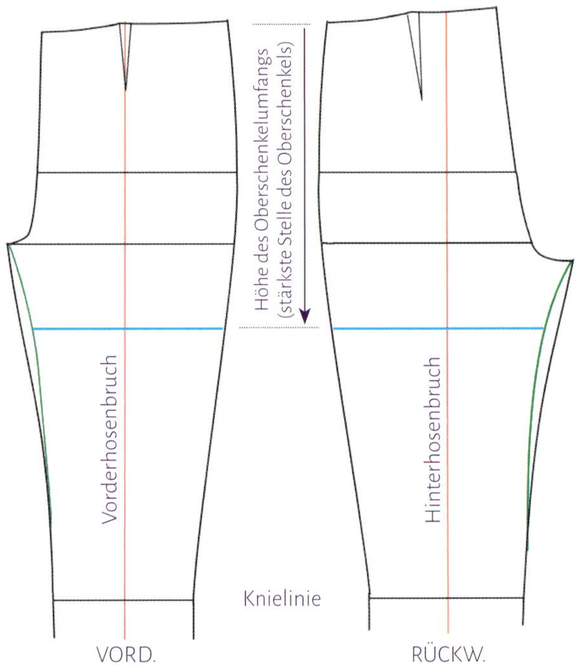

Bild 1

In der Regel ist das Maß des Schnittmusters identisch mit dem Körpermaß oder größer.
Das Maß des Oberschenkelumfangs wird durch 2 geteilt. Den erhaltenen Wert am vorderen Hosenteil auf der für den Oberschenkelumfang eingezeichneten Linie (Bild 1, blaue Linie) abtragen, und zwar ab der Seitenlinie gemessen.
Die Innenbeinnaht leicht geschwungen so zeichnen, dass sie durch diesen Punkt verläuft (Bild 1, in Grün).
Die zweite Hälfte des Oberschenkelumfangs am rückwärtigen Hosenteil ebenso einzeichnen.

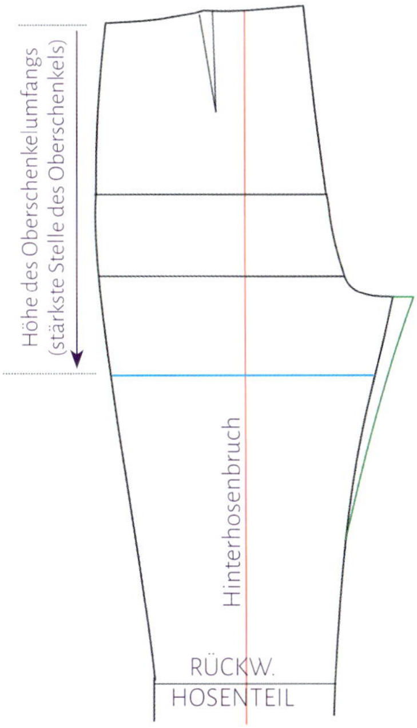

Bild 2

Sehr selten ist der am Körper gemessene Oberschenkelumfang größer als das auf dem Schnittmuster konstruierte Maß. Wenn dies doch der Fall ist und der Unterschied 1–2 cm beträgt, die Schrittnaht um 1–2 cm verlängern und die Innenbeinnaht angleichen (Bild 2, grüne Linie). Bei einer größeren Differenz von deutlich mehr als 2 cm handelt es sich mit Sicherheit um einen Konstruktionsfehler. In diesem Fall müssen Sie alle Körpermaße und vor allem deren Verwendung in der Konstruktion überprüfen.

LÄNGE DER SCHRITTNAHT

Die Schrittnaht auf dem Schnittmuster besteht aus zwei Teilen, der Hinterhosen- und der Vorderhosennaht. Das am Körper abgenommene Maß umfasst die Gesamtlänge der Schrittnaht, also beide Partien (S. 28, Bild 2). Um die Länge der Schrittnaht zu überprüfen, müssen Sie also die beiden Maße der Hinterhosennaht (Bild 3, blaue Linie) und der Vorderhosennaht (grüne Linie) auf dem Schnittmuster addieren. In der Regel gibt es zwischen Körpermaß und Konstruktionsmaß eine Differenz von wenigen Zentimetern. Die Ursache dafür liegt häufig in einer Ungenauigkeit der Messung am Körper (S. 27), denn bei dieser wird die Gesäßform nicht berücksichtigt.

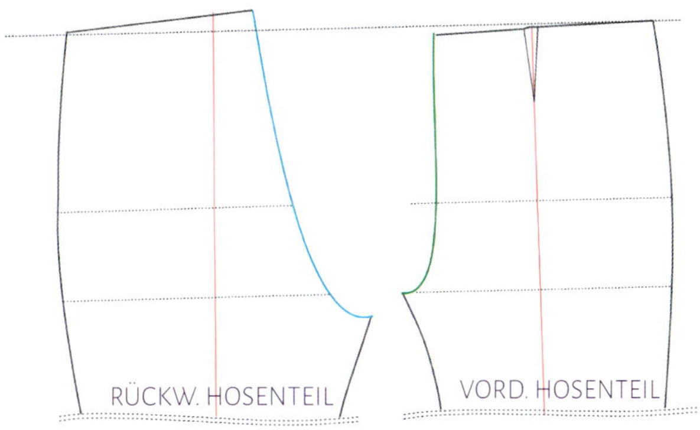

Bild 3

Beträgt die Differenz zwischen den beiden Maßen maximal 5–7 cm, korrigieren Sie dies bei der Anprobe. Ist sie jedoch größer, ist zweifellos bei der Verwendung der Körpermaße in der Schnittkonstruktion ein Fehler aufgetreten. Überprüfen Sie daher die gesamte Konstruktion. Sehr häufig ist die Erhöhung an der hinteren Mitte (S. 143, Bild 1) zu gering, sodass die Hose nicht das gesamte Gesäß umschließt.

BEWEGUNGSZUGABEN

Zu jeder Schnittkonstruktion, ob Grund- oder Modellschnitt, gehören verschiedene Weitenzugaben. Diese Zugaben zu den Maßen sind notwendig und variieren je nach Art und Stil des Kleidungsstücks, nach der Stoffdicke und den persönlichen Vorlieben (engere oder weitere Passform).
Die dem Grundschnitt hinzugefügten Weitenzugaben sind minimal und entsprechen ausschließlich der Breite der Nahtzugaben. Sie werden nur selten für die Konstruktion von Modellschnitten verwendet.
Durch die Weitenzugaben des Hosengrundschnitts werden die Maße in der Breite und in der Höhe vergrößert. Die Zugaben sind unbedingt erforderlich, da sonst die Hose zu eng würde und das Anziehen (also die Anprobe) unmöglich wäre, sodass weder die Passform noch der korrekte Fall des Stoffes kontrolliert und angepasst werden könnten.
① Die Taillenlinie um 2 cm erhöhen. Durch diese Zugabe kann die Taillenlinie bei der Anprobe korrekt angepasst und neu gezeichnet werden. Diese Linie, die bereits nach dem Zulegen der Abnäher angeglichen wurde (S. 142, Bild 4), muss nun gemäß der tatsächlichen Körperform erneut korrigiert werden. Die 2 cm breite Zugabe in der Höhe dient auch als Bewegungszugabe für die Schrittnaht, damit diese weder kneift noch zu tief sitzt.
② Die Taillenlinie an der hinteren und vorderen Seitennaht um 0,25 cm verlängern (1 cm Zugabe am gesamten Taillenumfang geteilt durch 4). In der Regel wird bei Röcken und Hosen der Taillenumfang grundsätzlich um 1 cm vergrößert, um die Stoffdicke auszugleichen. Da der Taillenbund (oder jeder andere Taillenabschluss) aus mehreren Stofflagen besteht, wäre das Kleidungsstück ohne die Zugabe von 1 cm an dieser Partie zu eng.
③ Die Hüftlinie an der hinteren und vorderen Seitennaht um 1 cm verlängern. Insgesamt wird der Hüftumfang also um 4 cm erweitert (1 cm pro halbem Schnittteil). Diese Zugabe ist nicht zwingend erforderlich, sondern erfolgt je nach Modell, Stoffdicke und Tragegewohnheiten. Bei der Maßschnittkonstruktion wird sie während der Anprobe korrigiert und der Figur angepasst.
Nun die Linie der Weitenzugabe an der hinteren und vorderen Seitenlinie anzeichnen (Bild 1, grüne Linie). Dazu die auf der Taillen- und der Hüftlinie angebrachten Markierungen verbinden. Die Linie endet in Kniehöhe, jedoch nicht abrupt, sondern indem man sie im Bereich der Knielinie sanft auslaufen lässt. Die neue Linie muss durchgehend ganz gleichmäßig verlaufen und darf keine Brüche oder Unebenheiten aufweisen.

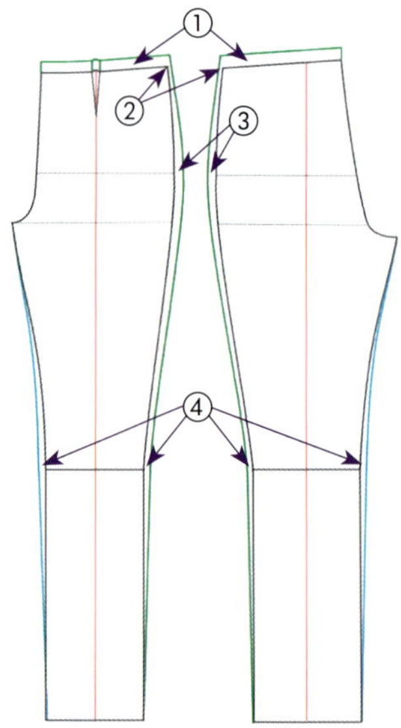

Bild 1

④ Beim Einzeichnen der Weitenzugaben müssen die im Lauf der Konstruktion erstellten Proportionen unbedingt gewahrt werden. Daher muss in Höhe der Knielinie der Abstand zwischen der Konstruktionslinie (in Schwarz) und der Linie der Weitenzugabe (in Blau und Grün) am vorderen und rückwärtigen Hosenteil genau gleich sein.

ABGLEICHEN DER KANTEN

Nach der Überprüfung der Körpermaße, die nicht bei der Konstruktion verwendet wurden (Oberschenkel- und Wadenumfang), müssen die aneinanderstoßenden Kanten kontrolliert werden, damit man beim Zusammenfügen oder der Anprobe keine unangenehme Überraschung erlebt.

Alle Kanten aneinanderstoßender Schnittteile (hintere mit vorderer Seitennaht, hintere Mitte, hintere mit vorderer Schrittnaht usw.) müssen glatt ineinander übergehen – ohne Brüche oder Verformungen wie Dellen, Ausbeulungen oder Höhenunterschiede.

Profitipp

Die Überprüfung der aneinanderstoßenden Kanten des Schnittmusters wird nach dem Anfügen der Weitenzugaben vorgenommen, aber stets vor Hinzufügen der Nahtzugaben.

ABFLACHUNG DER SCHRITTNAHT

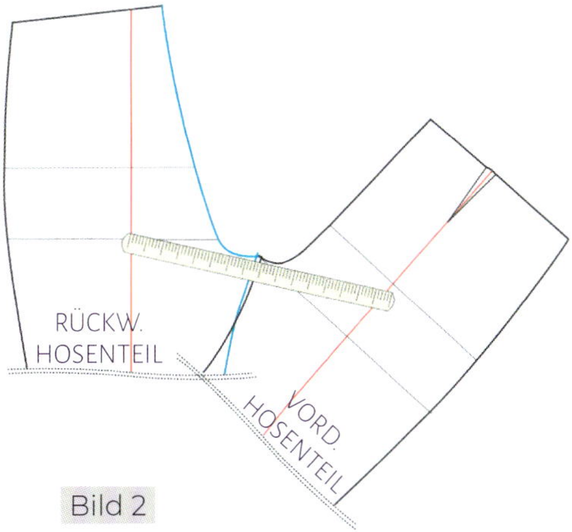

Bild 2

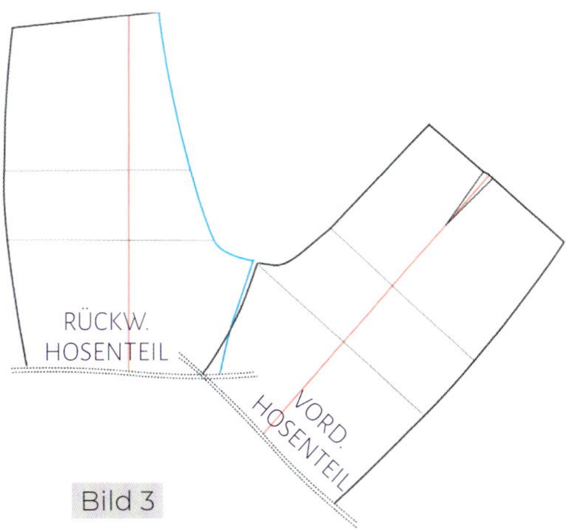

Bild 3

Die Linie der Schrittnähte verläuft leicht geschwungen. Beim Angleichen der Schritt- und Innenbeinnähte passiert es oft, dass am Kreuzungspunkt eine kleine Zacke entsteht. Ursache dafür ist die Neigung der Innenbeinnaht, die keinen rechten Winkel (90°) zur Schrittnaht bildet. Um dies auf dem Schnittmuster zu beheben, die beiden Innenbeinnähte so aneinanderschieben, dass die hintere Schrittnaht (in Blau) und die vordere (in Schwarz) auf einer Höhe liegen (Bild 2). Dann mithilfe eines Lineals die beiden Abflachungen an den Schrittspitzen durch eine kurze Gerade verbinden.

Das überstehende Papier entlang der Geraden abschneiden.

Die neu konstruierte Linie der gesamten (hinteren und vorderen) Schrittnaht muss durchgehend ganz gleichmäßig verlaufen und darf keine Brüche oder Unebenheiten (Dellen, Ausbeulungen, Höhenunterschiede) aufweisen.

ÜBERPRÜFEN DER TAILLENLINIE

Im Lauf der Schnittzeichnung wird die Taillenlinie aufgrund der verschiedenen Konstruktionsschritte wie dem Zulegen der Taillenabnäher oder dem Anfügen der Weitenzugaben neu gezeichnet, verlegt oder verändert. Nun müssen Sie kontrollieren, ob die Taillenlinie durchgehend gleichmäßig verläuft, –ohne Dellen, Ausbeulungen oder Höhenunterschiede.

Die Kontrolle erfolgt in mehreren Schritten: Seiten (Bild 4), hintere Mitte (Bild 5) und vordere Mitte (Bild 6). Jede Partie so an das jeweilige Gegenstück schieben, dass die Konstruktionslinien (Hüfte, Schrittlinie) genau auf einer Höhe liegen, und mit dem Kurvenlineal den Übergang an der Taillenlinie überprüfen. Die Linie bei Bedarf nachzeichnen, sodass sie ganz gleichmäßig und ohne Unebenheiten oder Brüche verläuft.

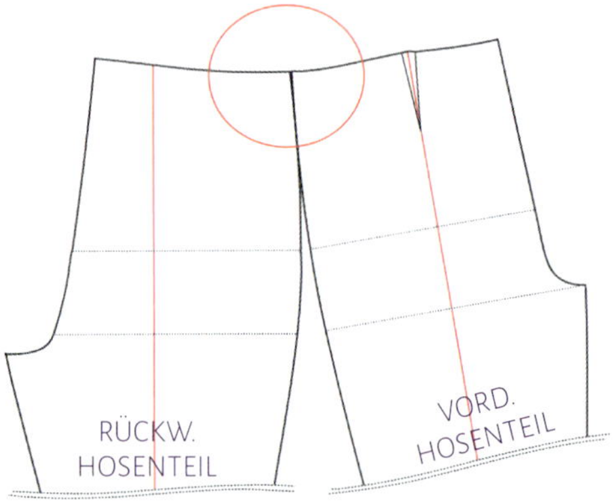

Bild 4

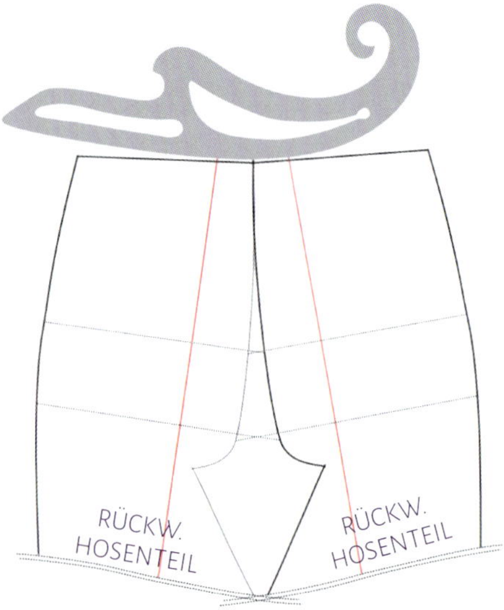

Bild 5

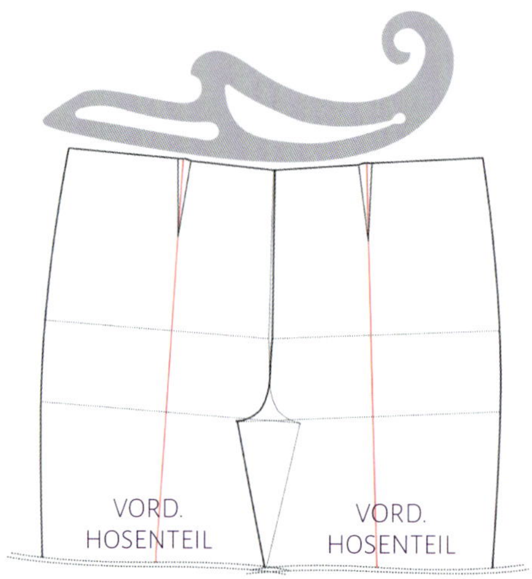

Bild 6

NAHTZUGABEN

In der Regel wird 1 cm Nahtzugabe angefügt – diese Breite ist zum Zusammennähen von Kleidung am besten geeignet. Da Sie jedoch vermutlich bei der Anprobe Korrekturen vornehmen werden, können Sie die Zugabe auf bis zu 2 cm vergrößern. So wird das Anpassen vereinfacht, wenn die auf den Nessel gezeichnete Konstruktionslinie verlängert oder verlegt werden muss. Dies ist besonders bei der Anprobe einer nach Maß konstruierten Hose erforderlich. Es ist sehr schwierig, die Schrittnaht korrekt zu zeichnen, und nur selten muss diese bei der Anprobe nicht korrigiert werden.
Die Nahtzugabe rings um das vordere und rückwärtige Hosenteil anfügen (Bild 1, schwarz gestrichelte Linie). Dabei die bereits angezeichnete Weitenzugabe (grüne Linie) berücksichtigen.

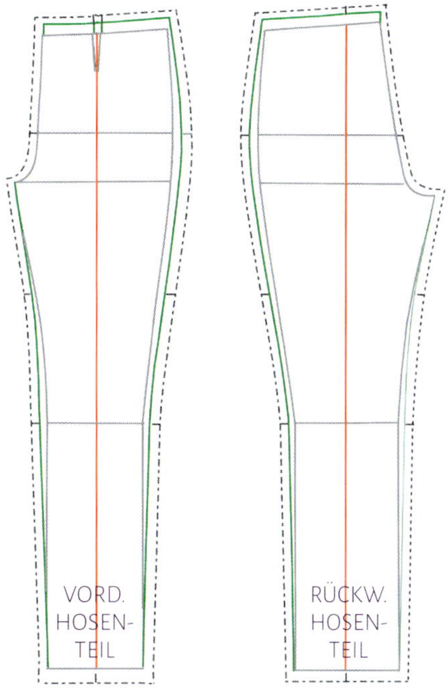

Bild 1

ZUSCHNEIDEN

Der Probeschnitt muss aus einem Stoff zugeschnitten werden, der nicht dehnbar ist und sich nicht leicht verzieht. Am besten eignet sich Nessel, ein Webstoff in neutraler Farbe, auf dem die Markierungen der Korrekturen gut sichtbar sind. Nessel wird auch oft zum Drapieren verwendet.
Den Stoff im Stoffbruch doppelt legen, damit beide halben Schnittteile (links und rechts) identisch werden. Das Schnittmuster unter Beachtung des Fadenlaufs (parallel zur Webkante) auflegen, an mehreren Stellen feststecken und die Konturen mit Kreide oder Stift nachzeichnen. Auch die Abnäherinhalte und -länge einzeichnen (S. 70, Bild 2). Den Papierschnitt entfernen und beide Stofflagen innerhalb der Konturen zusammenstecken, damit sie nicht verrutschen. Dann entlang der Linien zuschneiden. Vor dem Entfernen der Stecknadeln kontrollieren, ob alle Knipse am Rand der Schnittteile vorhanden sind.

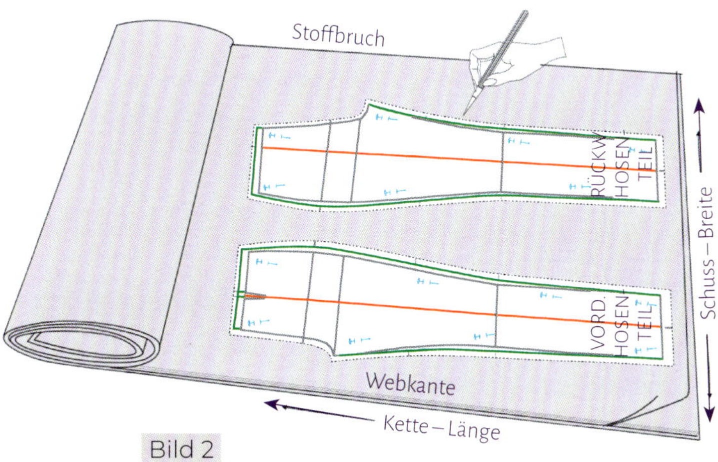

Bild 2

ZUSAMMENFÜGEN

Nun werden die Hosenteile zusammengefügt; dabei sind die Nahtzugaben und die Übereinstimmung der Passzeichen zu beachten. Die Nahtzugaben von Seitennähten und Schrittnaht werden zum rückwärtigen Hosenteil umgelegt. Um dies zu erleichtern, können Sie die Nahtzugaben zuvor umbügeln (S. 76, Bild 5).

Gut zu wissen

In der Regel wird der Probeschnitt aus Nessel zusammengesteckt, damit die „Nähte" bei Bedarf einfach und schnell zu korrigieren sind. Um Stichverletzungen durch die Stecknadeln zu vermeiden, werden manche Nähte der Hose jedoch geheftet. Dies gilt für die gesamte (hintere und vordere) Schrittnaht sowie einen Teil der Innenbeinnaht. Ist an einer dieser Partien eine Korrektur erforderlich, muss man die Änderungen auf dem Nessel einzeichnen, den Probeschnitt ausziehen, die Heftnaht auftrennen, korrigieren, neu heften und die Hose wieder anziehen, um zu überprüfen, ob die Anpassung gelungen ist.

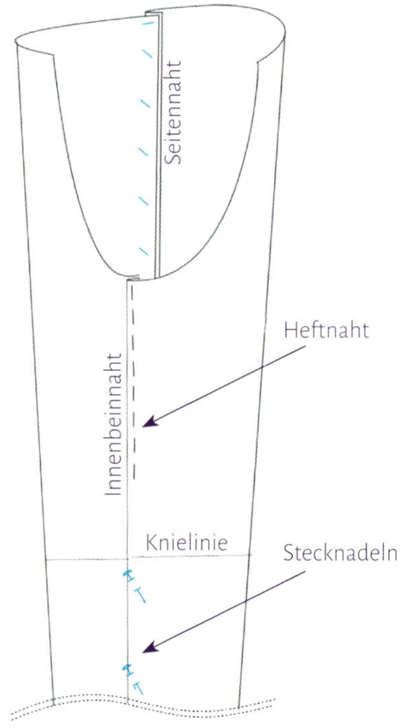

SEITENNAHT

Die beiden Teile – jeweils vorderes und rückwärtiges Hosenteil – separat zusammenfügen. Beginnen Sie mit der Seitennaht, deren Nahtzugaben zum rückwärtigen Hosenteil gelegt werden. Die auf Seite 72 (Bild 1) beschriebene Technik anwenden: Nahtzugabe des rückwärtigen Hosenteils umbügeln, auf die Nahtzugabe des vorderen Hosenteils legen und feststecken.

INNENBEINNAHT

Das Hosenbein schließen. Um zu vermeiden, dass die untere Stofflage mit in dieser Naht gefasst wird, eine feste Unterlage (z. B. ein Brett oder einfach ein Lineal) zwischen die Stofflagen schieben (Bild 1).
Die Kanten zunächst zusammenstecken, dann die Partie zwischen Schritt und Knielinie mit Heftstichen zusammennähen. An der übrigen Partie (vom Knie bis zum Saum) können die Stecknadeln verbleiben.

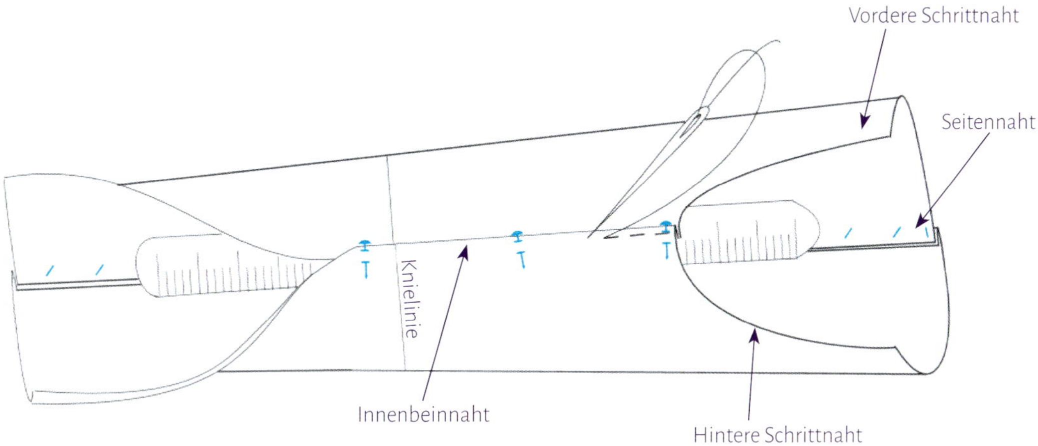

Bild 1

SCHRITTNAHT

Zum Abschluss die beiden Hosenbeine miteinander verbinden. Um Stichverletzungen zu vermeiden, wird die Schrittnaht von Hand geheftet.
An der vorderen Mitte die Höhe der Öffnung (Hosenschlitz), die Nahtzugaben, die Übereinstimmung der Passzeichen und der Nahtkreuzung im Schritt beachten.

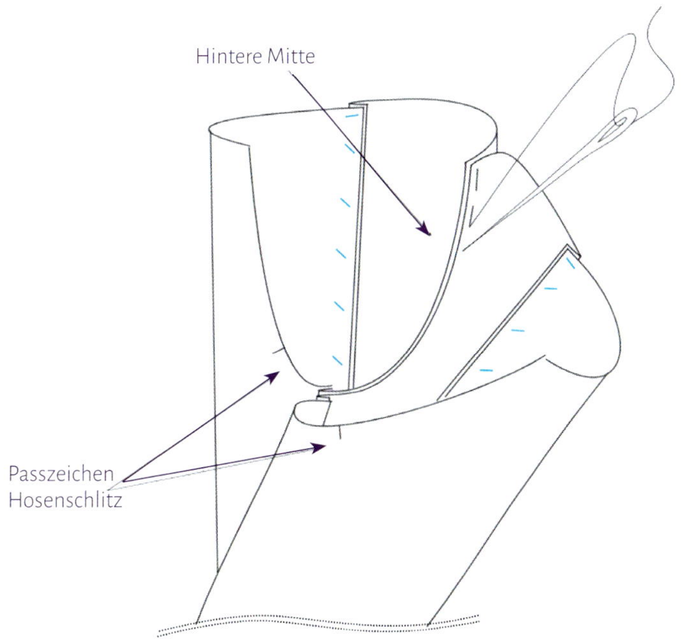

Bild 2

ANPROBE

Die wichtigste Partie beim Zuschneiden der Hose ist die Form der Schrittnaht.
Durch eine schlecht an die Figur angepasste Schrittnaht sitzt die Hose zum einen unbequem, zum anderen entstehen vorn und hinten an der Schrittpartie unschöne Fältchen. Manchmal wird auch der gesamte Fall der Hose beeinträchtigt, sodass der Hosenbruch nicht mehr senkrecht verläuft.
Die Anpassung der Schrittnaht an die Figur erfordert nicht nur sehr präzises Arbeiten, sondern auch eine gewisse Erfahrung, sodass man die Ursache des Fehlers erkennt und ihn zufriedenstellend beheben kann. Damit dies gelingt, lesen Sie gründlich die gesamte folgende Anleitung, um zu verstehen, welche Korrektur für Ihren spezifischen Fehler die richtige ist.

VOR DEM ANZIEHEN DER PROBEHOSE

Nach dem Zusammenfügen der Schnittteile und vor dem Anziehen der Hose zur Durchführung eventueller Korrekturen eine erste Kontrolle vornehmen. Dazu beide Hosenbeine am Hosenbruch falten und die Hose auf eine flache Unterlage legen. Die Nähte beider Hosenbeine müssen exakt aufeinanderliegen, ohne dass der Stoff Wellen oder Falten wirft. Ist dies nicht der Fall, kontrollieren Sie die Breite der beim Zusammenfügen verwendeten Nahtzugabe an den Seiten- und Innenbeinnähten. Wenn hier alles stimmt, überprüfen Sie auf dem Schnittmuster die Beinweite am rückwärtigen und vorderen Hosenteil.

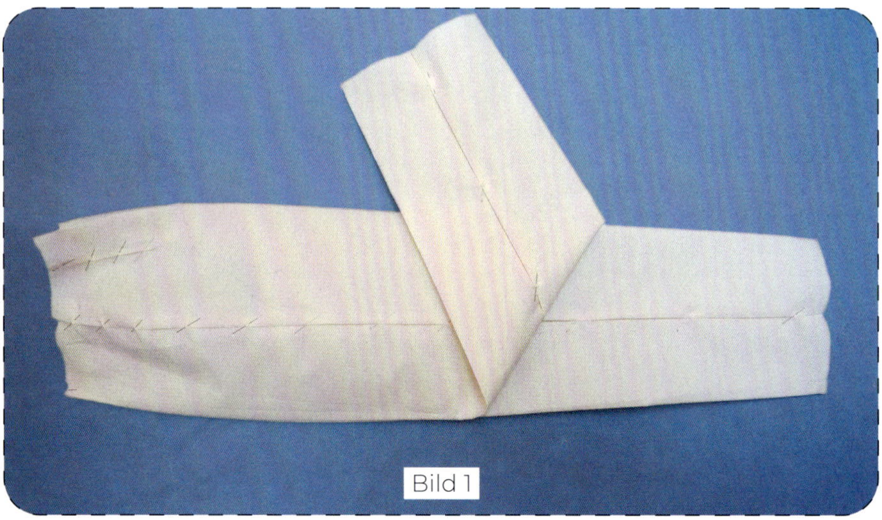

Bild 1

FALL DER HOSE

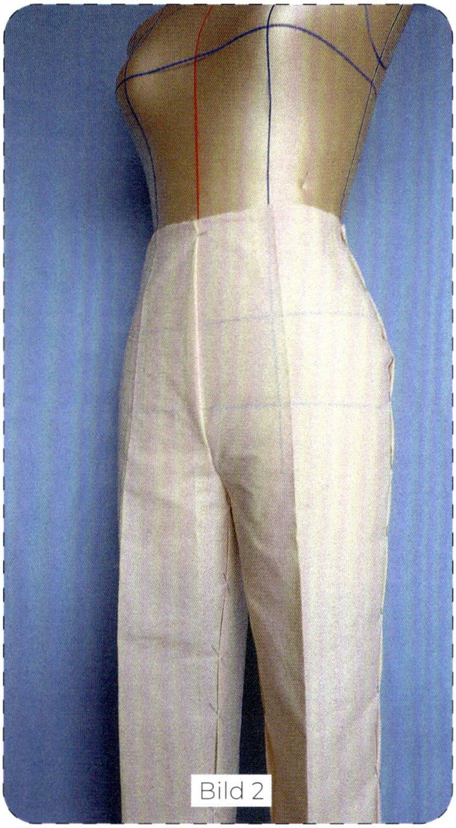

Bild 2

Bei einer gut konstruierten Hose muss der Hosenbruch von der Taillenlinie bis zum Saum durchgehend verlaufen – ohne Unterbrechungen oder Knicke. Selbst wenn der Bruch an diesem Hosenmodell später nicht sichtbar angebracht wird (Bügelfalte), muss er an der Probehose auf jeden Fall eingebügelt werden. Ein durchgehender Hosenbruch bedeutet auch, dass die Kurve der Schrittlinie am Schnittmuster korrekt gezeichnet wurde. Umgekehrt wirkt sich jeder Fehler an der Schrittnaht auf den senkrechten Verlauf des Hosenbruchs aus. Fällt der Bruch nicht senkrecht, kann dies jedoch auch ganz andere Ursachen haben, nämlich einfach eine spezielle Form der Beine (z. B. X-Beine).

Die Korrektur der Probehose (Nesselmodell) erfolgt in zwei Schritten. Dabei muss Ihre Aufmerksamkeit stets auf die Schrittnaht und den Fall des Hosenbruchs gerichtet bleiben.

Eine schlecht angepasste Schrittnaht kann sich auf den senkrechten Fall der Hose auswirken, umgekehrt hat der senkrechte Fall jedoch keinen Einfluss auf die Schrittnaht. Damit die Korrektur des Nesselmodells gelingt, müssen Sie also genau herausfinden, wo der Fehler liegt.

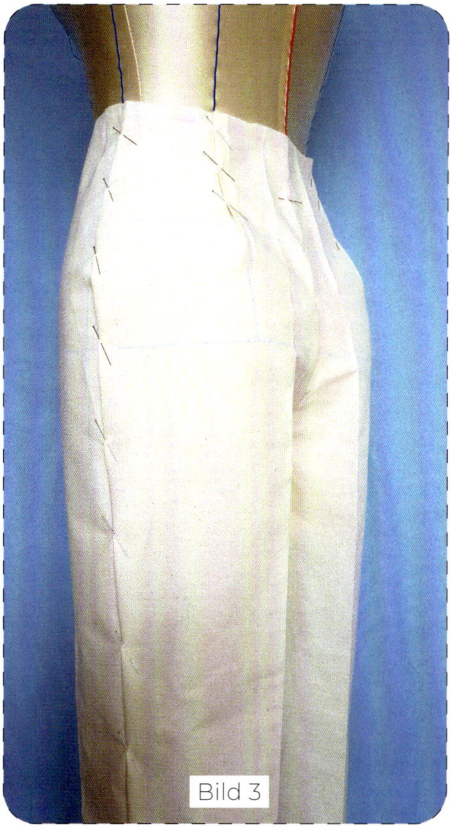

Bild 3

HINTERE SCHRITTNAHT

Es ist nicht leicht, die Kurve der hinteren Schrittnaht schon bei der Konstruktion des Maßschnitts korrekt zu zeichnen, denn die Rundung muss exakt der Gesäßform entsprechen. Sind unter dem Gesäß Fältchen, ein Knick im Hosenbruch oder eine Delle im Hüftbereich zu sehen (Bild 1), müssen Sie zunächst überprüfen, ob die Hüftweite der Hose ausreichend ist. Manchmal ist eine zu große oder zu geringe Weitenzugabe die Ursache der beschriebenen Fehler.

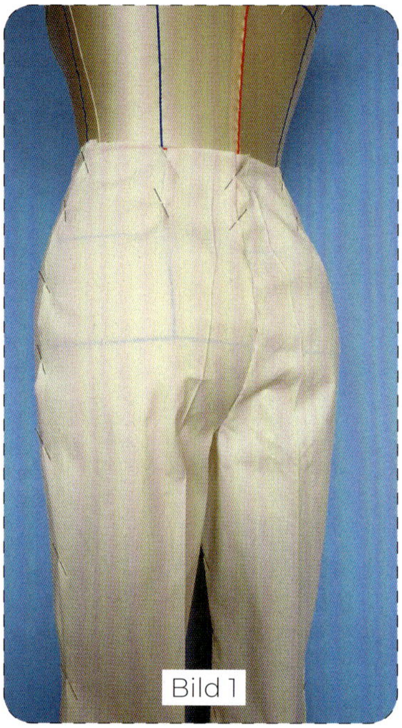

Bild 1

Bild 2

In den meisten Fällen ist jedoch die Rundung der Schrittnaht nicht ausgeprägt genug. Um sie zu korrigieren, stecken Sie die Schrittnaht ab der Spitze mit einer breiteren Nahtzugabe ab, bis die Falte völlig verschwunden ist (Bild 2). Anschließend die neue Nahtzugabe entlang der Stecknadeln mit einem Stift markieren (dies erleichtert die Korrektur auf dem Papierschnitt).

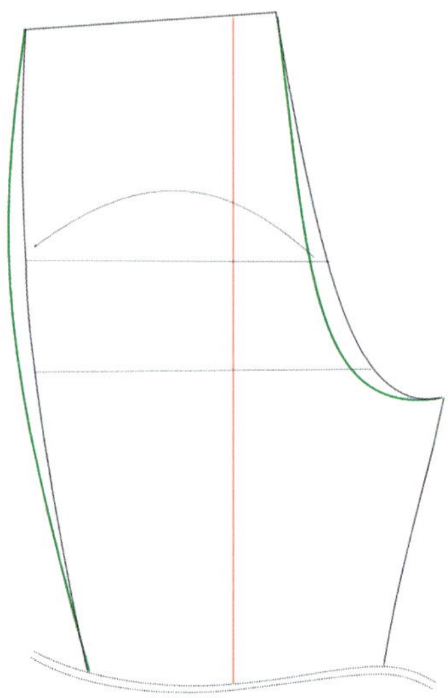

Bild 3

Übertragen der Korrekturen auf den Papierschnitt

Die Breite der bei der Anprobe korrigierten Nahtzugabe abmessen und exakt auf das Schnittmuster übertragen. Die Kurve der Schrittnaht nachzeichnen (siehe Bild 3, grüne Kurve). Durch die Vertiefung der Schrittrundung hat sich die Hüftweite verringert. Daher dürfen Sie keinesfalls vergessen, diese wieder auf das ursprüngliche Maß zu erweitern.

VORDERE SCHRITTNAHT

Die Passformfehler an der vorderen Schrittnaht (Bild 1) können mehrere Ursachen haben. Die häufigste ist die Form des Schlitzes an der vorderen Mitte. Auf dem Schnittmuster ist die senkrechte Linie des vorderen Hosenteils um 1 cm nach innen geneigt, doch in der Praxis hängt der Grad dieser Schrägstellung von der Körperform ab (je nachdem, ob der Bauch mehr oder weniger ausgeprägt ist).

Daher zunächst die Schrägstellung der Schlitzkanten korrigieren, sodass sich der Stoff an der oberen Partie der Schrittnaht glatt legt. Dazu ebenso verfahren wie am rückwärtigen Hosenteil: Die Stecknadeln an der Schlitzöffnung entfernen und den Nessel ringsum anpassen und abstecken, bis die Falten völlig verschwunden sind. Auch die Delle und die unterbrochene Linie des Hosenbruchs sollten nun nicht mehr vorhanden sein. Anschließend die neue Schrägstellung des Schlitzes entlang der Stecknadeln markieren.

Bilden sich immer noch Fältchen rings um die untere Partie der Schrittnaht („Katzenbart"), ist die Rundung der Schrittnaht zu stark und muss etwas abgeflachter nachgezeichnet werden (Bild 3, grüne Linie).

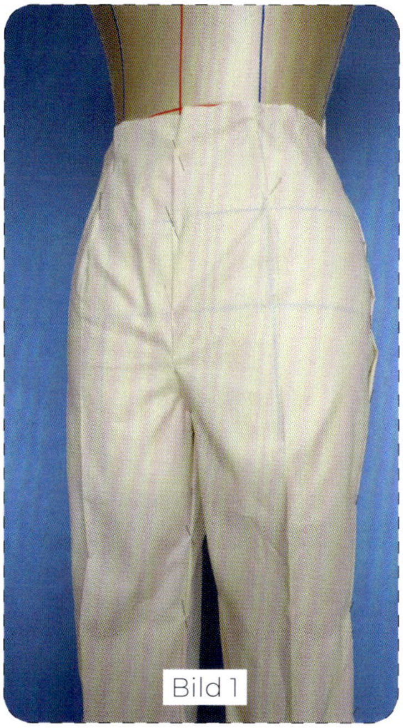
Bild 1

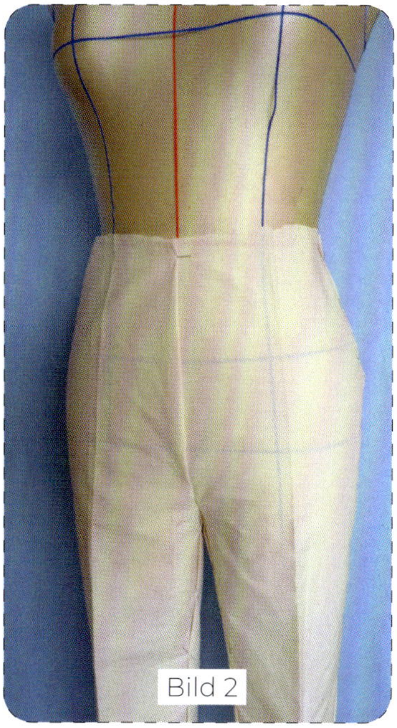
Bild 2

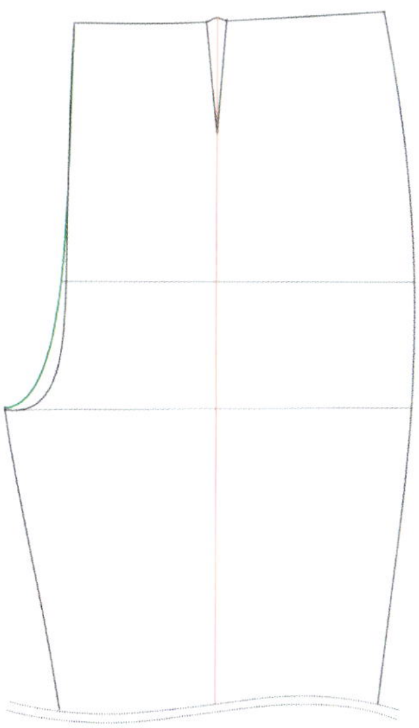
Bild 3

Die Passformprobleme können noch weitere Ursachen haben. Wenn sich unten an der Schrittnaht Fältchen bilden, die zur Seite ziehen, ist die Schrittrundung zu stark und die Schrittnaht oft zu kurz. Dadurch wird die Hose beim Gehen und Sitzen sehr unbequem.
Die Korrektur dieses Fehlers erfolgt in zwei Schritten: zunächst wird die Rundung der Schrittnaht korrigiert, danach die Schrittnaht verlängert, falls notwendig (dies ist nicht immer der Fall).

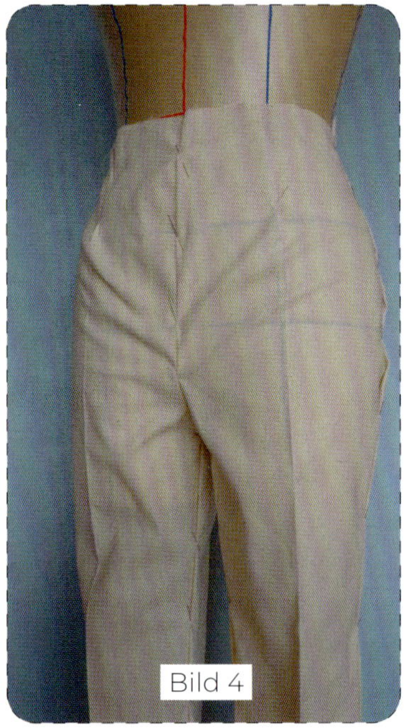

Bild 4

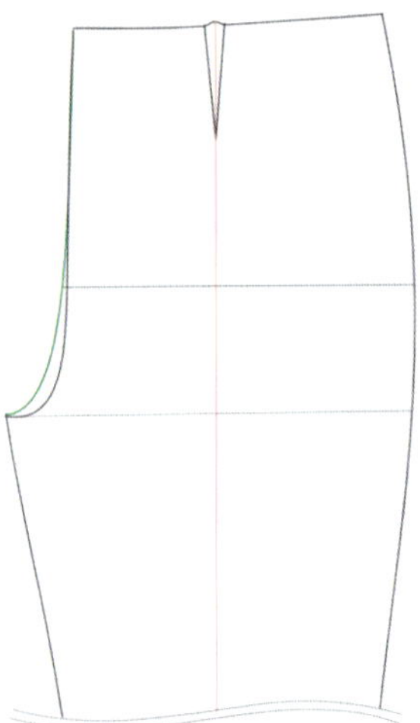

Bild 5

Dieser Fehler kann nicht am Körper korrigiert werden. Sie müssen dazu die Verbindungsnaht auftrennen, ein kleines Stück Nesselstoff flach ansetzen, sodass die Nahtzugaben nicht auftragen (siehe S. 82, Bild 2), und anschließend eine etwas flacher gerundete Schrittnaht aufzeichnen (Bild 5, grüne Linie). Die Schnittteile wieder mit Heftstichen verbinden und die korrigierte Hose erneut anprobieren.

In der Regel wird dadurch der Fehler behoben. Kneift die Schrittnaht immer noch oder sind die Falten nicht verschwunden, müssen Sie die Schrittnaht um 1–2 cm verlängern (Bild 6).

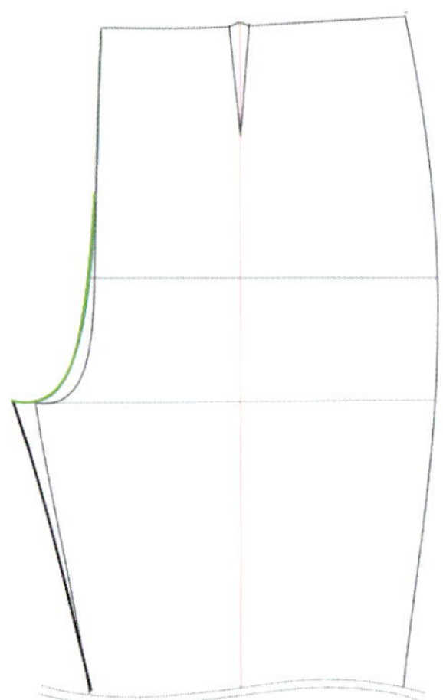

Bild 6

DIE HÄUFIGSTEN FEHLER

DIE SCHRITTNAHT KNEIFT

Sehr häufig ist die vordere und hintere Schrittnaht korrekt konstruiert, der Hosenbruch fällt beidseits genau senkrecht, doch die Schrittnaht kneift und stört bei jeder Bewegung. Um diesen Fehler zu beheben, muss die Schrittnaht etwas vertieft werden.

Dazu die Schnittteile von rückwärtigem und vorderem Hosenteil gegenüberlegen, die Kurve der Schrittnaht um 1–2 cm verlängern und die gesamte, hinten und vorn um 1 cm abgesenkte Kurve neu zeichnen (Bild 1, grüne Kurve).

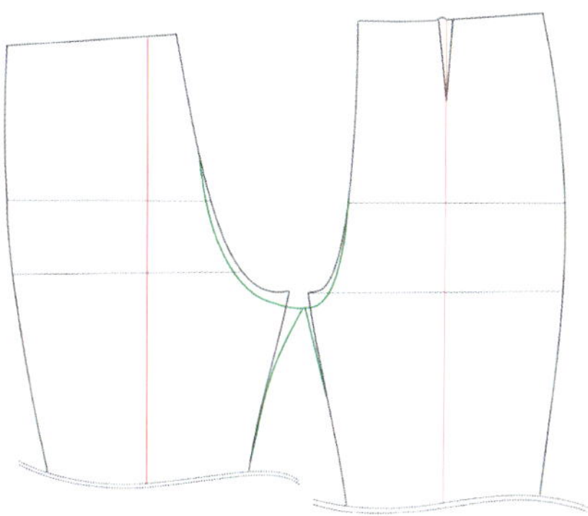

Bild 1

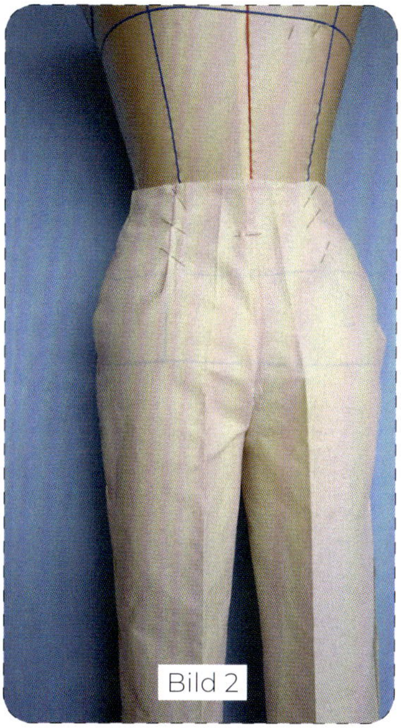

Bild 2

Gut zu wissen

Wenn die Schrittnaht kneift, wird dieses Problem nicht dadurch gelöst, dass sie oberhalb der Taillenlinie um 1 oder 2 cm verlängert wird. Denn wenn die Position der Taille verändert wird, müssen auch Hüftlinie, Schrittlinie, Knielinie sowie der Verlauf der Seitennaht verlegt werden. Daher ist es einfacher, nur die Rundung der Schrittnaht neu zu zeichnen.

HOSENBRUCH

Die Anpassung der Schrittnaht (die – wenn nötig – bei der Anprobe als Erstes korrigiert wird) kann sich direkt auf den senkrechten Verlauf des Hosenbruchs auswirken. Oft gleicht der Hosenbruch sich nach den Korrekturen an der Schrittnaht auf seiner ganzen Länge automatisch an, manchmal jedoch auch nur an der oberen Partie (bis zur Knielinie). Wenn der Hosenbruch ab der Taillenlinie nicht senkrecht fällt, müssen Sie die Schnittkonstruktion überprüfen (S. 140, Bild 1). Weicht er jedoch von der Knielinie oder dem Kniebereich abwärts von der senkrechten Linie ab, kann dies auch durch die Figur oder die Form der Beine bedingt sein.

Der Hosenbruch dreht sich nach innen

In diesem Fall müssen Sie zuerst an der unteren Partie des vorderen Hosenteils die korrekte Position des Hosenbruchs bestimmen, dann ab diesem Punkt eine Senkrechte bis zum Schnittpunkt mit dem bereits am Nessel eingebügelten Bruch aufzeichnen (Bild 1, grüne Linie). Auch die Höhe dieses Schnittpunkts markieren (schwarz gestrichelte Linie). Die auf dem Stoff angebrachten Korrekturen auf den Papierschnitt übertragen (Bild 2, grüne Linie). Dann den Abstand zwischen dem vorhandenen Bruch (Bild 1, in Rot) und der korrigierten Linie (in Grün) messen und dieses Maß ab dem unteren Ende der Innenbeinnaht abtragen, um die Beinweite der unteren Partie nach außen schräg zu stellen (Bild 2, in Blau). Dabei die Höhenbegrenzung dieser Korrektur beachten (schwarz gestrichelte Linie zwischen Bild 1 und 2).

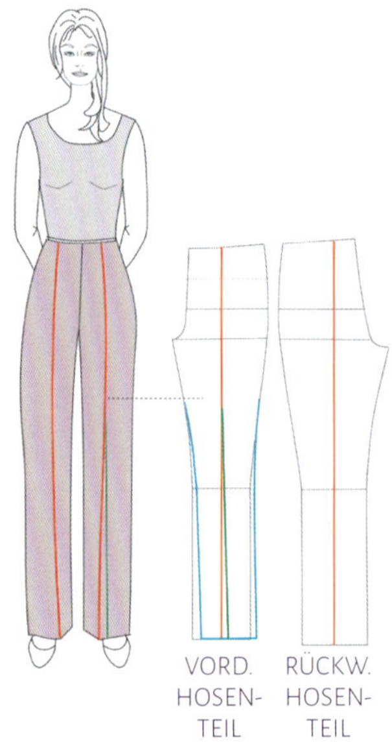

Bild 1 und 2

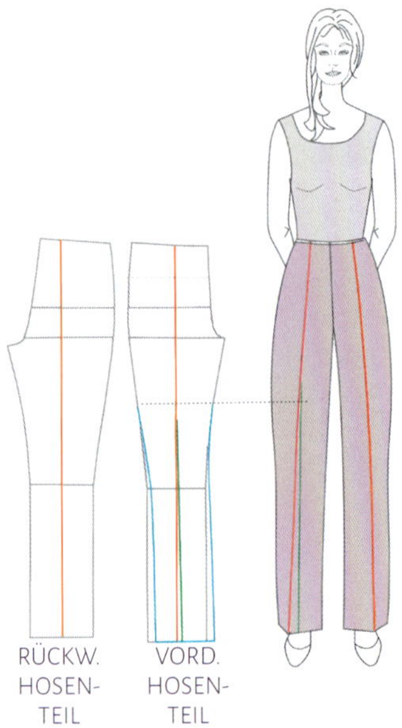

Bild 3 und 4

Der Hosenbruch dreht sich nach außen

Wenn der Hosenbruch sich nach außen dreht, wird die Beinweite an der unteren Partie nach der gleichen Methode schräg gestellt wie bei dem nach innen drehenden Hosenbruch. Gehen Sie also vor wie oben beschrieben, nur dass Sie die Beinweite an der unteren Partie nicht nach außen, sondern nach innen schräg stellen (Bild 3, in Blau).
Wenn der Hosenbruch an der unteren Partie des rückwärtigen Hosenteils nicht senkrecht verläuft, gehen Sie ebenso vor wie am vorderen Hosenteil.

Bild 1

SEITENLINIE

Nach der Anpassung der Schrittnaht und des Hosenbruchs muss nun die Linie der Seitennaht kontrolliert werden. Ganz gleich, welche Korrektur Sie am Nesselmodell vornehmen, der senkrechte Verlauf der Seitennaht darf dadurch niemals beeinträchtigt werden. Um den korrekten Fall dieser Linie zu überprüfen, können Sie sich auf Ihr Augenmaß verlassen. Ansonsten verwenden Sie ein nicht zu schweres Gewicht (z. B. ein Winkelmaß oder eine kleine Schere), das Sie an einen langen Faden binden und ab der Höhe der Hüftlinie hängen lassen. Wenn der Faden genau parallel zur Seitennaht verläuft, ist deren Position korrekt. Sind Faden und Seitennaht nicht parallel, zeichnen Sie mit einem Stift deren korrekten Verlauf ein und fertigen Sie die Seitennaht entsprechend dieser Markierung erneut an.

TAILLENLINIE

Die Anpassung der Taillenlinie ist die letzte Korrektur, die am Nesselmodell vorgenommen wird, nachdem bereits in dieser Reihenfolge die Schrittnaht, der Hosenbruch und die Seitennaht korrigiert wurden.
Im Gegensatz zur Seitennaht kann die Taillenlinie nicht nach Augenmaß korrigiert werden. Daher eine Schnur oder ein Maßband um die Taillenlinie legen und darauf achten, dass es genau waagrecht verläuft, vor allem bei korpulenterer Figur oder rundem Bauch. Die Position des Bandes rings um die Taillenlinie mit einem Stift markieren.

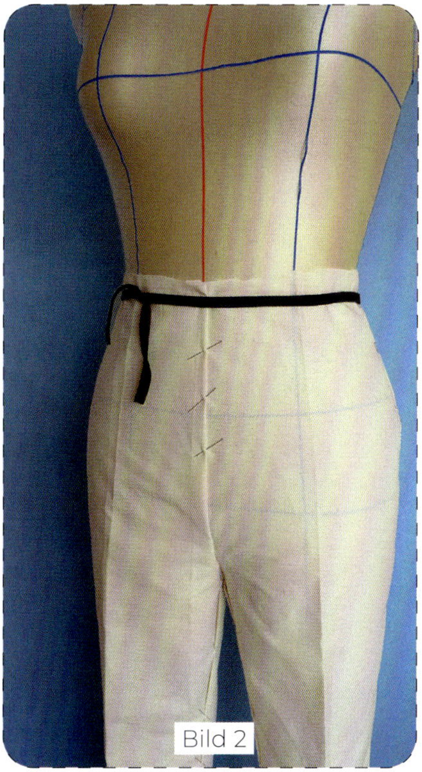
Bild 2

ANPASSEN DER SCHNITT-ZEICHNUNG AN DIE FIGUR

Manche Besonderheiten der Figur, insbesondere ein runder Bauch oder ein ausgeprägtes Gesäß, können direkt bei der Schnittkonstruktion berücksichtigt werden. In der Praxis ist es unmöglich, das Volumen und vor allem die Form dieser Körperpartien exakt abzumessen. Daher sollte man schon im Voraus, bei der Schnittkonstruktion, die nötigen Vorkehrungen treffen, um die spätere Korrektur des Nesselmodells zu vereinfachen.

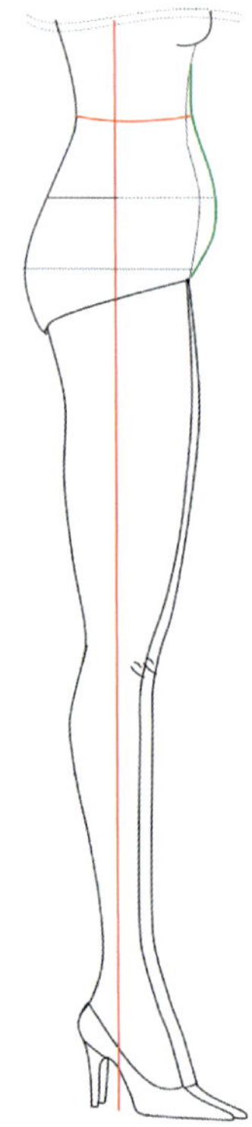

Bild 1

RUNDER BAUCH

Diese Körperform kann bereits während der Konstruktion des Grundschnitts auf zwei verschiedene Arten berücksichtigt werden (Bild 2 oder Bild 3). Welche Methode gewählt wird, hängt von der Form und vor allem dem Volumen des Bauches ab. Eine genaue Figurbeobachtung ist daher wichtig, um die geeignete Lösung zu finden. Bei einer sehr korpulenten Figur mit starken Rundungen am Bauch ist eine Abwandlung des Grundschnitts unabdingbar, da die klassische Konstruktion diesem Figurtyp nicht gerecht wird. Natürlich können Sie den Schnitt auch bei der Anprobe anpassen, doch dies setzt einige Fachkenntnisse voraus. Um diese Schwierigkeit zu umgehen, muss man den Grundschnitt ein wenig abändern. Dazu wird ein zusätzliches Maß benötigt: die vordere Weite in Höhe der oberen Hüftlinie (S. 37, Bild 3).

Ab der vorderen Mitte (Bild 2, in Rot) auf der oberen Hüftlinie (schwarz gestrichelte Linie) die Hälfte der vorderen Weite abtragen. Um die Schrägstellung der oberen Partie des Schnittmusters zu vereinfachen, mit Pauspapier die Taillenlinie abpausen sowie die Seitenlinie bis zur Hüftlinie. Dann die abgepauste Partie drehen (Drehpunkt ist der Schnittpunkt von Seiten- und Hüftlinie), bis die schräg gestellte Seitenlinie den zuvor auf der oberen Hüftlinie markierten Punkt erreicht. Die Taillenlinie an der vorderen Mitte um 0,5–1 cm erhöhen. Die Taillenlinie und ihre Abnäher werden ebenfalls schräg gestellt (Bild 2, in Blau).

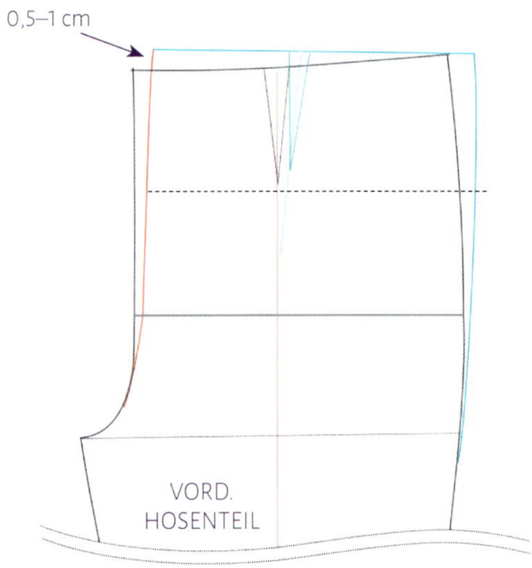

Bild 2

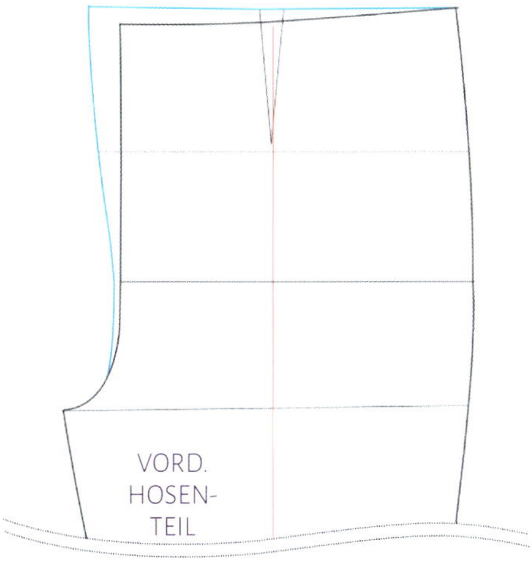

Bild 3

Bei einer weniger fülligen Figur und nicht zu starkem Bauch genügt es, die vordere Weite zu vergrößern. Auf dem Papierschnitt die vordere Mitte um 1–2 cm nach außen schräg stellen (Bild 3, in Blau, und S. 141, „Abnäher an der vorderen Mitte") und ein wenig erhöhen (0,5–1 cm genügen). In diesem Fall wird die Position des vorderen Taillenabnähers bei der Anprobe angepasst.

AUSGEPRÄGTES GESÄSS

Es ist möglich, das rückwärtige Hosenteil des Grundschnitts abzuändern, um das Gesäßvolumen (und damit seinen Umfang) zu berücksichtigen. Die Form des Gesäßes kann jedoch erst durch eine Anpassung bei der Anprobe einbezogen werden. Zunächst die Schrittnaht an der Schrittspitze um etwa 1–2 cm verlängern und leicht absenken, dann die Rundung dieser neuen Schrittnaht ab der Schrittlinie nachzeichnen (Bild 5, in Blau). Auch die Taillenlinie um 1 oder 2 cm erhöhen (der exakte Wert wird bei der Anprobe bestimmt).

Die obere Partie der Hose so weit schräg stellen, dass die erhöhte Taillenlinie (Bild 5, in Grün) auf die ursprüngliche Taillenlinie trifft. Um dies zu erleichtern und die Schrägstellung korrekt auszuführen, die betreffende Partie abpausen: Seitenlinie, Taillenlinie und Schrittnaht bis zur Schrittlinie. Dann die abgepauste Partie auf dem äußeren Punkt der Knielinie drehen.

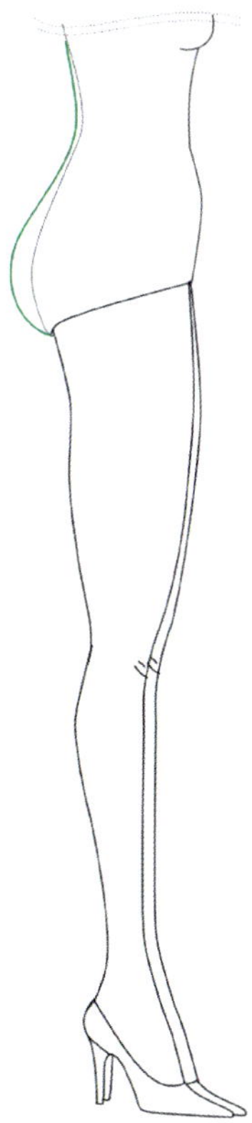

Bild 4

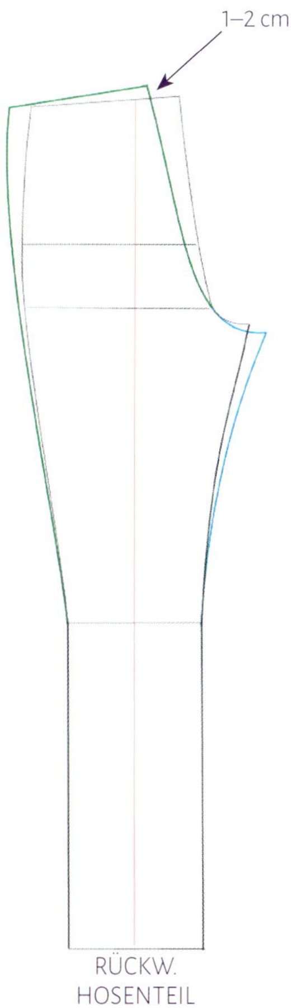

Bild 5

ABWANDLUNG DER GRUNDSCHNITTE

Von der Abwandlung eines Schnittmusters spricht man in der Regel, wenn der Grundschnitt (zweidimensionale Abformung der Figur, auch Basisschnitt genannt) verändert wird, um ein gewünschtes Modell anzufertigen. Jede am Grundschnitt vorgenommene Umwandlung, ob einfach oder komplex, verwandelt diesen in einen fertiges Modellschnitt, der zum Zuschneiden verwendet wird. Damit Sie diese Phase der Schnittkonstruktion verstehen und die Techniken erfolgreich anwenden können, müssen Sie sich genau an die einzelnen Schritte und die Regeln halten, die in diesem Kapitel beschrieben werden. Genaueres finden Sie im Band „Schnittkonstruktion in der Mode – Schnittabwandlungen" von derselben Autorin.

Vor Beginn

Unter den verschiedenen Arten von Schnittmustern (Grundschnitt, Probeschnitt, Abgewandelter Grundschnitt oder fertiger Modellschnitt) ist es der Grundschnitt (ohne Bewegungszugaben und Nahtzugaben gezeichnet), an dem die nötigen Abwandlungen vorgenommen werden, sodass man einen fertigen Modellschnitt erhält.

Die darauf eingezeichneten Konstruktionslinien (Oberbrustlinie, Taillenlinie, Hüftlinie usw.) sind bei allen Abwandlungen von entscheidender Bedeutung. Auf diesen Linien markiert man – je nach gewünschtem Modell – eine neue Abnäherposition, eine Teilungsnaht oder den Anfangspunkt einer ausgestellten senkrechten Linie (z. B. am ausgestellten Rock), damit die Konstruktion ausgewogen bleibt.

Jeder Grundschnitt, ob von Oberteil, Rock, Ärmel oder Hose, kann abgewandelt werden. Dabei sind einige Grundregeln einzuhalten, beispielsweise müssen die Abnäherinhalte oder der senkrechte Fall des Kleidungsstücks beachtet werden.

Die am Grundschnitt vorgenommenen Abwandlungen können ganz simpel oder, im Gegenteil, sehr komplex sein. Der Schwierigkeitsgrad hängt nicht nur von den Kenntnissen im Bereich der Schnittentwicklung ab, sondern auch von der Art des gewählten Modells (einfach oder aufwändig) und vor allem von der Fähigkeit, ein Modell zu analysieren und die Reihenfolge der einzelnen Schritte der Abwandlung zu planen.

1. Zuerst den Grundschnitt auswählen, der für das gewählte Modell am besten geeignet ist – mit oder ohne Standardabnäher.
2. Die nötigen Weitenzugaben für das gewünschte Modell anfügen.
3. Dann je nach Modell die Abwandlungen vornehmen, etwa Teilungsnähte einzeichnen, Abnäher verlegen, Formbesätze anzeichnen, die Position von Taschen oder Passen markieren usw.
4. Mit Kohlepapier, Pauspapier oder einem Kopierrädchen alle im vorigen Schritt eingezeichneten Elemente separat abpausen.
5. Alle Elemente des Schnittes überprüfen: Länge der Kanten, Knipse, Markierung des Fadenlaufs, Beschriftung der Teile (z. B. Modellname, Schnittteil, Größe) usw.
6. Zum Schluss die Nahtzugaben anzeichnen.

WEITENZUGABEN

Auf dem Modellschnitt müssen auf jeden Fall die Bewegungszugaben hinzugefügt werden. Dies ist bereits der erste Schritt der Abwandlung des Grundschnitts.
Abgesehen von den minimalen Bewegungszugaben am Probeschnitt (Nesselmodell siehe S. 66) gibt es weder Richtwerte noch eine tabellarische Übersicht über die Maße der Weitenzugaben an den unterschiedlichen Modelltypen und Kleidungsstilen.
Die Breite der Weitenzugaben variiert aufgrund von verschiedenen Kriterien:

- nach Art des Kleidungsstücks: Hemd, Mantel, Jacke usw.
- nach Art und Beschaffenheit des Stoffes: dünn, dick, fließend, dehnbar usw.
- und am wichtigsten: nach dem Tragekomfort und den persönlichen Vorlieben

WEITENZUGABEN IN DER HÖHE

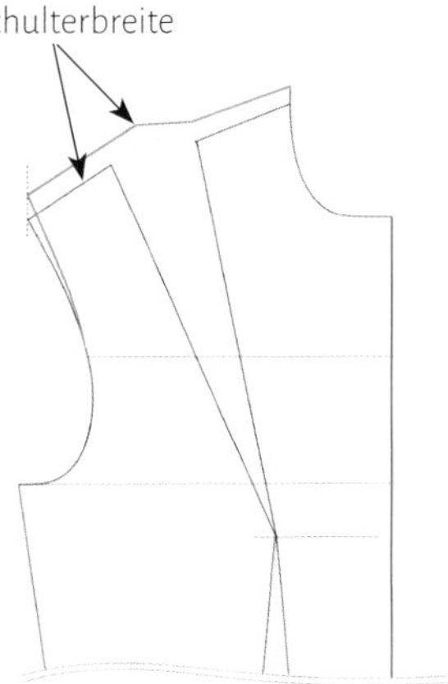

Bild 1

Diese Zugaben sind nicht immer erforderlich. Sie hängen von der Dicke des für figurnah geschnittene Modelle verwendeten Stoffes ab.
Bei einer gefütterten Jacke muss man für die Abwandlungen den kompletten Schnitt mit Standardabnähern verwenden. Auf diesem Schnitt ist die Höhe des Brustpunkts exakt eingezeichnet (Linie der Brusttiefe, S. 20, Bild 2). Am fertigen Modell muss jedoch in der Höhe mindestens 1 cm hinzugefügt werden (Bild 1, grüne Linie), um das Volumen der Nahtzugaben von Oberstoff und Futter aufzunehmen und einen gewissen Spielraum zwischen Körper und Kleidung zu gewähren, der für die nötige Bequemlichkeit sorgt. Ohne diese Zugabe würde die Brusttiefe nach oben rutschen, sodass die Rundung der Brust verformt würde und nicht mehr korrekt platziert wäre.
Wie Bild 1 zeigt, ist also eine Zugabe in der Höhe erforderlich.

Bei einer weit geschnittenen Jacke aus dickem Stoff, für die man die Abwandlungen am Grundschnitt ohne Abnäher vornimmt (S. 87, Bild 3), sind in der Höhe keine Bewegungszugaben notwendig. Bei diesem Modelltyp werden sogar weder die Brusttiefe noch die Taillenlinie markiert (Bild 2).
Die Weitenzugabe in der Breite muss hingegen immer angefügt werden.

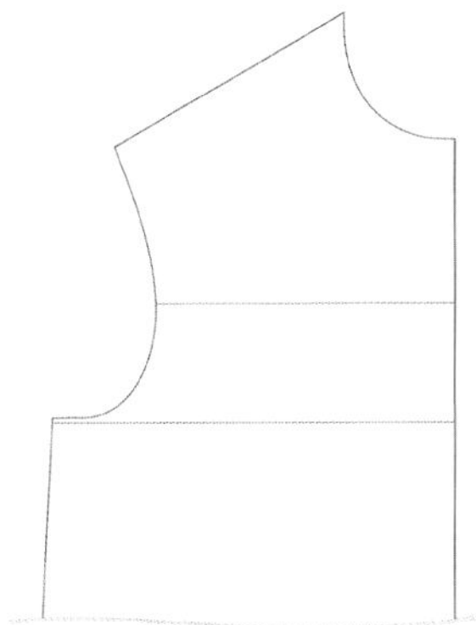
Bild 2

WEITENZUGABEN IN DER BREITE

Die Weitenzugaben in der Breite sind, im Gegensatz zu den Zugaben in der Höhe, unverzichtbar und müssen immer angefügt werden, unabhängig von Modell und Stil.
Doch auch wenn die technischen Faktoren, von denen die Zugaben abhängen, klar definiert sind (Stoffdicke, Nahtzugaben usw.), besteht dennoch eine gewisse Unsicherheit hinsichtlich der Breite der Zugaben. Welche Weitenzugabe muss man an einem Rock, einem Kleid, einem Mantel, einer Hose oder einem Blouson anfügen, damit die Kleidung weder zu weit noch zu eng ist? Abgesehen von den technischen Kriterien sind also Ästhetik und Tragekomfort entscheidend.
Bei einem etwas figurnäheren Kleid (Bild 1, grüne Linie) wird beispielsweise der Armausschnitt ab der Oberbrustlinie um 1 cm abgesenkt. Bei einer Zugabe von mehr als 1 cm würde der Ärmel bei den Armbewegungen das Kleid zu sehr hochziehen. Man erweitert also den Brustumfang um etwa 4 cm, den Taillenumfang um 4–6 cm und den Hüftumfang um so viel, dass das Kleid aufgrund des Stoffgewichts schön fällt (Weitenzugabe wie an der Taille oder mehr).
Bild 1 zeigt außerdem das Beispiel der Zugabe an einem nur leicht taillierten Mantel (blaue Linie). Die Schulterbreite und die Oberbrustbreite wurden um 1–2 cm verlängert, der Armausschnitt um 3–5 cm abgesenkt. In Höhe des Brustumfangs fügt man 8–10 cm Mehrweite hinzu. Bei einem gerade geschnittenen Mantel wird diese Zugabenbreite beibehalten bis zum Saum, ansonsten wird die Seitenlinie bis zur gewünschten Weite ausgestellt.

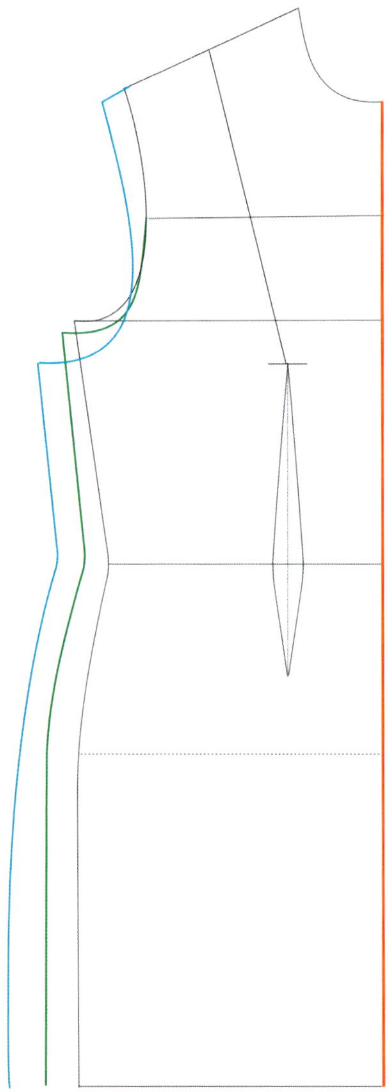

Bild 1

Bei einem schulterfreien Oberteil (Bild 2, grün gestrichelte Linie) wird der Armausschnitt hingegen ab der Oberbrustlinie um etwa 1 cm angehoben. Der Grund dafür ist, dass bei diesem Modelltyp der Armausschnitt nicht von der Schulter gehalten wird und sich daher leicht absenkt, vor allem bei fließendem Stoff, etwa Crêpe.

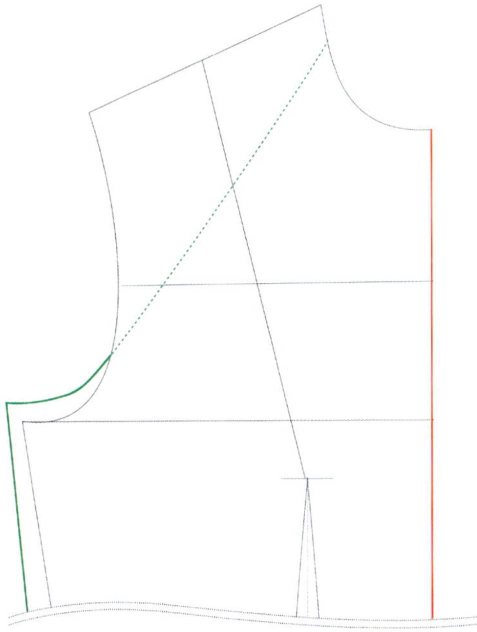

Bild 2

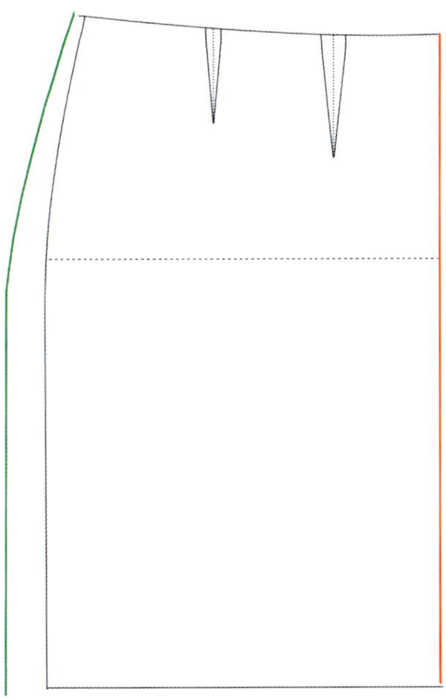

Bild 3

Bei in der Taille anliegenden Modellen wie Röcken oder Hosen wird an der Taille sehr selten eine Bewegungszugabe angefügt. Wenn doch, beträgt sie maximal 1 cm auf dem gesamten Taillenumfang.
An der Hüftpartie ist hingegen eine größere Mehrweite erforderlich, um den Tragekomfort und die Bewegungsfreiheit der Beine zu erhöhen. In der Regel gibt man auf dem gesamten Hüftumfang mindestens 4 cm hinzu.

SCHNITTABWANDLUNGEN

Nach dem Anfügen der Bewegungszugaben am Grundschnitt können Sie mit der für das gewählte Modell erforderlichen Abwandlung des Schnittmusters beginnen. Wie bereits erwähnt, folgt die Abwandlung bestimmten Regeln, die für Oberteil, Hose, Rock und Ärmel nicht immer die gleichen sind.
Aus diesem Grund wird die Abwandlung für jedes dieser Elemente separat erläutert.

ABWANDLUNG DES OBERTEILS

Beinahe alle Abwandlungen, die am Grundschnitt des Oberteils vorgenommen werden, etwa das Anbringen von Teilungsnähten oder Abnähern, richten sich nach dem Brustpunkt. Dieser wird durch zwei Maße bestimmt: die Brusttiefe (S. 20) und den Brustpunktabstand (S. 21).
Bei sämtlichen Abwandlungen am Oberteil spielt der Brustabnäher aus der Schulter die wichtigste Rolle. Je nach gewähltem Modell verbleibt er dabei nicht an seiner ursprünglichen Position (an der Schulter). Oft wird er in eine Teilungsnaht verlegt oder an eine andere Stelle gedreht.
Es gibt eine sehr einfache Technik, mit der man den Brustabnäher an eine beliebige Position rings um den Brustpunkt verlegen kann.

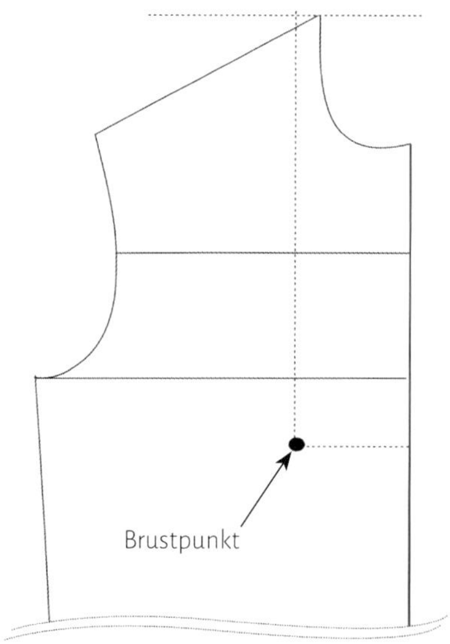

Bild 1

ABNÄHER DREHEN

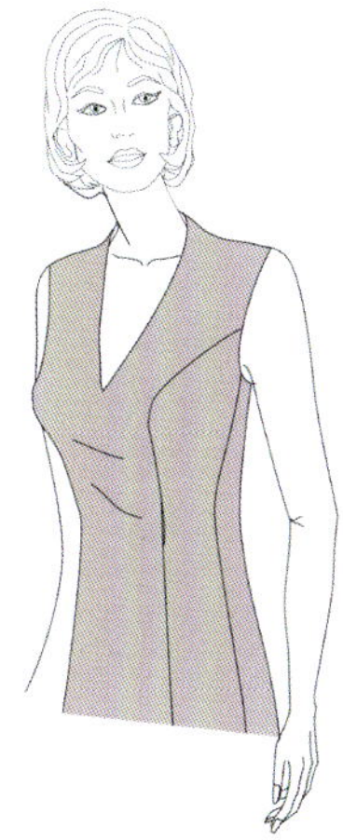

Die beste und gängigste Technik zum Verlegen von Abnähern ist das Einschneiden und Drehen. Es erfolgt in zwei Schritten:

- Im ersten Schritt wird die neue Position des Abnähers eingezeichnet. Dazu vom Brustpunkt bis zum Rand in beliebiger Richtung eine gerade Linie einzeichnen. Den Schnitt auf dieser Linie bis zum Brustpunkt einschneiden.
- Im zweiten Schritt wird der Brustabnäher zugelegt. Dadurch wird der Abnäherinhalt an die im ersten Schritt eingeschnittene Linie verlegt.

Abnäher im Armausschnitt

Wird der Brustabnäher in den Armausschnitt verlegt und mit dem Taillenabnäher verbunden, entsteht eine Teilungsnaht, die sogenannte Wiener Naht. Wiener Nähte werden von Schnittentwicklern häufig eingesetzt, da sie sich leicht an jede Figur anpassen.

So wird der Brustabnäher in den Armausschnitt verlegt:

- Die neue Abnäherposition einzeichnen (Bild 1A, grüne Linie) und einschneiden.
- Den Brustabnäher zulegen und mit Klebeband fixieren, um seinen Inhalt zu entfernen.

Bild 1A

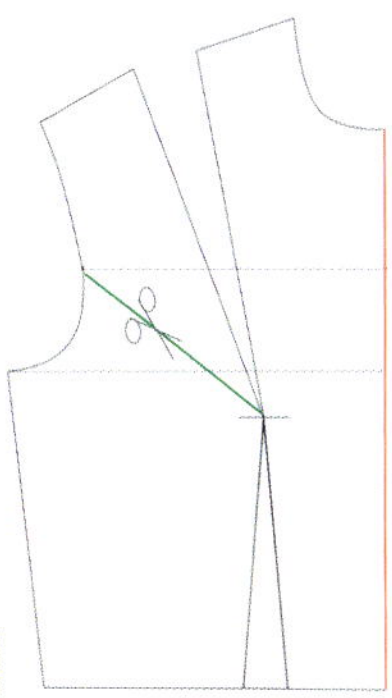

Bild 1B

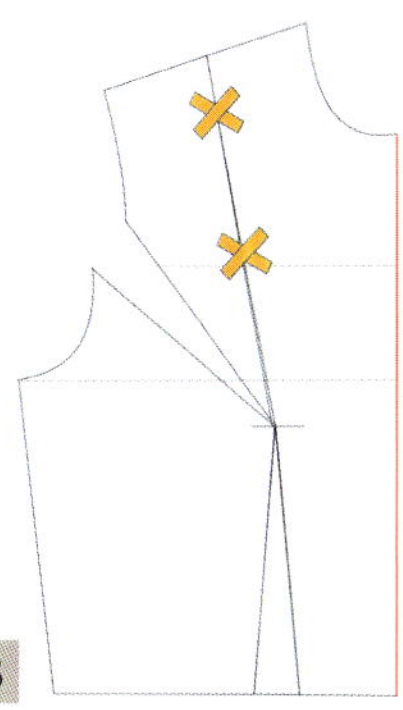

Bild 1C

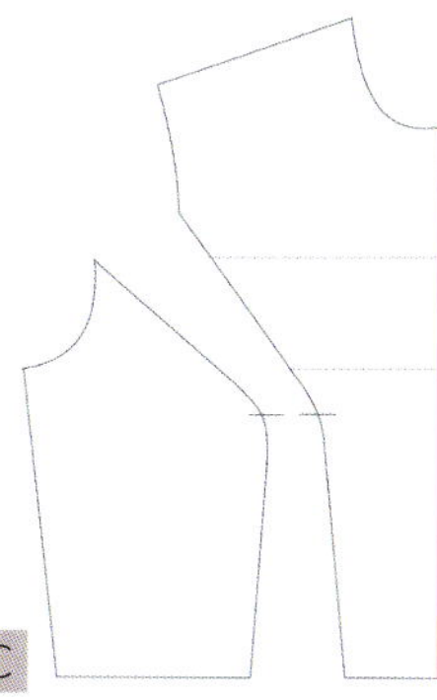

- Die beiden Partien des Vorderteils trennen und den Brustpunkt abrunden. Wichtig: Die Passzeichen des Brustpunkts an beiden Schnittteilen beibehalten (Bild 1C), denn sie werden beim Zusammennähen unbedingt benötigt.

Der in den Armausschnitt verlegte Abnäher muss aus technischen wie aus ästhetischen Gründen ganz exakt platziert werden.

In der Regel beginnt dieser Abnäher in Höhe der Oberbrustlinie (Bild 1A, grüne Linie). Würde er tiefer angesetzt, also in der Kurve des Armausschnitts, hätte dies zur Folge, dass später die Nähte (die des Abnähers und die des Formbesatzes) diese Partie des Oberteils verziehen. Ein weiterer Grund ist, dass bei dieser Abnäherposition die Form der Brustpartie zu spitz würde. Weniger technische als ästhetische Gründe sprechen auch dagegen, den Abnäher an eine Position oberhalb der Oberbrustlinie zu verlegen: Die Brustpartie würde dadurch abgeflacht und das Oberteil optisch in die Länge gezogen.

Seitlicher Abnäher

Dieser Abnäher kann vom Armausschnitt bis zur Hüftlinie auf der gesamten Länge der Seitennaht angebracht werden (Bild 2, blau gestrichelte Linien). Damit die Nahtzugaben nicht auftragen, sollten Sie jedoch 3 cm Abstand zur Unterkante des Armausschnitts einhalten. Die Platzierung dieses Abnähers zwischen Taillen- und Hüftlinie hat den Nachteil, das der Abnäher sehr viel Stoff benötigt. Unter ästhetischen Gesichtspunkten ist sein großes Plus jedoch, dass er Pölsterchen am Bauch optimal kaschiert und die Taille schön betont.

Vom Brustpunkt zum gewünschten Punkt an der Seitenlinie eine gerade Linie ziehen (z. B. Bild 2, grüne Linie) und einschneiden. Den Brustabnäher zulegen und mit Klebeband fixieren (Bild 3). Am gezeigten Beispiel wurde der Taillenabnäher nicht berücksichtigt. Man kann ihn jedoch entweder beibehalten oder – bei stärkerer Figur – die Hälfte seines Inhalts zu dem Abnäherinhalt des seitlichen Abnähers hinzufügen.

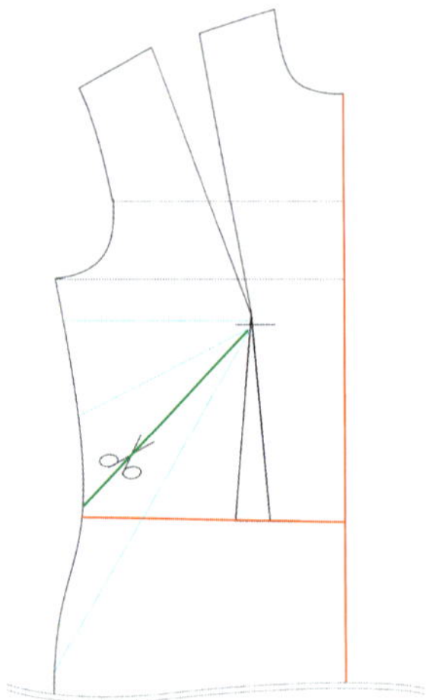

Bild 2

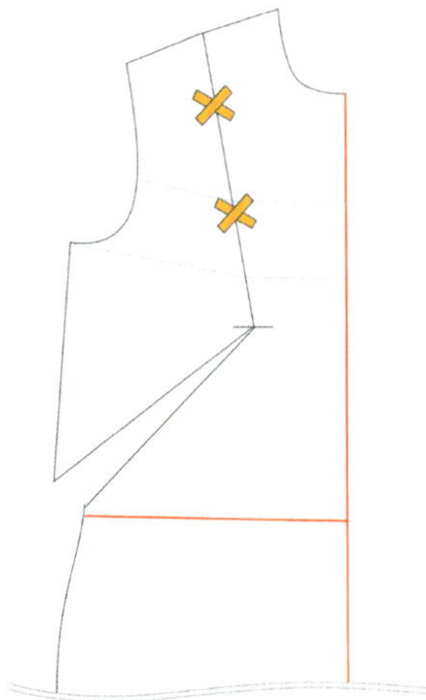

Bild 3

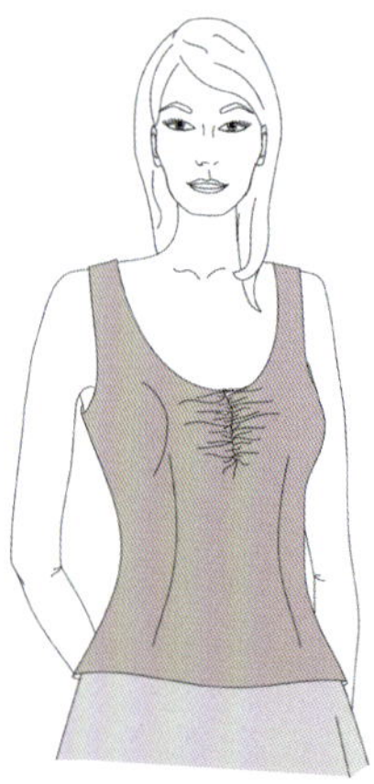

Unterbrustabnäher

Dieser Abnäher wird stets an einem V-Ausschnitt oder einer Teilungsnaht an der vorderen Mitte angebracht. Für beides wird die vordere Mitte nach dem Aufdrehen des Brustabnähers schräg gestellt. Der Abnäher kann auch in Form von Falten oder einer senkrechten Kräuselung gearbeitet werden.

Den Abnäher durch eine gerade Linie zwischen vorderer Mitte und Brustpunkt einzeichnen (Bild 1A, grüne Linie) und einschneiden. Den Brustabnäher aus der Schulter zulegen und mit Klebeband oder einer Stecknadel fixieren. Der Unterbrustabnäher wird automatisch aufgedreht (Bild 1B). Auf Bild 1 wurde der Taillenabnäher offen gelassen, doch um den Inhalt des Unterbrustabnähers zu vergrößern, kann er auch zugelegt werden (Bild 2).

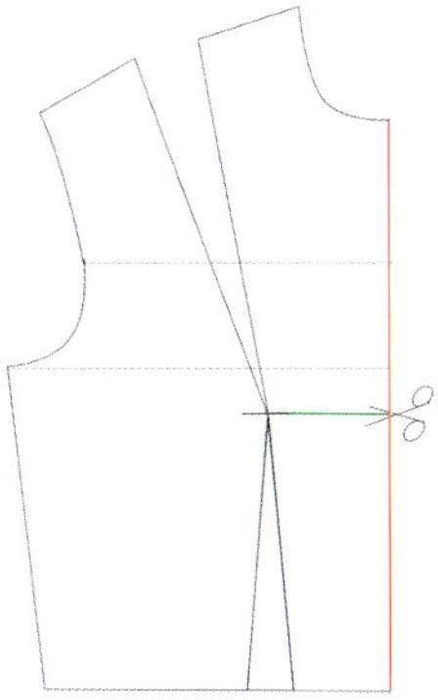

Bild 1A

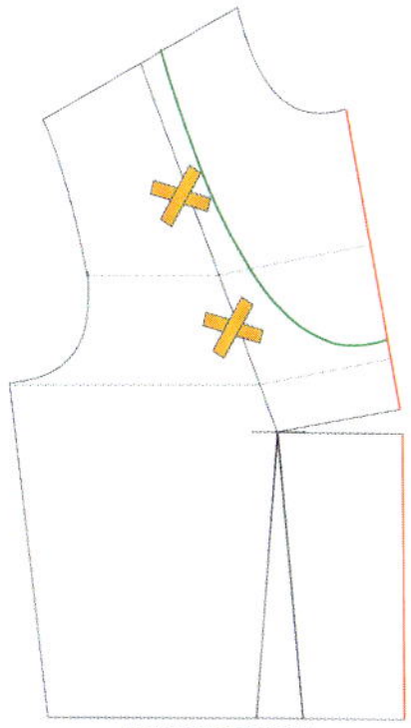

Bild 1B

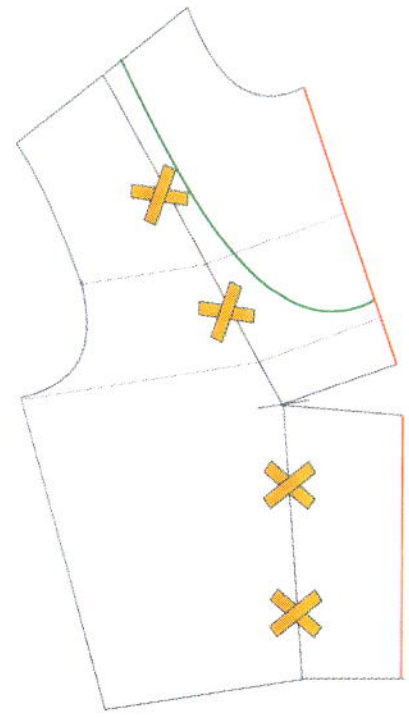

Bild 2

Abnäher im Halsausschnitt

Dieser Abnäher kann an einer beliebigen Stelle des Halsausschnitts angebracht werden.
Oft wird er in Form von Fältchen oder einer Kräuselung gearbeitet. Beim Blazer oder Jackett wird sehr oft der Brustabnäher aus der Schulter an den Halsausschnitt verlegt und durch den Kragen kaschiert.

Die neue Abnäherlinie einzeichnen (Bild 1, in Grün) und bis zum Brustpunkt einschneiden. Den Brustabnäher zulegen und mit Klebeband fixieren. So wird der Abnäher im Halsausschnitt automatisch aufgedreht (Bild 2).

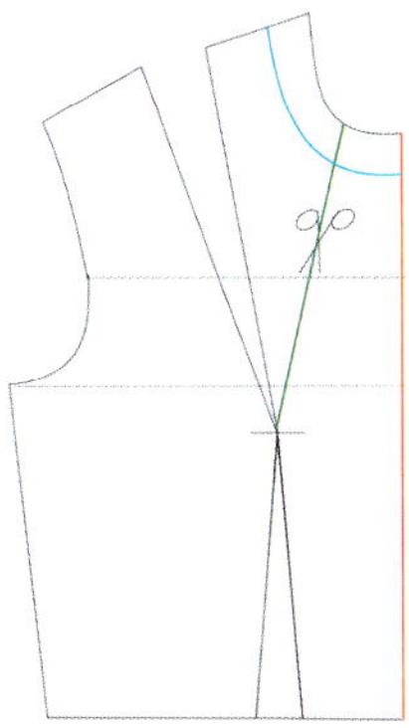

Bild 1

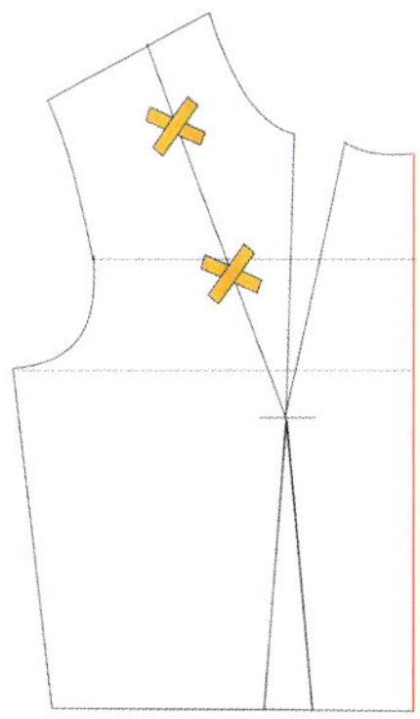

Bild 2

TEILUNGSNÄHTE

Auf dem Schnittmuster eine Teilungsnaht anzubringen bedeutet, das gesamte Schnittteil in zwei Teile zu teilen, die durch eine Verbindungsnaht wieder aneinandergesetzt werden. Teilungsnähte sind stets entweder schnitttechnisch bedingt oder haben eine ästhetische Funktion.

Formgebende Teilungsnähte

Die Position dieser Teilungsnähte hängt vom gewählten Modell und den Regeln der Schnittkonstruktion ab.

Bei einem ausgestellten Rock mit Passe muss Letztere in Höhe der oberen Hüftlinie (10 cm) angebracht werden, damit man die Taillenabnäher schließen kann, deren Länge der Passentiefe entspricht.

Wird die Teilungsnaht der Passe höher oder tiefer als die obere Linie platziert, können die Abnäherinhalte nicht vollständig aufgenommen werden.

Ein weiteres Anwendungsbeispiel: ein ausgestelltes Kleid im Prinzessschnitt. Bei diesem Modell verlaufen die Teilungsnähte grundsätzlich über den Brustpunkt. Auf diese Weise werden die Abnäher in die Teilungsnaht integriert. Würde die Teilungsnaht an einer anderen Stelle angebracht, müssten die Abnähernähte knapp neben ihnen platziert werden. Dies wäre weder optisch zufriedenstellend noch würde es der Machart dieses Kleidertyps entsprechen.

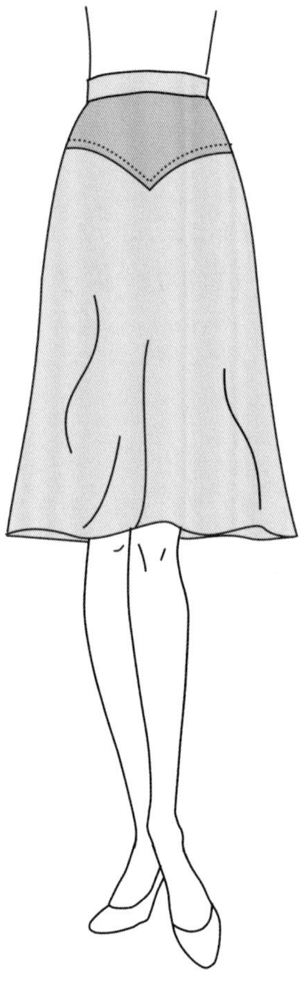

Dekorative Teilungsnähte

Teilungsnähte, die allein der optischen Verschönerung eines Modells dienen, können an beliebiger Stelle platziert werden. Manchmal werden sie einfach angebracht, weil man Stoff sparen muss, manchmal zur fantasievollen Gestaltung eines Modells, z. B., um verschiedenfarbige Stoffe ansprechend zu kombinieren. Häufig wird die Verbindungsnaht von Teilungsnähten abgesteppt, um sie zu betonen, oder es wird ein Stoffstreifen zwischen zwei Partien eingesetzt.
Der hier gezeigte Plastron (Einsatz an der Brust des Modells, in Blau) wurde unabhängig von jeder Konstruktionsregel kreiert: Weder verläuft die Teilungsnaht über den Brustpunkt, noch ist ein Abnäher in ihr integriert. Es handelt sich also um ein rein dekoratives Element zur Verschönerung und individuellen Gestaltung des Modells.

ABWANDLUNG DES ÄRMELS

Die Abwandlung des Grundschnitts des geraden Ärmels ist nicht so kompliziert wie die des Oberteils, und es müssen dabei weniger Regeln beachtet werden: Sie müssen lediglich darauf achten, dass die Linie der Ärmelmitte während der gesamten Abwandlung genau senkrecht fällt und die Proportionen zwischen Vorder- und Hinterärmel gewahrt bleiben.
Um ein beliebiges Ärmelmodell zu erhalten, gibt es eine effiziente und zugleich einfach anzuwendende Technik: die Erweiterung durch Einschneiden und Öffnen.
Dazu werden zunächst Einschnittlinien eingezeichnet. An diesen schneidet man den Ärmel ein und gibt ihm dann die gewünschte Form. Die Methode kann auf drei verschiedene Arten angewendet werden:

- senkrechte Einschnittlinien: z. B. Schmetterlingsärmel
- waagrechte Einschnittlinien: z. B. Puffärmel
- strahlenförmige Einschnittlinien an der Armkugel: Ärmel mit eingekräuselter Kugel

Auf den folgenden Seiten finden Sie einige Beispiele für Abwandlungen des geraden Ärmelgrundschnitts. Sie werden detailliert erläutert, um Ihnen die einzelnen Schritte dieser Abwandlungsmethode verständlich zu machen.

SCHMETTERLINGSÄRMEL

Beginnen Sie mit einer gründlichen Analyse des Modells, damit Sie genau wissen, wo Sie die Einschnittlinien anbringen müssen, um das hier gezeigte Ärmelmodell zu erhalten.

Die Armkugel ist exakt an den Armausschnitt angepasst – daher dürfen Sie ihre Form leicht verändern, jedoch niemals ihre Länge. Da der Schmetterlingsärmel nach unten stark an Weite zunimmt, können Sie sich sicherlich denken, dass die Erweiterung an senkrechten Einschnittlinien die geeignetste Methode für diese Ärmelform ist.

In möglichst gleichmäßigem Abstand auf der gesamten Breite des Ärmels senkrechte Linien einzeichnen (Bild 1) und diese von unten bis etwa 2 mm vor der Armkugel einschneiden, damit die Teile nicht ganz voneinander getrennt werden.

Die Partien etwa gleich weit auseinanderschieben, um die Proportionen zwischen Vorder- und Hinterärmel zu wahren (Bild 2).

Den neuen Umriss des Ärmels aufzeichnen; dabei die Ecken abrunden, die sich bei der Abwandlung gebildet haben. Nicht vergessen, die Einsetz- und Passzeichen anzubringen. Ringsum 1 cm Nahtzugabe und die gewünschte Saumzugabe anzeichnen.

Dieser Ärmeltyp fällt schöner, wenn er im schrägen Fadenlauf zugeschnitten wird – den Fadenlauf also im Winkel von 45° einzeichnen (Bild 3).

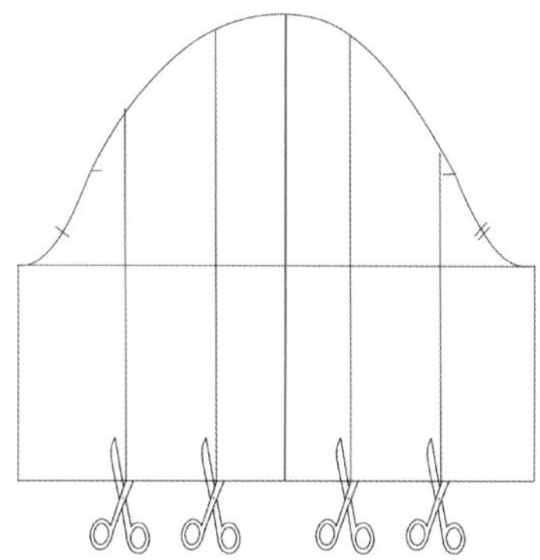

Bild 1

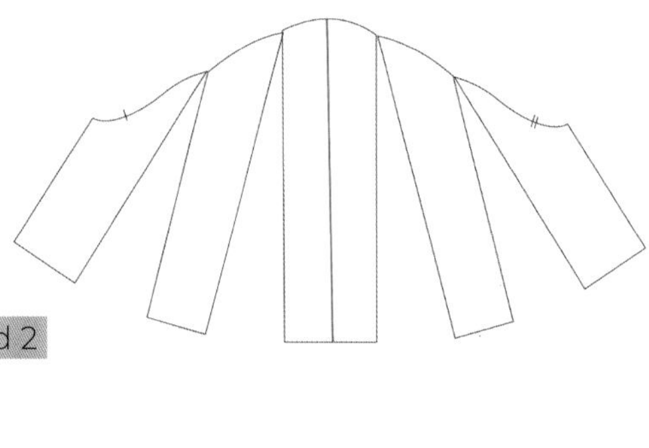

Bild 2

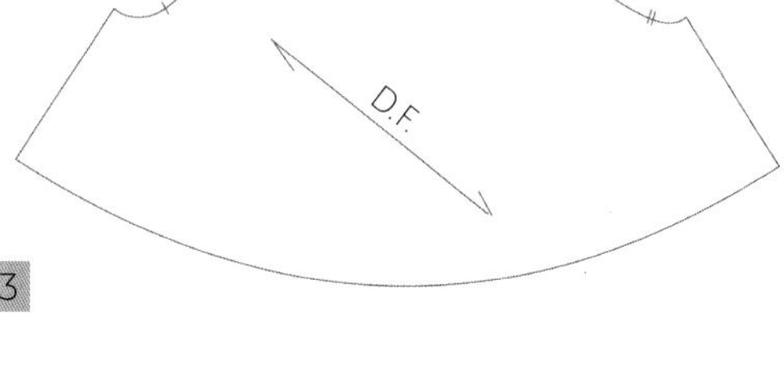

Bild 3

ÄRMEL MIT GEBAUSCHTER ARMKUGEL

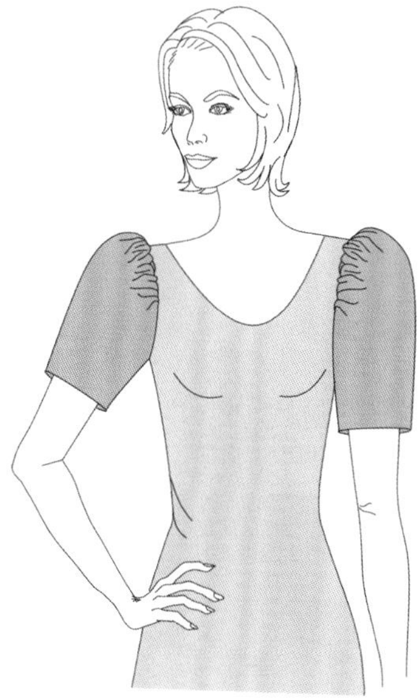

Anders als der Schmetterlingsärmel hat dieses Modell eine stark gekräuselte Armkugel und eine relativ gerade untere Partie.
Bedenken Sie bei der Platzierung der Einschnittlinien (senkrecht, waagrecht oder strahlenförmig), wie bauschig der Ärmel werden soll. Dieser Ärmeltyp benötigt eine Weitenzugabe sowohl in der Breite – für die Kräuselfalten – als auch in der Höhe, damit die Kräuselung nicht flach anliegt, sondern schön bauschig fällt.
Für diese beiden Konstruktionsschritte zunächst die Armkugel durch eine gerade Linie etwa 2 cm unterhalb der Armausschnittlinie von der unteren Ärmelpartie trennen (Bild 1). Die beste Methode, um die Armkugel so zu erweitern, dass genügend Kräuselweite entsteht, ist das Einschneiden an strahlenförmigen Schnittlinien. Dazu geht man wie folgend beschrieben vor:
Zuerst eine Senkrechte einzeichnen, die zugleich Referenzlinie für den korrekten Fall des Ärmels und Orientierungslinie für die Abstände zwischen den Schnittlinien ist (Bild 2, rote Linie).
Nun zuerst am Hinterärmel die einzelnen Partien in der Breite und in der Höhe auseinanderschieben. Die Abstände zur roten Linie messen, dieselben Maße auf den Vorderärmel übertragen und auch dort die Partien auseinanderschieben.
Den neuen Umriss des Ärmels aufzeichnen, Pass- und Einsetzzeichen anbringen und den Fadenlauf einzeichnen. Zum Schluss die Nahtzugaben und die gewünschte Saumzugabe anzeichnen.

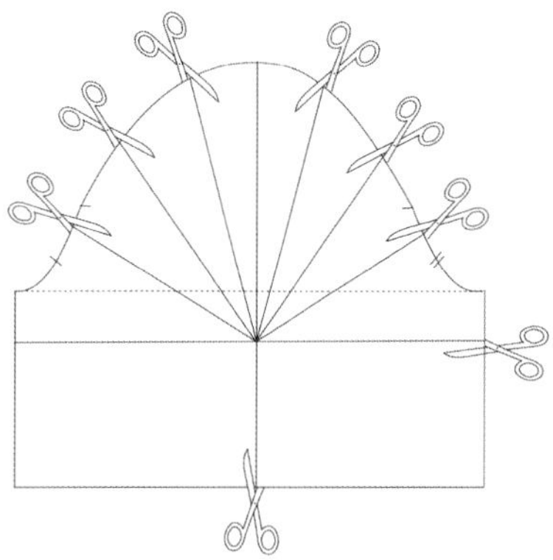

Bild 1

Bild 2

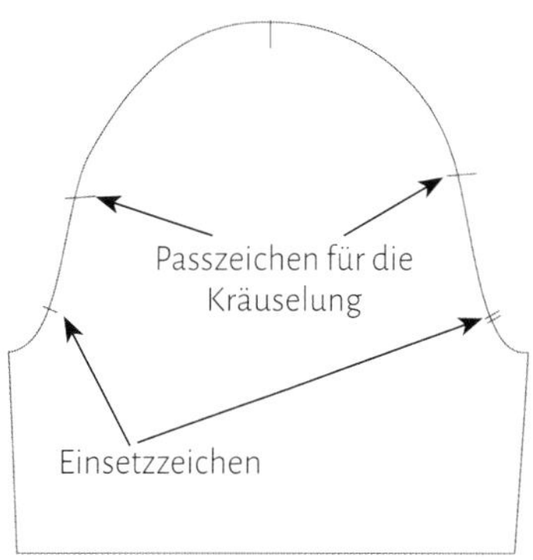

Bild 3

PUFFÄRMEL

Dieses Ärmelmodell wird sowohl an der Armkugel als auch am Saum gerafft. Das bedeutet, dass das Schnittmuster sowohl in der Breite als auch in der Höhe erweitert werden muss, und zwar gleichmäßig über den ganzen Ärmel verteilt. Die am besten geeignete Methode dazu ist eine Kombination aus zwei Arten von Schnittlinien: senkrecht und waagrecht.

Die erste Einschnittlinie waagrecht 2–3 cm unterhalb der Armausschnittlinie anbringen, die zweite kann in Höhe der Oberbrustlinie eingezeichnet werden. Die senkrechten Einschnittlinien werden in der Mitte des Hinterärmels und des Vorderärmels platziert. Den Schnitt an den senkrechten und waagrechten Linien durchschneiden (Bild 1).

Auf einem neuen Bogen Papier zuerst eine Senkrechte als Referenzlinie für den Fall des abgewandelten Ärmels zeichnen (Bild 2, in Rot). Die beiden Teile der unteren rückwärtigen Ärmelpartie im gewünschten Abstand daran anlegen. Dann die übrigen Teile des Hinterärmels anlegen, dabei in der Breite und in der Höhe stets den gleichen Abstand einhalten. Anschließend die Teile des Vorderärmels symmetrisch dazu anlegen (Bild 2).

Den neuen Umriss des Ärmels aufzeichnen, Pass- und Einsetzzeichen anbringen und den Fadenlauf einzeichnen. Zum Schluss die Nahtzugaben und die gewünschte Saumzugabe anzeichnen (Bild 3).

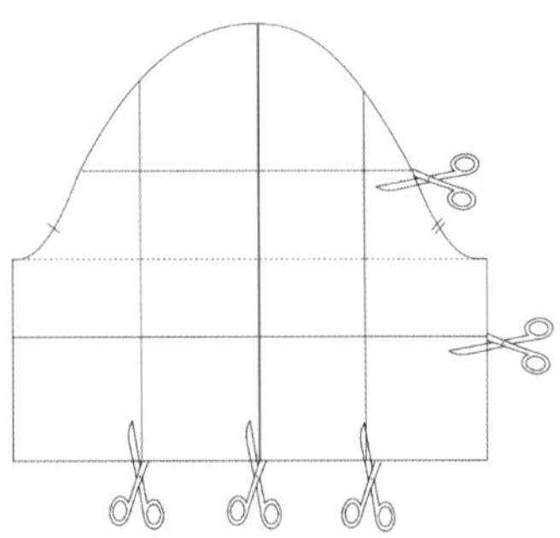

Bild 1

Bild 2

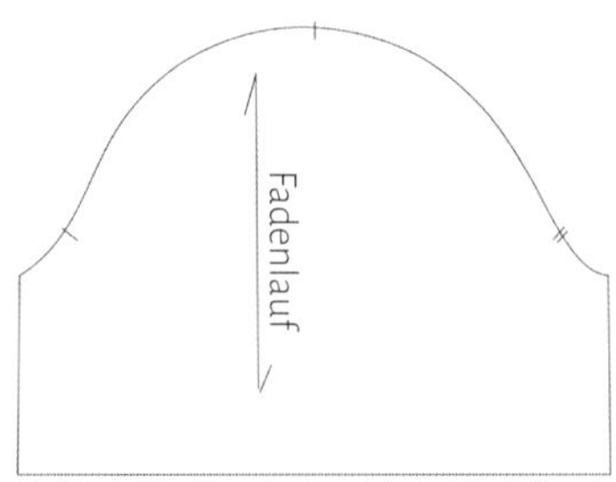

Bild 3

WICHTIGE TIPPS ZUR ÄRMELABWANDLUNG

Folgende Tipps sollten Sie bei der Abwandlung des Ärmels unbedingt beachten:

- Die Anzahl der ausgeschnittenen Teile und der Abstand zwischen ihnen müssen an Vorder- und Hinterärmel stets gleich sein, um die ursprünglichen Proportionen des Ärmels zu wahren.
- Das Einzeichnen der Linien und das Auseinanderschieben der Teile wird zuerst an einer Ärmelseite durchgeführt (z. B. am Hinterärmel), dann gegengleich an der anderen Seite (hier also am Vorderärmel).
- Keine der Einschnittlinien genau auf der Armausschnittlinie platzieren. Bei Bedarf eine Linie knapp darüber oder darunter einzeichnen, damit der Übergang von der Armkugel zur Ärmelnaht unverändert bleibt.
- Bei der Erweiterung des Ärmels nach dem Einschneiden geht man stets von der senkrechten Referenzlinie der Ärmelmitte aus. Daher auf einem neuen Bogen Papier zuerst diese Senkrechte einzeichnen, dann die ausgeschnittenen Teile daran anlegen.
- Bei einem gerafften oder in Falten gelegten Ärmel stets daran denken, das Schnittmuster auch in der Höhe zu erweitern.

Mit den drei Arten von Einschnittlinien (senkrecht, waagrecht, strahlenförmig) können alle erdenklichen Abwandlungen durchgeführt und somit sämtliche – auch komplexere - Ärmelformen konstruiert werden.

Berechnung der Kräuselweite

Wenn man bei einer Abwandlung Kräuselfalten anbringen möchte, weiß man oft nicht genau, wie weit man die ausgeschnittenen Teile auseinanderschieben soll, um die gewünschte Kräuselung zu erhalten. Es gibt jedoch eine einfache Technik, um die exakte Länge des einzukräuselnden Stoffes zu berechnen.

Dazu einen beispielsweise 20 cm langen Stoffstreifen nach Wunsch (mehr oder weniger eng) einkräuseln und die nun erhaltene Länge des Streifens abmessen. Im gezeigten Beispiel sind dies 12 cm (Bild 1).

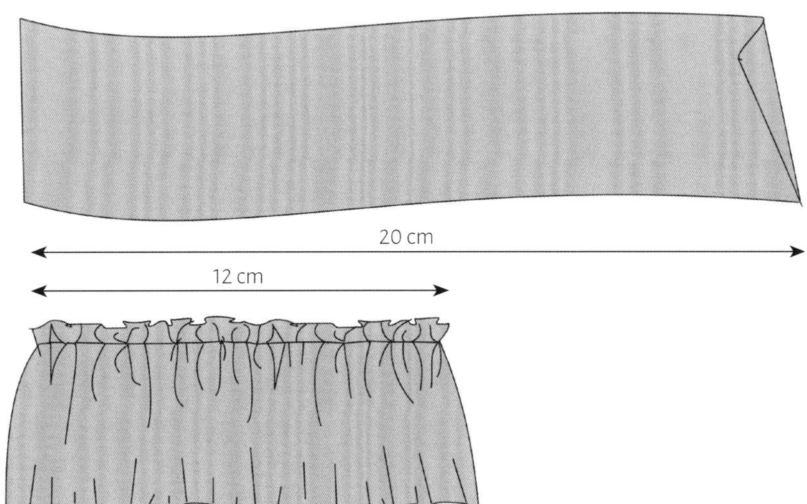

Bild 1

Nun die Gesamtbreite des Ärmels durch diesen Wert (hier 12 cm, die Breite des eingekräuselten Streifens) teilen, um zu wissen, wie viele solcher eingekräuselten Einheiten für die ganze Ärmelbreite benötigt werden. Beispiel: Gesamtbreite des Ärmels = 36 cm, 36 : 12 = 3. Es werden also 3 eingekräuselte Einheiten benötigt (Bild 2).

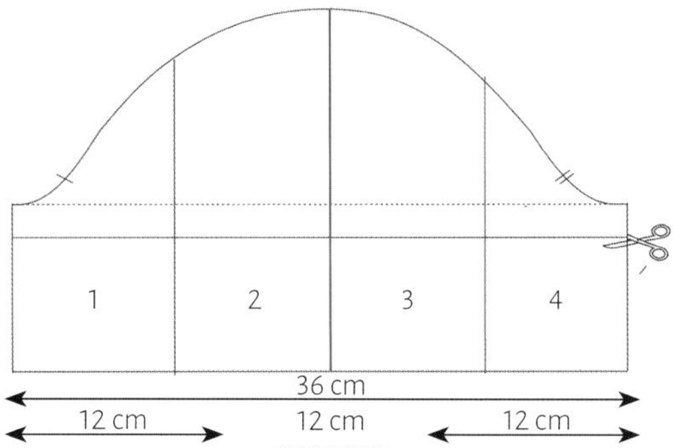

Bild 2

3 Einheiten x 20 cm (ungekräuselte Länge des Streifens) = 60 cm. Die einzukräuselnde Gesamtbreite der unteren Ärmelpartie muss also 60 cm betragen.
Die untere Partie um 24 cm erweitern: 60 cm (benötigte Länge) – 36 cm (ursprüngliche Gesamtbreite) = 24 cm.
Im gezeigten Beispiel werden 3 Einschnittlinien benötigt (Bild 2: zwischen 1 und 2, zwischen 2 und 3, zwischen 3 und 4).

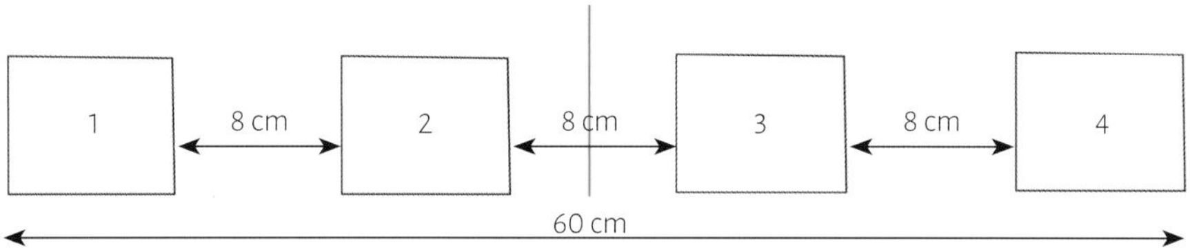

Bild 3

Die zur Gesamtbreite der unteren Partie hinzugefügten 24 cm werden gleichmäßig auf die 3 Einschnittlinien verteilt, sodass man jeweils 8 cm (24 : 3) Abstand zwischen den Teilen erhält (Bild 3).

Faltenbreite

Die Berechnung der erforderlichen Weitenzugabe für eine Abwandlung mit gelegten Falten ist etwas einfacher als beim eingekräuselten Ärmel.
Den Stoff oder einfach ein Stück Papier in der gewünschten Faltenbreite falten, die Passzeichen an den Faltenbrüchen einzeichnen, alles auseinanderfalten und die Länge zwischen den Passzeichen abmessen.
An den gezeigten Beispielen sehen Sie, dass für eine 5 cm breite einseitige Falte 10 cm hinzugefügt werden müssen (Bild 4A), für eine 10 cm breite Kellerfalte 20 cm (Bild 4B). Die benötigte Weitenzugabe beträgt also stets das doppelte der Faltenbreite, ob bei einseitigen Falten oder Kellerfalten.

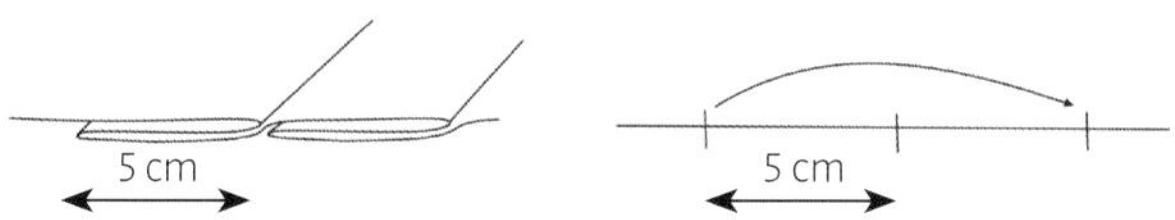

Bild 4A.

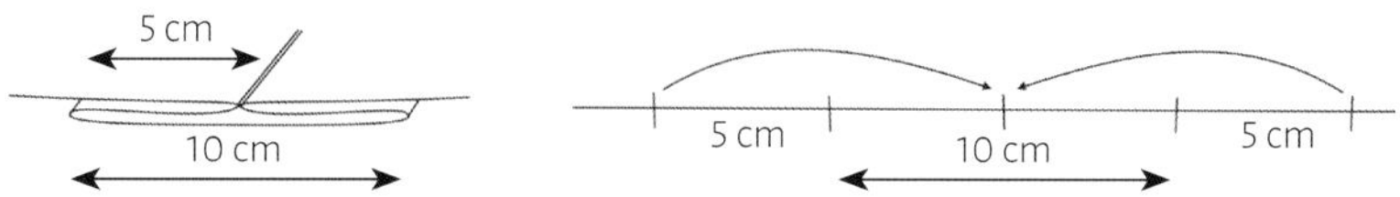

Bild 4B

ABWANDLUNG DES ROCKES

Bei der Grundschnittabwandlung des geraden Rockes spielen in der Regel nur die obere Hüftlinie und die Hüftlinie eine Rolle. Die obere Hüftlinie dient z. B. zur Platzierung von Taschen, einer Passe oder zur Taillenabsenkung. Die Hüftlinie ist die Linie, bis zu der an einem nur an den Seiten ausgestellten Rock die ursprüngliche Breite bewahrt wird. Hinsichtlich der Rocklänge sind hingegen beliebige Abänderungen möglich. Dabei müssen keinerlei Regeln beachtet werden, nicht einmal der senkrechte Fall des Rockes. Sie können frei experimentieren, ihrer Fantasie freien Lauf lassen und selbst die extravagantesten Einfälle umsetzen. Für eine gelungene Schnittabwandlung sollten Sie dennoch die im Folgenden beschriebenen Aspekte berücksichtigen.

Bei den einfacheren Abwandlungen des Rockgrundschnitts finden Sie auch einige Tipps und Ideen, die Sie vielleicht zu aufwändigeren Modellabwandlungen inspirieren. Wie bei Oberteil und Ärmel gehen Sie auch bei der Abwandlung des Rockgrundschnitts nach einer bestimmten Methode und in einer festgelegten Reihenfolge vor. Am Anfang steht auch hier die genaue Analyse des Modells.

Profitipp

Die hier gegebenen Erläuterungen und Tipps zur Abwandlung des Rockgrundschnitts gelten nur für Modelle aus Webstoff, nicht jedoch für Modelle aus elastischem, dehnbarem Stoff.

ENTFERNEN VON ABNÄHERN

An einem Rock können die Taillenabnäher tatsächlich vollständig entfernt werden – im Gegensatz zum Oberteil, an dem man Abnäher schräg stellen, drehen, hinzufügen oder verlegen, jedoch niemals entfernen kann.

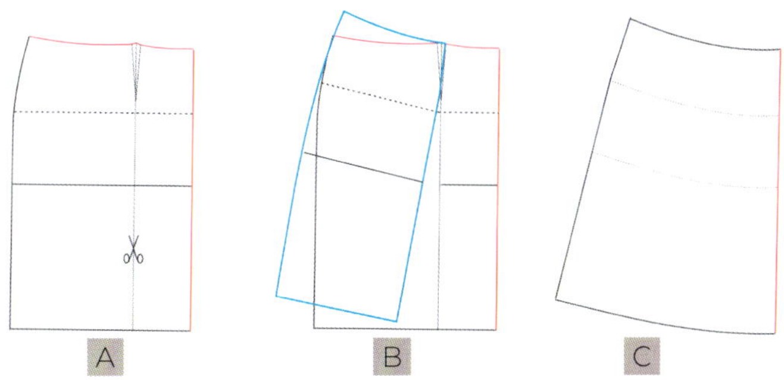

Bild 1

Durch diese Abwandlung, die im Entfernen der Abnäher besteht, wird die Saumweite des Rockes festgelegt. Man nennt dies auch Ausstellen des Rockes durch Zulegen der Taillenabnäher.

Dazu die Abnähermitte bis zum Rocksaum verlängern, den Schnitt auf dieser eingezeichneten Linie einschneiden und den Abnäher zulegen (Bild 1A).

Wenn der Rockgrundschnitt 2 Taillenabnäher enthält (S. 124), ebenso vorgehen wie bei nur einem Abnäher. Die Abnäherschenkel des entfernten Abnähers aufeinanderlegen und dadurch die seitliche Rockpartie schräg stellen (Bild 1B, in Blau).

Die neue Form des Rockes aufzeichnen; die bei der Abwandlung entstandenen Ecken abrunden (Bild 1C).

SEITLICH AUSGESTELLTER ROCK

Bei dem durch Entfernen der Abnäher ausgestellten Rock ist die Saumweite automatisch festgelegt. Sie hängt von den Abnäherinhalten ab: Je größer die Abnäherinhalte sind, desto weiter wird der Rock – und umgekehrt.

Wünschen Sie noch mehr Weite am Saum, dürfen Sie die Seitennaht jedoch keinesfalls um mehr als 4 cm ausstellen, da sonst die Weite nicht gleichmäßig rings um den Rock verteilt würde. Der Rock wäre nur an der Seite ausgestellt, vorn aber ganz flach (Bild 2).

Um den Rock noch weiter auszustellen als durch Entfernen der Abnäher, wenden Sie wieder die Methode der Einschnittlinien an. Durch diese Technik wird die zusätzliche Weite ganz gleichmäßig rings um den Rock verteilt (Bild 3).

Dazu in regelmäßigem Abstand die Einschnittlinien einzeichnen (zusätzlich zu der bereits existierenden Linie der Abnähermitte, Bild 4A). An der vorderen Mitte beginnend die einzelnen Partien gleich weit öffnen (Bild 4B).

Zum Schluss die neue Form des Rockes aufzeichnen; dabei die bei der Abwandlung entstandenen Ecken abrunden (Bild 4C).

Bild 2

Bild 3

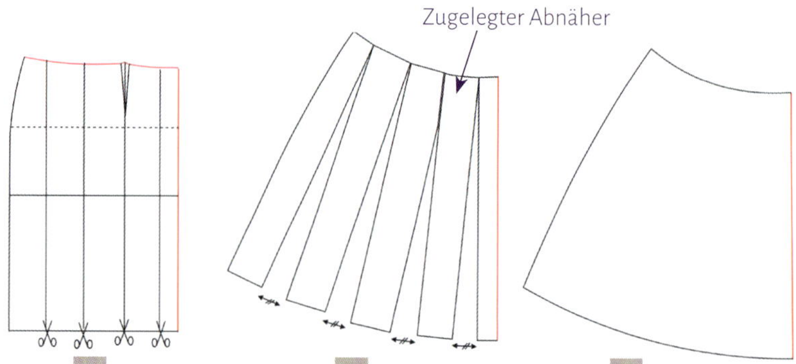

A B C

Bild 4

Profitipp

Bei der Abwandlung des Rockes nach der Methode der Einschnittlinien erleichtert eine größere Linienzahl das Zeichnen des neuen Umrisses nach dem Auseinanderschieben der Teile, da die zwischen den Partien entstandenen Ecken nur klein sind. Bei nur wenigen Einschnittlinien sind die zu verschiebenden Teile größer, die Ecken markanter, und es ist schwieriger, die ursprüngliche Form wieder nachzuzeichnen, vor allem an der Taillenlinie.

PASSEN

Wie Sie bereits gesehen haben, spielt die obere Rockpartie, genauer gesagt die obere Hüftlinie, bei der Abwandlung des Grundschnitts eine zentrale Rolle. Während diese Linie für die Konstruktion des Grundschnitts überhaupt nicht benötigt wird (S. 36), ist sie für die folgenden Abwandlungen unerlässlich.

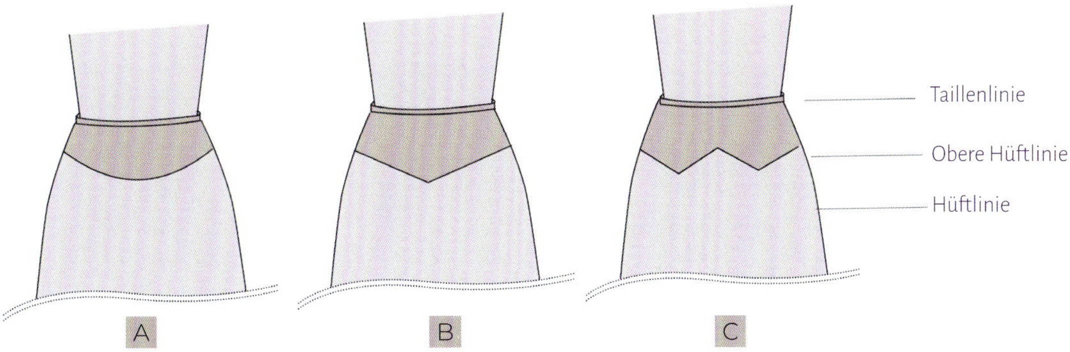

Bild 1

In Höhe der oberen Hüftlinie werden nicht nur Taschen angebracht (damit man sie bequem benutzen kann), sondern auch alle Arten von Passen (Bild 1A, B und C), die aus ästhetischen oder technischen Gründen (z. B. Zulegen der Taillenabnäher) konstruiert werden.

Wenn die Taillenabnäher nicht erwünscht sind, werden sie sehr oft in die Teilungsnaht verlegt (Bild 2, in Grün). Dazu muss man wissen, dass diese waagrechte Verlegung der Abnäher am Rückenteil vorgenommen werden kann, doch **niemals** am Vorderteil.

Um die vorderen Taillenabnäher zu entfernen, müssen sie zuerst zugelegt und der Rock dadurch ausgestellt werden. Dann die Teilungsnaht einzeichnen (Bild 3, in Grün).

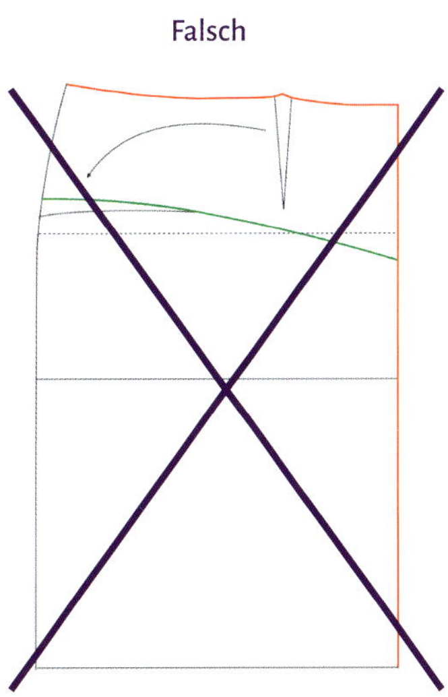

Bild 2

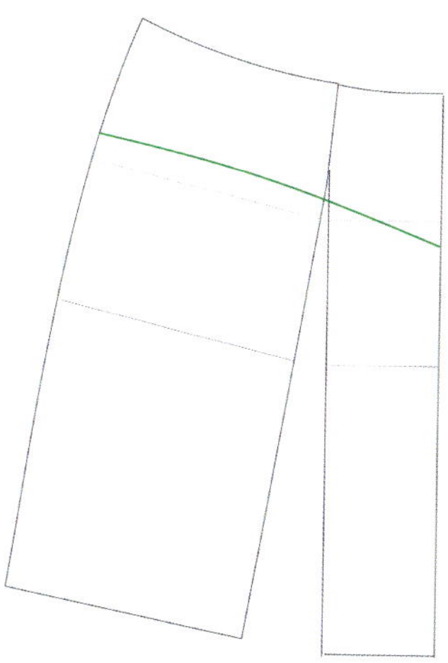

Bild 3

ABWANDLUNG DER HOSE

Bei der Abwandlung des Hosengrundschnitts sind zwei Regeln zu beachten:

- niemals die Kurve der Schrittnaht verändern
- die ursprünglichen Proportionen der Beinweite wahren

Wie bei der Abwandlung von Rock, Oberteil oder Ärmel ist auch hier eine der besten Methoden das Anbringen von Einschnittlinien.

In der Regel besteht eine Hosenabwandlung aus einer Vergrößerung (Erweiterung) oder Verkleinerung (Weitenreduktion) der oberen und/oder unteren Partie.

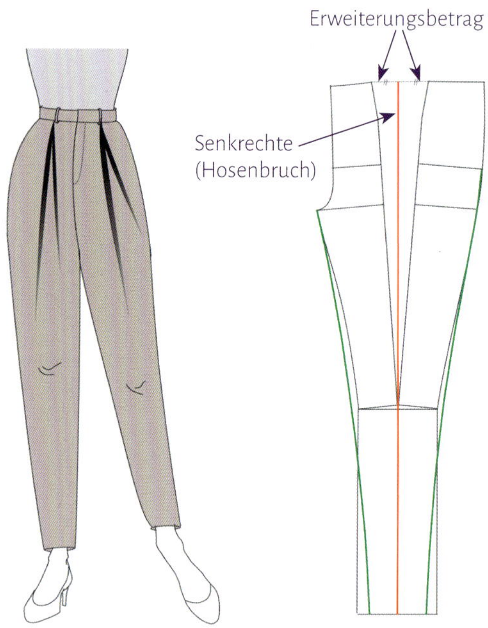

Bild 1

Zur Erweiterung der oberen Hosenpartie werden häufig Bundfalten angebracht. Für diese Abwandlung wird die erste Einschnittlinie in Kniehöhe eingezeichnet, die zweite am Vorderhosenbruch.

Um die Proportionen zu wahren, wird die Erweiterung der oberen Partie zu gleichen Teilen beidseits des Vorderhosenbruchs verteilt (Bild 1). Dann werden die äußeren Linien der Erweiterung nachgezeichnet: Je nach Hosenmodell (mehr oder weniger enge Saumweite) werden Seiten- und Innenbeinnaht ober- und unterhalb der Knielinie angeglichen.

Die Erweiterung der unteren Hosenpartie ist wesentlich einfacher: Ab der vorderen Schrittspitze eine Gerade zur bereits vorhandenen Saumlinie ziehen. Der Abstand dieser Geraden zum Hosenbruch richtet sich nach der gewünschten ausgestellten Weite der Hose. Nun auf der Saumlinie den gleichen Abstand zum Hosenbruch nach außen abtragen und eine Gerade bis zur Hüftlinie ziehen (Bild 2, in Grün).

Die Hose mit vertiefter Taille wird auf die gleiche Weise abgewandelt wie der Rock.

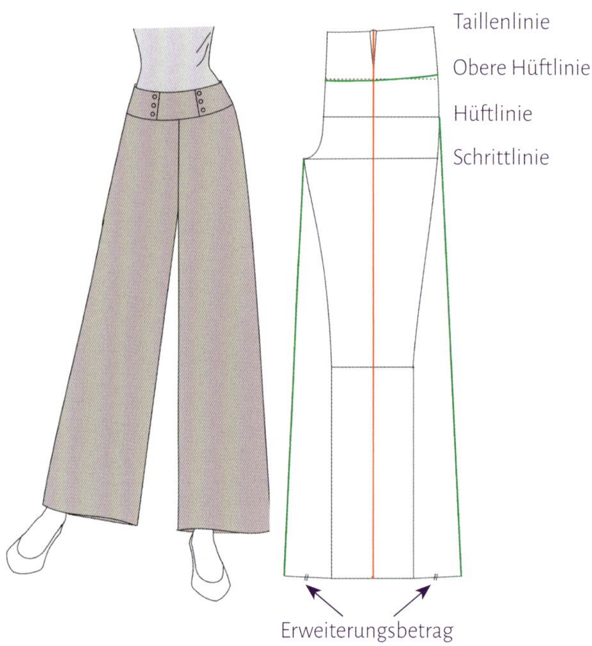

Bild 2

WERKZEUG UND MATERIAL

Es gibt zahlreiche mehr oder weniger nützliche Hilfsmittel zur Schnittkonstruktion. Hier eine Auflistung des Materials, das Sie auf jeden Fall benötigen.

Papier zum Aufzeichnen der Schnittmuster. Dazu können Sie beliebiges unifarbenes Papier verwenden, das eine glatte Oberfläche hat, reißfest und dick genug ist (90–100 g/cm^2). Das Mindestformat sollte 70 x 70 cm sein. Mit am besten geeignet ist Kraftpapier, das auf der Rolle oder in großen Bogen erhältlich ist.

Maßband zum Abnehmen der Körpermaße.

Bleistift zum Aufzeichnen der Konstruktionslinien. Die Bleistiftmine sollte nicht zu hart sein, damit die Linien sich bei Bedarf leicht wieder ausradieren lassen. Gut geeignet ist der Härtegrad 2B.

Buntstifte zur besseren Unterscheidung der auf einem Grundschnitt eingezeichneten Abwandlungen, am besten in Blau, Grün und Rot.

Lineal (am besten ein flexibles **Schneiderlineal** mit Raster, Größe z. B. 5 x 50 cm). Kurvenlineal und Winkelmaß zum Aufzeichnen von abgerundeten, geraden und parallelen Linien.

Paus- oder **Kohlepapier** oder ein **Kopierrädchen:** Eines dieser Hilfsmittel wird zum Kopieren der Schnittteile nach der Abwandlung benötigt.

Schneiderkreide, **Kreidestift** oder **Kreidepatrone** zum exakten Aufzeichnen der Linien und Markierungen auf dem Stoff. Die Auswahl des Werkzeugs richtet sich nach der Stoffqualität: Für fließende, dünne Stoffe kann man Schneiderkreide verwenden, für dicken, weichen Stoff ist ein Stift besser geeignet.

Zwei **Scheren:** eine Papierschere und eine Stoffschere. Die Stoffschere keinesfalls für Papier verwenden (und umgekehrt); sie würde sonst stumpf.

Kerbschnittzange (Knipser) zum Anbringen der Einsetz- und Passzeichen auf dem Schnittmuster.

Fadenschere: sehr nützlich zum Abschneiden von Fäden.

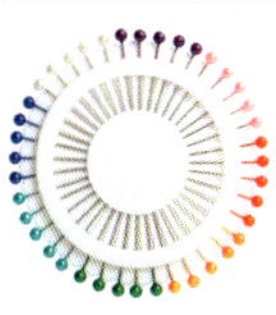

Stecknadeln – am besten lange, dünne, da diese leichter zu verwenden sind.

Ebenfalls bei Stiebner erschienen:

Teresa Gilewska
Schnittkonstruktion in der Mode – Grundschnitte
ISBN 978-3-8307-0870-4

Sara Alm
Kleider selbst entwerfen mit der Grundschnittmethode
Erstellen und Anpassen von Grundschnitten für Bekleidung aller Stilrichtungen
ISBN 978-3-8307-0979-4

Teresa Gilewska
Schnittkonstruktion in der Mode: Hosen
Grundschnitt, Passform und Anpassungen
ISBN 978-3-8307-2115-4

Stefanie Kroth
Der perfekte Blusen-Schnitt
Innovative Schnittmuster erstellen
ISBN 978-3-8307-2083-6

Sarah Veblen

Der große Fotoguide für die perfekte Passform

ISBN 978-3-8307-0915-2

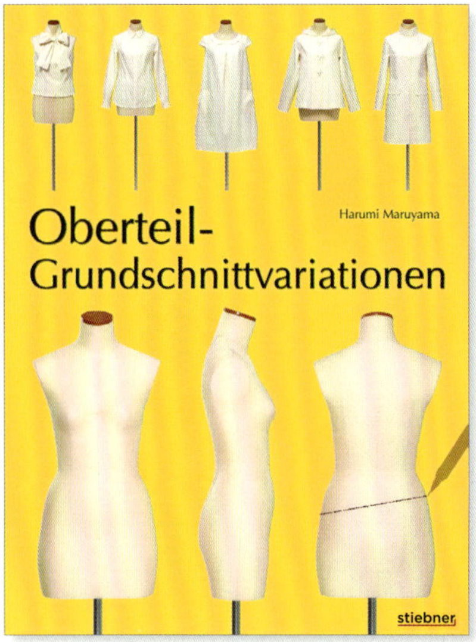

Harumi Maruyama

Oberteil-Grundschnittvariationen

ISBN 978-3-8307-0942-8

Harumi Maruyama

Rock-Grundschnittvariationen

ISBN 978-3-8307-0969-5

Harumi Maruyama

Kleid-Grundschnittvariationen

ISBN 978-3-8307-2067-6

Jules Fallon
Kleidung
Das umfassende Handbuch
für Nähen & Schneidern
ISBN978-3-8307-2117-8

Charlotte Auzou

Selbstgenähte Garderobe nach Maß

ISBN 978-3-8307-2075-1